“十四五”职业教育国家规划教材
“十三五”职业教育国家规划教材
职业教育焊接技术与自动化专业系列教材
机器人焊接操作培训与资格认证指定用书

机器人焊接编程与应用

组　编　中国焊接协会
主　编　杜志忠　刘　伟
参　编　郭广磊　林贵川　李　波

机 械 工 业 出 版 社

本书为“十四五”和“十三五”职业教育国家规划教材，是中国焊接协会根据行业产业升级需要组织编写的系列教材之一，是根据现行焊接标准，同时参考相应职业资格认证标准编写的。

本书内容以机器人焊接编程与应用为核心，以开展初级、中级、高级机器人焊接教学和职业技能鉴定为目的，结合 CO_2/MAG 弧焊机器人应用这一主题，通过设定逐级递进的实操项目，附以图片、表格、理论试题、实际操作任务评价等内容，对机器人的操作、示教编程、基本设定与焊接应用进行了较为全面的概括和总结。

本书图文并茂、通俗易懂，并结合焊接机器人编程操作的岗位特点和多年的教学实践，让读者能够通过训练掌握机器人焊接相应的基础知识和技术技能，充分体现“做中教”“做中学”的职业教育教学理念，满足职业教育和行业培训机构开展机器人焊接理实一体化教学和机器人焊接岗位职业技能鉴定的需要。

本书内容以中国焊接协会指定的焊接机器人系列教材为基本素材，选取职业教育机器人焊接实操项目，并选取近年来国内、国际焊接机器人大赛的竞赛题目，因此具有很强的针对性和实用性，可作为职业院校焊接专业及行业、企业培训基地的培训教材，也可供企业焊接机器人编程操作人员和相关专业工程技术人员参考。

图书在版编目（CIP）数据

机器人焊接编程与应用/杜志忠，刘伟主编．—北京：机械工业出版社，2019.4（2025.1 重印）

“十三五”职业教育国家规划教材　机器人焊接操作培训与资格认证指定用书

ISBN 978-7-111-62278-9

Ⅰ．①机…　Ⅱ．①杜…②刘…　Ⅲ．①焊接机器人–职业教育–教材
Ⅳ．①TP242.2

中国版本图书馆 CIP 数据核字（2019）第 049152 号

机械工业出版社（北京市百万庄大街 22 号　邮政编码 100037）
策划编辑：齐志刚　责任编辑：齐志刚　杨　璇
责任校对：佟瑞鑫　封面设计：陈　沛
责任印制：刘　媛
涿州市般润文化传播有限公司印刷
2025 年 1 月第 1 版第 8 次印刷
184mm×260mm · 12.25 印张 · 296 千字
标准书号：ISBN 978-7-111-62278-9
定价：38.00 元

电话服务　　　　　　　　　网络服务
客服电话：010-88361066　机　工　官　网：www.cmpbook.com
　　　　　010-88379833　机　工　官　博：weibo.com/cmp1952
　　　　　010-68326294　金　　书　　网：www.golden-book.com
封底无防伪标均为盗版　机工教育服务网：www.cmpedu.com

中国焊接协会机器人焊接培训教材
编审委员会

关于“十四五”职业教育
国家规划教材的出版说明

为贯彻落实《中共中央关于认真学习宣传贯彻党的二十大精神的决定》《习近平新时代中国特色社会主义思想进课程教材指南》《职业院校教材管理办法》等文件精神，机械工业出版社与教材编写团队一道，认真执行思政内容进教材、进课堂、进头脑要求，尊重教育规律，遵循学科特点，对教材内容进行了更新，着力落实以下要求：

1. 提升教材铸魂育人功能，培育、践行社会主义核心价值观，教育引导学生树立共产主义远大理想和中国特色社会主义共同理想，坚定“四个自信”，厚植爱国主义情怀，把爱国情、强国志、报国行自觉融入建设社会主义现代化强国、实现中华民族伟大复兴的奋斗之中。同时，弘扬中华优秀传统文化，深入开展宪法法治教育。

2. 注重科学思维方法训练和科学伦理教育，培养学生探索未知、追求真理、勇攀科学高峰的责任感和使命感；强化学生工程伦理教育，培养学生精益求精的大国工匠精神，激发学生科技报国的家国情怀和使命担当。加快构建中国特色哲学社会科学学科体系、学术体系、话语体系。帮助学生了解相关专业和行业领域的国家战略、法律法规和相关政策，引导学生深入社会实践、关注现实问题，培育学生经世济民、诚信服务、德法兼修的职业素养。

3. 教育引导学生深刻理解并自觉实践各行业的职业精神、职业规范，增强职业责任感，培养遵纪守法、爱岗敬业、无私奉献、诚实守信、公道办事、开拓创新的职业品格和行为习惯。

在此基础上，及时更新教材知识内容，体现产业发展的新技术、新工艺、新规范、新标准。加强教材数字化建设，丰富配套资源，形成可听、可视、可练、可互动的融媒体教材。

教材建设需要各方的共同努力，也欢迎相关教材使用院校的师生及时反馈意见和建议，我们将认真组织力量进行研究，在后续重印及再版时吸纳改进，不断推动高质量教材出版。

机械工业出版社

序

党的二十大报告指出：加快建设国家战略人才力量，努力培养造就更多大师、战略科学家、一流科技领军人才和创新团队、青年科技人才、卓越工程师、大国工匠、高技能人才。将统筹职业教育、高等教育、继续教育协同创新，推进职普融通、产教融合、科教融汇，优化职业教育类型定位作为职业教育在新时期的行动指南。

近些年，“工业机器人”“智能制造”“人工智能”等成为职业院校和行业企业热议的课题，机器人的数量和应用水平已经成为衡量一个国家工业水平的标志。根据国家统计局数据：2022年1~12月，全国规模以上工业企业的工业机器人累计完成产量44.3万套；2022年1~12月，全国规模以上工业企业的服务机器人累计完成产量645.8万套。中国连续九年稳居世界第一大工业机器人市场，全球销量占比超50%。另据统计，截至2021年，我国每万名产业工人所拥有的工业机器人数量仅为187台，远落后于德国、日本、韩国，未来仍有较大提升空间。

目前，很多职业院校已经或即将开设“机器人焊接”课程，然而，一些院校忽略了机器人焊接的工艺属性，纷纷以“焊接机器人编程”进行教学规划，将机器人焊接定义在操作层面。作为焊接机器人操作员，如果不懂焊接工艺，就不能按照工艺要求焊接出合格的产品。由于岗位定位模糊，不知道如何来开展“教”与“学”，使购买的焊接机器人设备出现闲置或使用率低下等情况。近几年，中国焊接协会连续举办了“中焊杯”机器人焊接技能大赛，要求选手在规定时间内正确操作机器人并焊好一个工件，最终对焊缝质量进行评分，使“赛点”聚焦在了机器人焊接工艺上，突出了机器人焊接的应用特点，对职业院校机器人焊接人才培养目标以及专业建设的引领、示范具有指导意义。因此说，机器人焊接体现出很强的工艺性，要求操作人员既要懂机器人操作，又要懂机

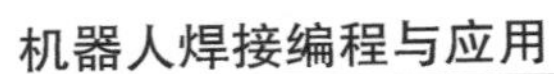

器人焊接工艺，懂得如何匹配好机器人的轨迹、姿态、速度、焊接参数，以获得合格焊缝。焊接机器人虽然是一种自动化程度很高的智能装备，但在现阶段的技术条件下，还是要操作者通过眼、脑、手的配合进行示教和编程，这就需要从业者不仅要掌握正确的操作方法，而且要有精益求精的工作责任感，培养“精准、快速、协同、规范”的职业素养，从而使焊接机器人设备在工业生产中发挥更大的作用。

厦门市集美职业技术学校通过与中国焊接协会合作，建立了“中国焊接协会机器人焊接厦门培训基地”，共建共享机器人焊接培训基地资源，打造国家级机器人焊接培训、认证、交流及竞赛的产教融合服务平台。厦门基地刘伟老师长期致力于焊接机器人系列教材的开发和教研实践，对于加快职业院校机器人焊接岗位职业技能鉴定工作步伐、促进职业院校焊接专业的改革与创新、培养现代焊接技能人才、推进机器人焊接应用的普及和进步具有十分重要的意义。

中国焊接协会教育与培训工作委员会名誉理事长
原北京联合大学　校长

卢振洋　教授

2023年6月2日

前　言

本书以党的二十大报告中“办好人民满意的教育”“全面贯彻党的教育方针，落实立德树人根本任务，培养德智体美劳全面发展的社会主义建设者和接班人”的精神为指引，以学生的全面发展为培养目标，充分融“知识学习、技能提升、素质教育”于一体，严格落实立德树人的根本任务。

2016年伊始，由中国焊接协会教育与培训工作委员会对系列教材编写进行立项，确定开发五本资格认证指定用书，分别是《机器人焊接基础》《机器人焊接编程与应用》《机器人焊接工艺》《机器人高级编程》《机器人高级应用》，并委托机械工业出版社作为“机器人焊接操作培训与资格认证指定用书”教材出版方。

根据新颁布的《国家职业分类大典》、职业技能鉴定的需要，以及人社部职业技能鉴定中心文件精神，焊工职业技能标准除了包括传统的手工焊接技能鉴定项目外，还纳入了机器人焊接等现代焊接设备岗位技能，有初级、中级、高级、技师、高级技师五个技能等级，技能人员可进行相应内容的资格等级考试。《机器人焊接编程与应用》一书主要针对机器人焊接职业技能中初级工、中级工、高级工的内容设计了22个图文并茂的技能考核项目和理论考试题，涵盖了机器人焊接初级工、中级工、高级工需要掌握的应用技能和理论基础。本书通过对原有实训项目汇总提炼后进行重印，力求以焊接机器人的基本示教焊接为基础，通过操作图示，进行机器人姿态及焊枪角度正确示教，从而理解机器人编程操作的实质，便于学习者学习和掌握。

自2011年以来，中国焊接协会相继在国内建立了二十五个机器人焊接培训基地，在社会各界的共同努力下，机器人焊接培训基地各项工作取得了长足进步。在培训教材方面，厦门基地与各基地成员单位合作，编写出版了第一册《焊接机器人基本操作及应用》（第3版）；第二册《中厚板焊接机器人系统及传感技术应用》；第三册《焊接机器人离线编程及仿真系统应用》；第四册《点焊机器人系统及编程应用》；第五册《焊接机器人操作编程及应用》（ABB等品牌五合一）系列教材。这五册焊接机器人系列教材的出版，为构建机器人焊接

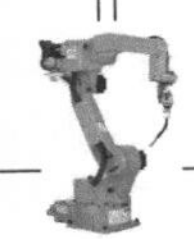
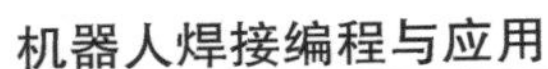

培训课程体系，全面开展“弧焊机器人操作员”岗位资格培训取证工作奠定了基础。根据机器人焊接职业技能鉴定的需要，结合焊接机器人领域的新技术、新设备、新工艺应用成果以及技能人员的国际化发展趋势，又编写了四本机器人焊接系列教材，即第六册《焊接机器人编程及应用专业术语英汉对照》；第八册《机器人焊接高级编程》（技师、高级技师职业技能实训）；第九册《激光焊机器人操作及应用》；本书《机器人焊接编程与应用》（初、中、高级工职业技能实训）为系列教材第七册，作为机器人焊接职业技能考核的参考教材。

本书由中国焊接协会机器人焊接（厦门）培训基地杜志忠主任总体策划，刘伟老师完成全书的编写，选取《焊工》国家职业技能（机器人焊接）试题库内容作为实训项目，此次重印增加了“素质教育”和“职业素养”等相关内容，郭广磊、林贵川、李波等老师参与了审核工作并提出修改意见。本书编写过程中还得到了中国焊接协会各级领导的帮助和支持，中国焊接协会教育与培训工作委员会名誉理事长卢振洋教授欣然同意为本书作序，在此表示深深的感谢！

由于编者水平有限，书中难免存在一些问题，请广大读者给予批评指正！

编　者

目　录

第一部分

初级工

项目一　机器人设备开、关机及更换焊丝

【实操目的】

掌握机器人设备开、关机及更换 CO_2 气体保护焊焊丝的方法和步骤。

【职业素养】

了解机器人、接近机器人、热爱机器人；发扬团结协作精神。

【实操内容】

机器人设备开、关机及更换 CO_2 气体保护焊焊丝。

【参考教材】

焊接机器人系列教材第一册《焊接机器人基本操作及应用》（第 2 版）；第五册《焊接机器人操作编程及应用》（ABB、KUKA、FANUC、安川、OTC 五品牌合编）。

【设备及工具准备】

设备及工具准备明细见表 1-1。

表 1-1　设备及工具准备明细

序号	名称	型号与规格	单位	数量	备注
1	弧焊机器人	臂伸长 1400mm	台	1	
2	焊丝	ER50－6、ϕ1.2mm	盒	1	
3	纱手套	自定	副	1	
4	钢丝刷	自定	把	1	
5	尖嘴钳	自定	把	1	
6	扳手	自定	把	1	
7	钢直尺	自定	把	1	
8	十字螺钉旋具	自定	个	1	

【实操建议】

进行更换焊丝任务时，将学员分为两人一小组，一人对准送丝管入口将焊丝慢慢往上推，另一人在送丝机构位置观察，予以协调配合推送焊丝。

【实操步骤】

1. 开、关机操作

机器人设备开、关机操作步骤及方法见表 1-2。

表 1-2　机器人设备开、关机操作步骤及方法

操作步骤	操作方法	操作图示	补充说明
合上配电柜总开关	开机顺序按照由强电到弱电的操作步骤 首先，合上配电柜总开关	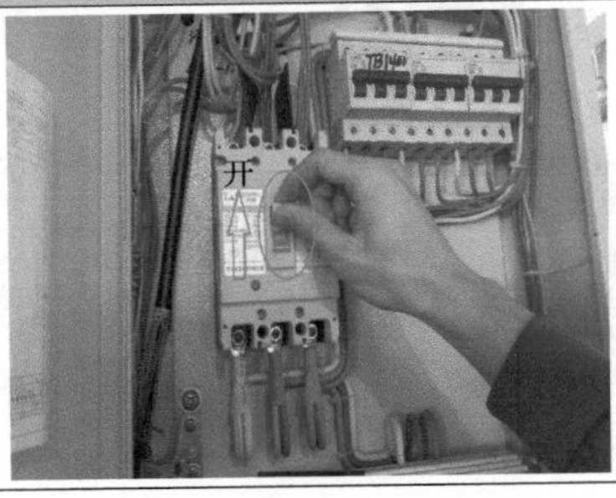 开	注意用电安全
合上机器人设备支路电源开关	合上机器人设备支路电源开关	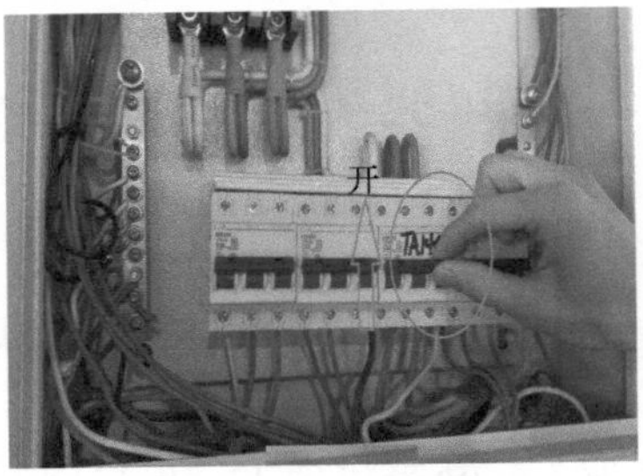 开	每台机器人要单独一路开关供电
合上机器人变压器电源开关	合上机器人变压器电源开关	 开 TRANS-10	
合上焊接电源开关	合上焊接电源开关	 开 Panasonic YD-500GR	向上扳动为开，向下扳动为关
旋开机器人控制柜电源开关	顺时针旋转机器人控制柜电源开关（顺时针为开，逆时针为关）	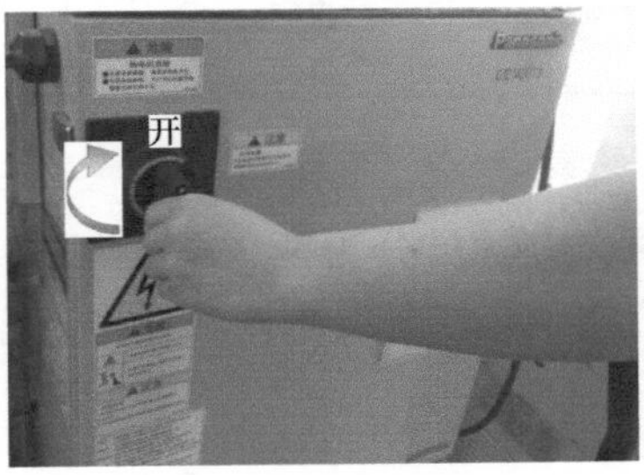 开	机器人控制柜送电后，系统启动（数据传输）需要一定时间，要等待示教器的显示屏进入操作界面后再进行操作

注：机器人设备关机过程与开机过程相反，即由弱电到强电的关机顺序。

2. 更换焊丝操作

将焊丝盘装在支架上，然后把焊丝通过送丝管送到送丝机构，再将焊丝送进焊枪至导电嘴出口处。CO_2 气体保护焊送丝路径如图 1-1 所示。

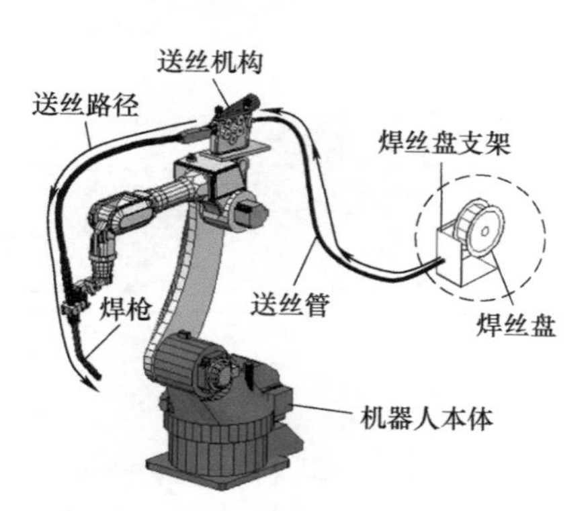

图 1-1　CO_2 气体保护焊送丝路径

更换焊丝操作步骤及方法见表 1-3。

表 1-3　更换焊丝操作步骤及方法

操作步骤	操作方法	操作图示	补充说明
拧下导电嘴	将导电嘴拧下，以免出现连接部位卡丝现象	压壁轮 导套帽 送丝管 焊丝 送丝轮 导电嘴	送丝的原理是在压臂轮和送丝轮摩擦挤压作用下，将焊丝推送出去
送丝准备	扳开机器人手臂上四轮送丝机构的加压手柄，抽出送丝管内剩余焊丝	加压手柄 焊枪接口 压臂轮 旋压刻度 中心管 SUS导套帽 外送丝管快速接头 送丝轮 送丝轮 送丝机构防护罩 送丝电动机齿轮	检查送丝轮的规格与焊丝和导电嘴规格是否一致。清理送丝轮沟槽污垢
调整焊丝盘轴阻尼	调整焊丝盘轴阻尼至适中（阻尼调节螺栓在焊丝盘轴内部，顺时针旋转增加阻尼，逆时针旋转减少阻尼）	焊丝盘轴 阻尼调节螺栓 止动销 旋动	调节焊丝盘轴阻尼的目的是避免焊丝盘出现惯性转动或转动涩滞

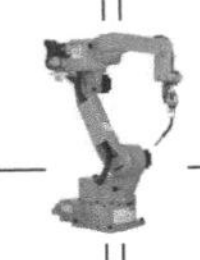

（续）

操作步骤	操作方法	操作图示	补充说明
安装焊丝盘	将焊丝盘顺向装到焊丝盘轴上。对准止动销孔，旋紧限位轮。调整校正轮使焊丝无窜动。保持焊丝头平直穿过送丝管至送丝机构		送丝管入口处的校正轮起焊丝校正作用，调整校正轮使焊丝处于水平和无窜动状态后，锁紧校正轮
手动送丝，使焊丝穿过送丝机构	合上两个压臂轮，转动手柄至刻度 1.2mm 标记处		压臂轮的压力应适当，压力过大会损伤焊丝，压力过小会出现焊丝打滑现象，应转动手柄到 1.2mm 标记处
按下安全开关	按下左右两侧任何一个安全开关（黄色）。用左手（或右手）中指轻轻握压安全开关后，伺服 ON 按钮闪烁		安全开关是为保护操作者安全而设置的，它是一个三位开关，按压时力度要适中
机器人伺服上电	用右手拇指按下伺服 ON 按钮，使伺服 ON 按钮常亮		伺服电源接通，即说明伺服系统已上电
按送丝按钮	按下安全开关，使伺服 ON 按钮常亮，右手拇指按亮送丝图标（下部），左手拇指按送丝“+”（出丝）或送丝“-”（退丝）按钮，观察送丝轮是否转动		如果发现送丝轮打滑不送丝，通常是焊丝卡在了导电嘴与枪管的接口位置，不要继续按送丝按钮，以免烧坏送丝保险
按焊丝/气体检测按钮	按焊丝/气体检测按钮，按送丝按钮，将焊丝送出 20mm 左右停止送丝		送丝和检气必须在伺服 ON 按钮亮时才有效。（+）为出丝，（-）为退丝。焊丝送出后装上导电嘴

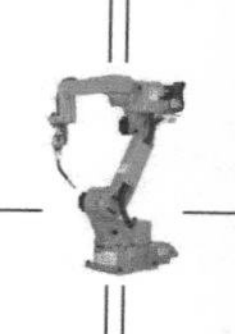

【任务评价】

机器人设备开、关机及更换焊丝任务评价见表 1-4。

表 1-4　机器人设备开、关机及更换焊丝任务评价（100 分）

任务内容	标准、规范（分数）	实际操作（得分）	合格/不合格
工具准备	10		
开机顺序	10		
安全开关	10		
伺服 ON 按钮	10		
装丝过程	20		
送丝操作	10		
关机顺序	10		
安全操作	10		
现场清理	10		
总成绩			

项目二　移动机器人找点

【实操目的】

掌握使用示教器按钮选择坐标系，使用拨动按钮移动机器人至目标位置点的方法。理解示教点的概念和坐标系的概念。

【职业素养】

学习和遵守机器人安全操作规程；安全是第一位的，没有安全便没有一切。

【实操内容】

准备一个目标尖点，固定于工作台的正前方，分别在关节、直角、工具坐标系中移动焊枪，使焊丝末端与目标尖点轴向对准，如图 1-2 所示。

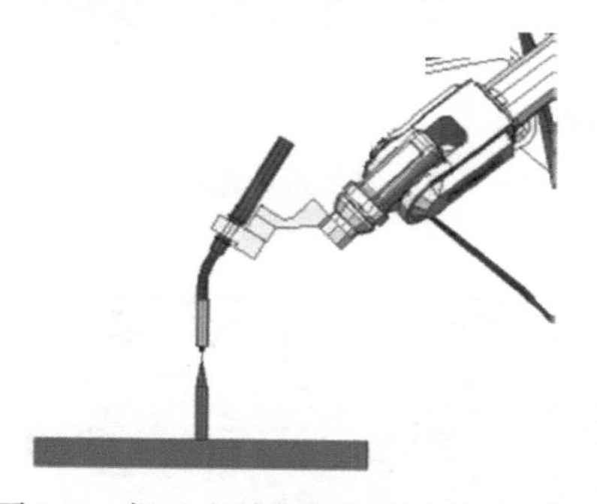

图 1-2　焊丝末端与目标尖点轴向对准

【参考教材】

焊接机器人系列教材第一册《焊接机器人基本操作及应用》（第 2 版）；第五册《焊接机器人操作编程及应用》（ABB、KUKA、FANUC、安川、OTC 五品牌合编）。

【设备及工具准备】

设备及工具准备明细见表 1-5。

表 1-5　设备及工具准备明细

序号	名称	型号与规格	单位	数量	备注
1	弧焊机器人	臂伸长 1400mm	台	1	
2	焊丝	ER50－6、ϕ1.2mm	盒	1	
3	目标尖点	自制	个	1	
4	纱手套	自定	副	1	
5	尖嘴钳	自定	把	1	
6	扳手	自定	把	1	
7	钢直尺	自定	把	1	
8	十字螺钉旋具	自定	个	1	
9	劳保用品	帆布工作服、工作鞋等	套	1	

【实操建议】

在 1min 时间内，使焊枪的焊丝末端轴向对准目标尖点。

【必备知识】

松下机器人的示教器及示教的正确姿势如图 1-3 ~ 图 1-5 所示。

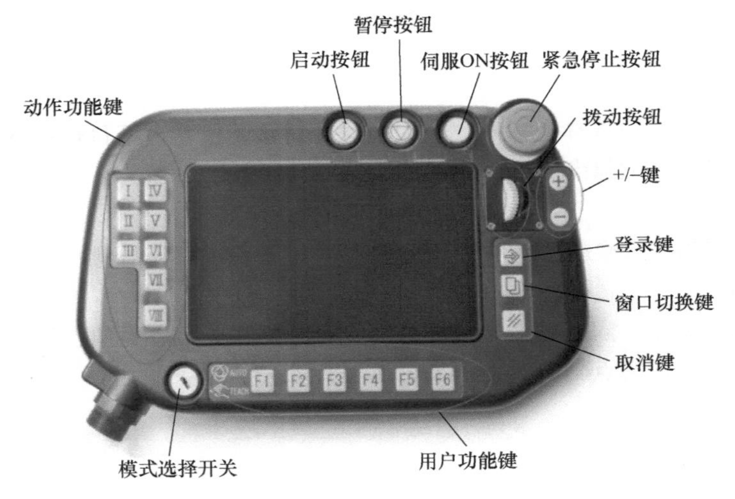

图 1-3　示教器正面

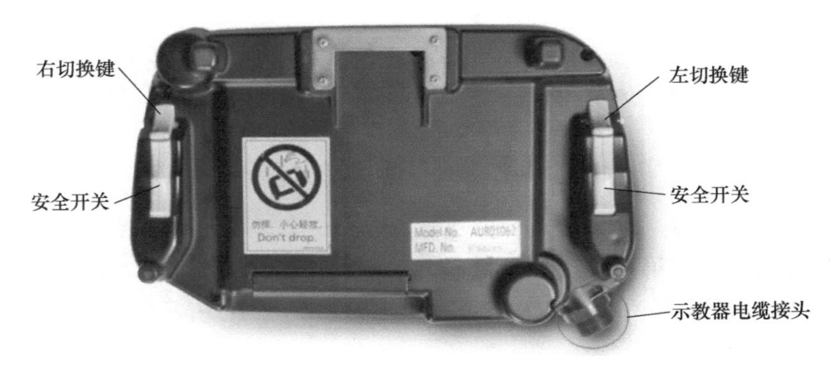

图 1-4　示教器背面

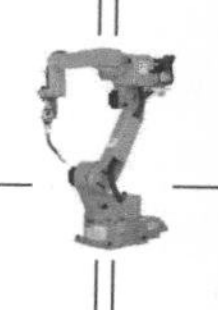

示教器的正确持握姿势非常重要，一是要保证示教器的安全；二是要便于拿握和操作使用。正确持握示教器的方法如下：将挂带套在左手上，以免示教器脱落损坏。左右手分别握住示教器的两侧，拇指在上，其余四指在下成拿握状。示教器的正面显示屏应在便于眼睛观看的位置，眼睛距离示教点的最佳距离为 200 ~ 500mm，并且需要上、下、左、右、前、后观察示教点位置，避免产生观测误差。另外，不要用力以示教器作为支承压在工作台上或将示教器置于工作台下方，以免造成示教器损坏。根据示教器正面按键所在位置，使用左、右手的拇指来进行操作，如图 1-6 所示。背面的左右切换键由左、右手的食指进行操作，左、右手的中指、无名指和小指自然按在安全开关的位置上，如图 1-7 所示。

图 1-5　示教的正确姿势

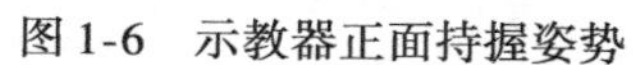

图 1-6　示教器正面持握姿势

图 1-7　示教器背面持握姿势

其他几种品牌机器人示教器的持握姿势见表 1-6。

表 1-6　其他几种品牌机器人示教器的持握姿势

机器人品牌	示教器正面	示教器背面及持握姿势
ABB		
KUKA 中文：库卡		

（续）

机器人品牌	示教器正面	示教器背面及持握姿势
YASKAWA 中文：安川		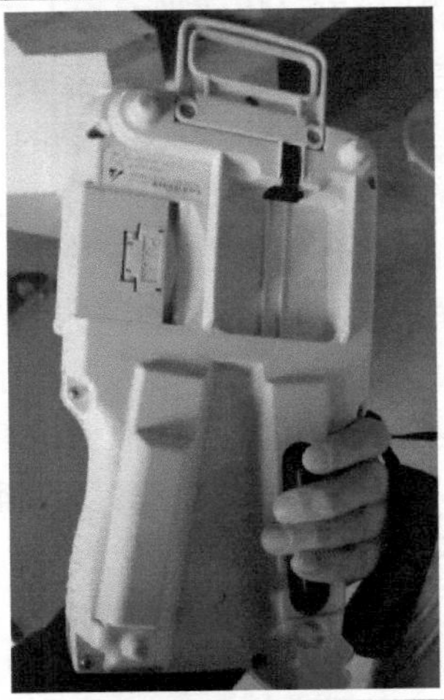
OTC （DAIHEN） 中文：欧地希	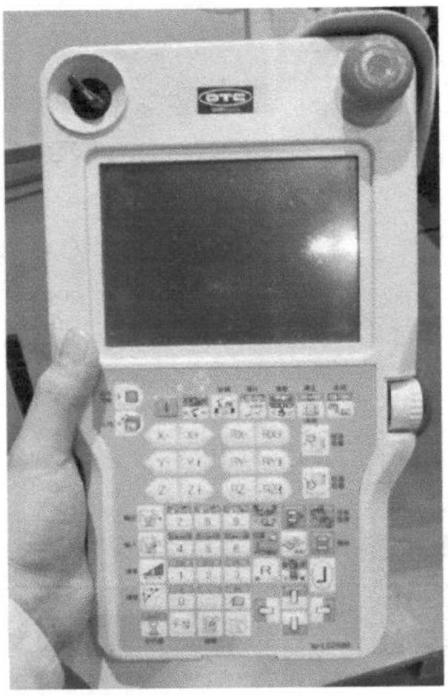	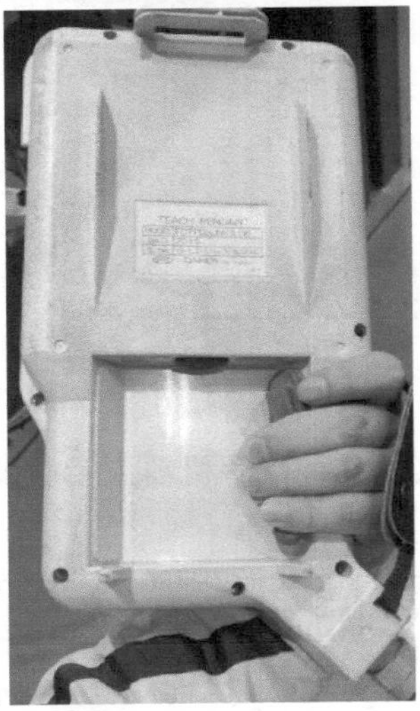
FANUC 中文：发那科		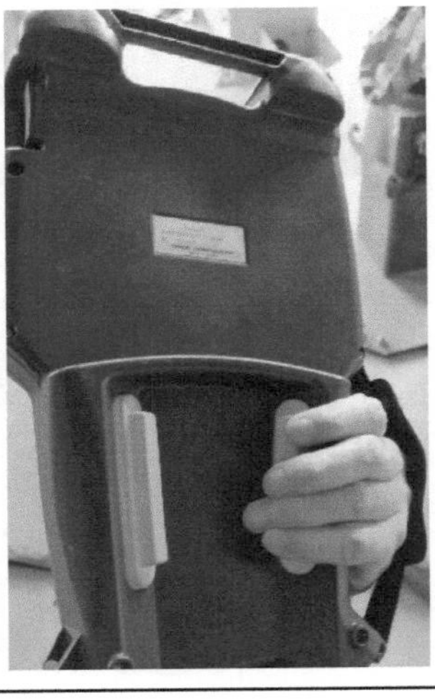

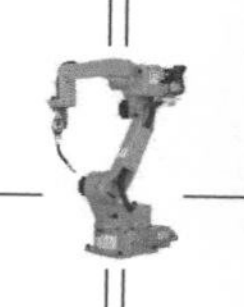

【实操步骤】

移动机器人找点的操作步骤及方法见表1-7。

表1-7　移动机器人找点的操作步骤及方法

操作步骤	操作方法	操作图示	补充说明
坐标系切换练习	用右手食指按住右切换键，左手拇指按动作功能键Ⅳ，切换机器人运动坐标系	关节坐标系 直角坐标系 工具坐标系 切换 Ⅳ 切换 Ⅳ 切换	将模式选择开关旋至示教模式（Teach），准备一个目标尖点，固定于工作台的正前方
按下安全开关	左手（或右手）中指轻轻按下安全开关（黄色）	安全开关 安全开关	
机器人伺服上电	待伺服ON按钮闪烁时，右手拇指按下伺服ON按钮，此时伺服电源接通，伺服ON按钮常亮	伺服ON按钮	
点亮机器人运动图标	按住相应的动作功能键，侧压拨动按钮或上下拨动，使机器人运动，按右切换键可以调整移动速度	移动速度显示阶梯图 机器人运动图标	机器人运动图标
直角坐标系动作	通过直角坐标系的六种动作模式，从原点开始移动机器人，使焊枪及焊丝末端轴向对准目标尖点	示教器动作功能键 | X、Y、Z | U、V、W Ⅰ Ⅳ Ⅱ Ⅴ Ⅲ Ⅵ	直角坐标系图标
关节坐标系动作	通过关节坐标系的六个轴的动作，从原点开始移动机器人，使焊枪及焊丝末端轴向对准目标尖点	示教器动作功能键 | 腕部轴 | 基本轴 Ⅰ Ⅳ Ⅱ Ⅴ Ⅲ Ⅵ	关节坐标系图标

（续）

操作步骤	操作方法	操作图示	补充说明
工具坐标系动作	通过工具坐标系的六个轴的动作，从原点开始移动机器人，使焊枪及焊丝末端轴向对准目标尖点	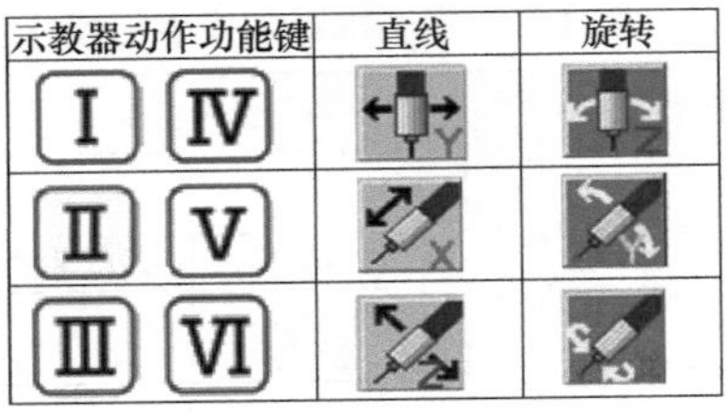 示教器动作功能键 / 直线 / 旋转：Ⅰ Ⅳ；Ⅱ Ⅴ；Ⅲ Ⅵ	工具坐标系图标
轴向对准目标尖点	使用直角坐标系、工具坐标系和关节坐标系1min对准目标尖点进行评价	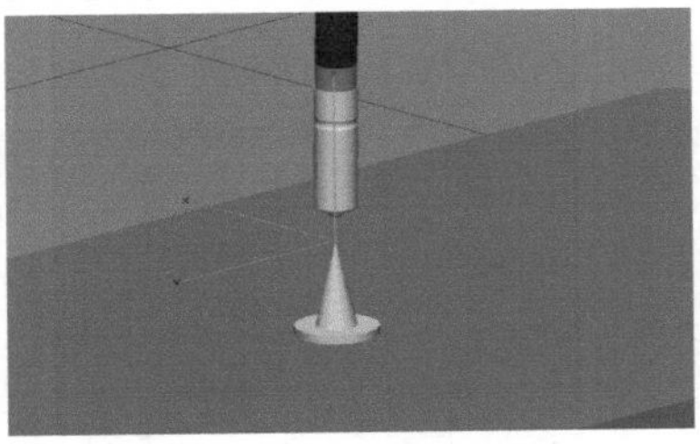	完成任务时的焊枪姿态

【任务评价】

移动机器人找点实际操作任务评价见表1-8。

表1-8　移动机器人找点实际操作任务评价（100分）

任务内容	标准、规范（分数）	实际操作（得分）	合格/不合格
工具准备	10		
示教器使用	10		
示教姿态	10		
直角坐标系	10		
工具坐标系	10		
关节坐标系	10		
拨动按钮操作	20		
安全操作	10		
现场清理	10		
总成绩			

项目三　机器人焊字

【实操目的】

通过焊字过程掌握直线、圆弧的示教方法，巩固学生的编程操作技能。

【职业素养】

机器人焊接是特种作业岗位，应自觉遵守焊接机器人作业安全防护各项条例。

【实操内容】

通过使用直线、圆弧插补命令及焊接参数设定，使用机器人示教和焊接自己的名字。以“大”字为例，先做焊接顺序及示教点位置规划，如图1-8所示。

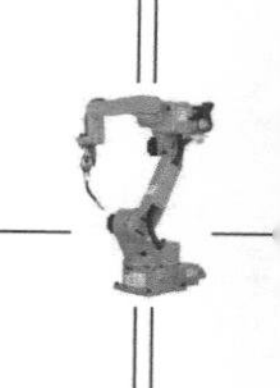

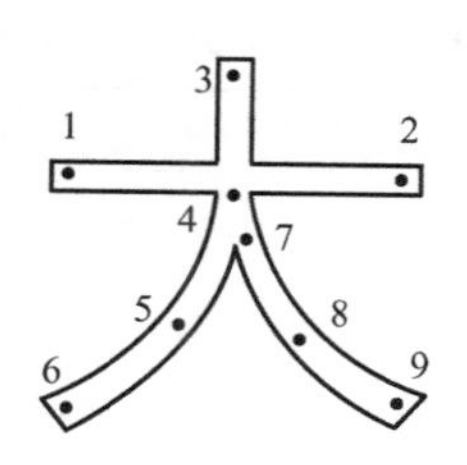

图 1-8　“大”字的示教点位置规划

【参考教材】

焊接机器人系列教材第一册《焊接机器人基本操作及应用》（第 2 版）、第五册《焊接机器人操作编程及应用》（ABB、KUKA、FANUC、安川、OTC 五品牌合编）。

【设备、工具及工件准备】

设备及工具准备明细见表 1-9。

表 1-9　设备及工具准备明细

序号	名称	型号与规格	单位	数量	备注
1	弧焊机器人	臂伸长 1400mm	台	1	
2	焊丝	ER50－6、ϕ1.2mm	盒	1	
3	混合气	80%（体积分数）Ar＋ 20%（体积分数）CO_2	瓶	1	
4	头戴式面罩	自定	个	1	
5	纱手套	自定	副	1	
6	钢丝刷	自定	把	1	
7	尖嘴钳	自定	把	1	
8	扳手	自定	把	1	
9	钢直尺	自定	把	1	
10	十字螺钉旋具	自定	个	1	
11	敲渣锤	自定	把	1	
12	定位块	自定	个	2	
13	焊缝测量尺	自定	把	1	
14	粉笔	自定	根	1	
15	角向磨光机	自定	台	1	
16	劳保用品	帆布工作服、工作鞋等	套	1	
17	白纸	A4	张	1	
18	胶带	透明	卷	1	

工件为 200mm×300mm×4mm 钢板一块。

【必备知识】

各品牌机器人插补方式见表 1-10。

表 1-10　各品牌机器人插补方式

机器人品牌	点到点	直线	圆弧
松下	MOVEP	MOVEL	MOVEC
安川	MOVJ	MOVL	MOVC
FANUC	J	L	C
OTC	JOINT	LIN	CIR
ABB	MOVEJ	MOVEL	MOVEC
KUKA	PTP	LIN	CIRC

1. 点到点移动

机器人系统的定位将在两点之间以最短的路程进行，因为所有轴的移动同时开始和结束，所有轴必须同步，因此，无法精确地预计机器人的轨迹，如图 1-9 所示。

2. 直线移动

工具及工件参照点沿着一条通往目标点的直线移动，如图 1-10 所示。

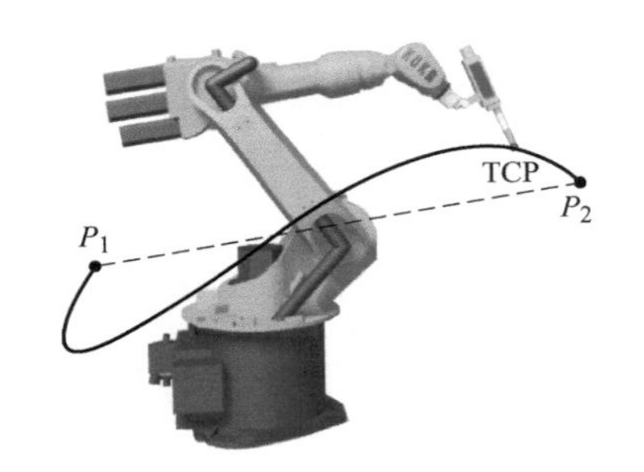

图 1-9　点到点移动

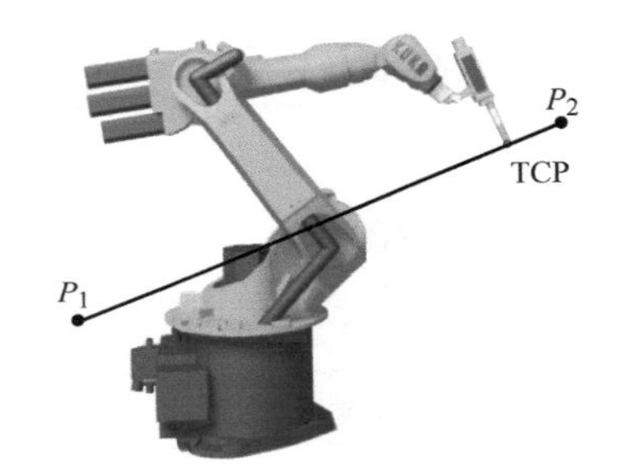

图 1-10　直线移动

3. 圆弧移动

工具及工件参照点沿着一条圆弧移动至目标点，这条轨迹将通过起始点、中间点和结束点来描述，如图 1-11 所示。

根据上述移动指令，按照“大”字的书写顺序进行轨迹规划。以松下机器人为例，图 1-8 所示各点的插补命令及属性分别是：第 1 点 MOVEL（焊接点）；第 2 点 MOVEL（空走点）；第 3 点 MOVEL（焊接点）；第 4 点 MOVEC（焊接点）；第 5 点 MOVEC（焊接点）；第 6 点 MOVEC（空走点）；第 7 点 MOVEC（焊接点）；第 8 点 MOVEC（焊接点）；第 9 点 MOVEC（空走点）。焊字过程的焊枪角度应始终垂直于钢板，并保持焊丝干伸长始终一致（焊丝伸出长度 13 ~ 14mm），如图 1-12 所示。

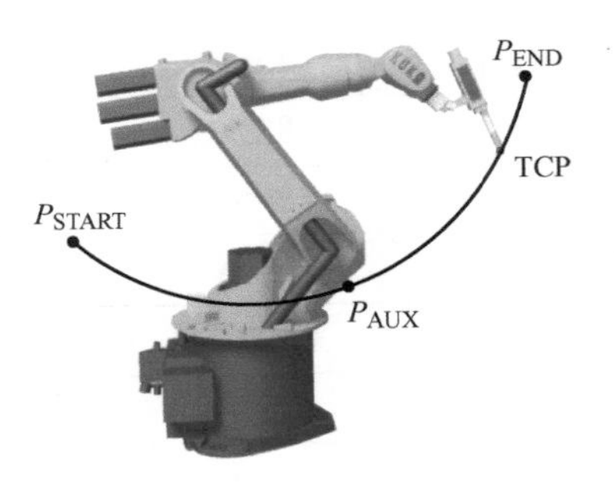

图 1-11　圆弧移动

为了在焊缝间移动过程中不刮擦焊丝，在每一笔焊接结束后，应提枪 20mm 并设为过渡点。焊字练习中，为了查找和修改程序方便，当字数较多时，可以在每个字开头用标签命令“label”作为标记。

机器人焊字焊接参数见表 1-11。

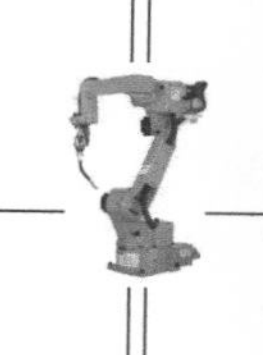

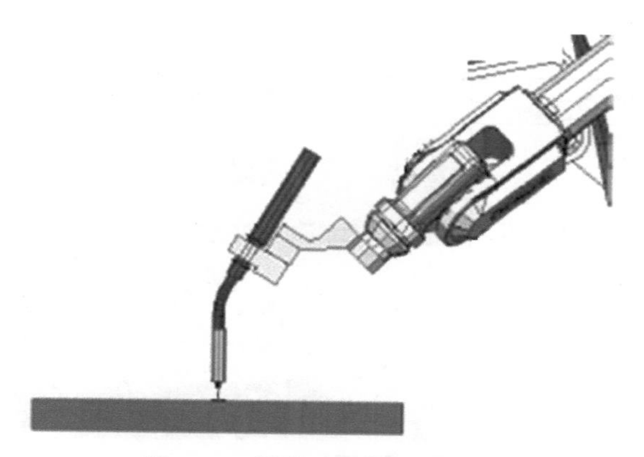

图 1-12　焊字过程的焊枪角度

表 1-11　机器人焊字焊接参数

焊接类型	焊接电流/A	焊接电压/V	焊接速度/(m/min)	收弧电流/A	收弧电压/V	收弧时间/s	气体流量/(L/min)
熔焊	100～120	16～17	0.4～0.5	70～80	14～15	0.2～0.3	12～15

字的笔画粗细可通过改变焊接电流和焊接速度来加以调整，若让字的笔画粗一些，应设置焊接电流大些或焊接速度慢些。

【实操步骤】

将钢板表面清理后固定于机器人焊枪正下方，将要焊的字打印在 A4 白纸上（建议字体选空心黑体字），再将打印好的白纸平铺并粘贴于钢板之上，根据所要焊字的笔画做好示教点标记。

焊“大”字的操作步骤及方法见表 1-12。

表 1-12　焊“大”字的操作步骤及方法

操作步骤	操作方法	操作图示	补充说明
原点	原点示教，设为 MOVEP 插补（空走）	MOVEL MOVEL　MOVEL MOVEC　MOVEC MOVEC　MOVEC MOVEC　MOVEC	若要字体凸起一些时，应适当降低焊接电压；对于笔画比较复杂的字，焊接电流要小、焊接电压要低或焊接速度要快，以免笔画不清；可先在试板上进行试焊，找出最佳焊接参数
焊 1、2 点	第 1 点，焊接开始点，设为 MOVEL 插补（焊接）	1	

（续）

操作步骤	操作方法	操作图示	补充说明
焊1、2点	第2点，焊接结束点，设为 MOVEL 插补（空走）。然后，提枪设为过渡点	2	至下一点前要设过渡点
焊3～6点	第3点，焊接开始点，设为 MOVEL 插补（焊接）	3	
焊3～6点	第4点，焊接中间点，圆弧第1点，设为 MOVEC 插补（焊接）	4	
焊3～6点	第5点，焊接中间点，圆弧第2点，设为 MOVEC 插补（焊接）	5	
焊3～6点	第6点，焊接结束点，圆弧第3点，设为 MOVEC 插补（空走）。然后，提枪设为过渡点	6	至下一点前要设过渡点

（续）

操作步骤	操作方法	操作图示	补充说明
焊 7～9 点	第 7 点，焊接开始点，圆弧第 1 点，设为 MOVEC 插补（焊接）	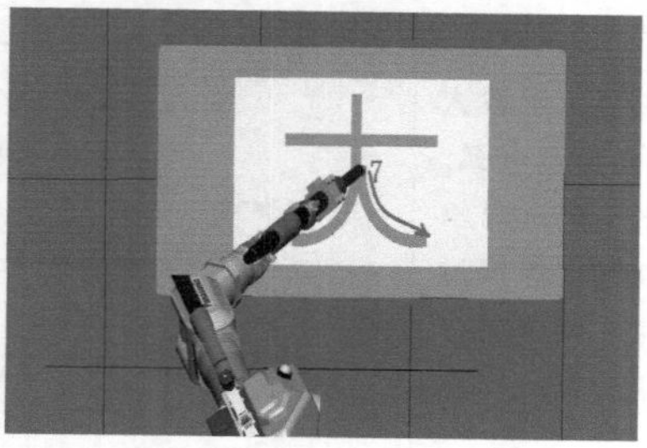	
焊 7～9 点	第 8 点，焊接中间点，圆弧第 2 点，设为 MOVEC 插补（焊接）	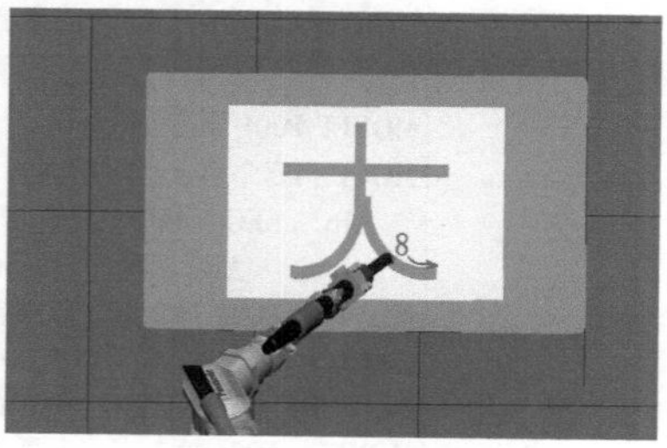	
焊 7～9 点	第 9 点，焊接结束点，圆弧第 3 点，设为 MOVEC 插补（空走）。然后，提枪设为过渡点	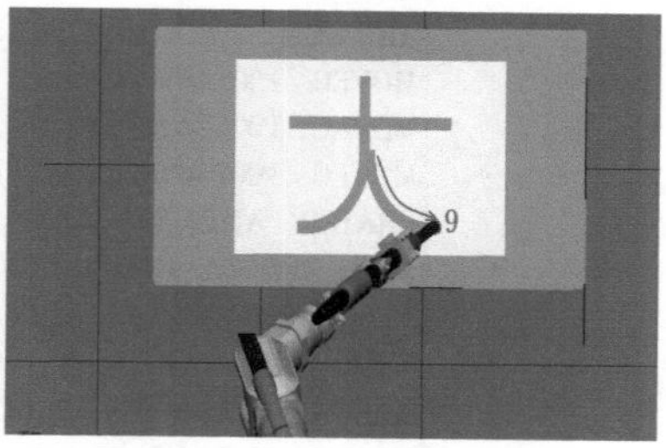	至下一点前要设过渡点
回到原点	最后，回到原点。采用粘贴复制的方法。编程结束后，将白纸轻轻拿掉，注意钢板的位置不要挪动	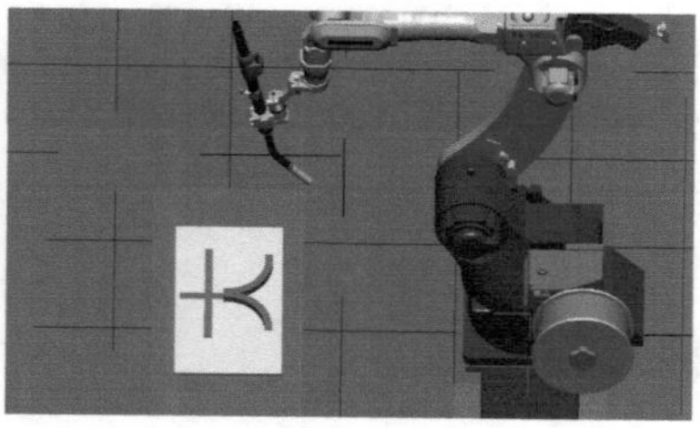	由于程序较长，逐条修改焊接参数费时费力，应用“编辑”菜单中“替换”的办法能一次设置全部焊接位置的参数  
焊接操作	将光标移到程序开始行，将模式选择开关由 Teach 旋至 Auto，按下伺服 ON 按钮和启动按钮开始焊接	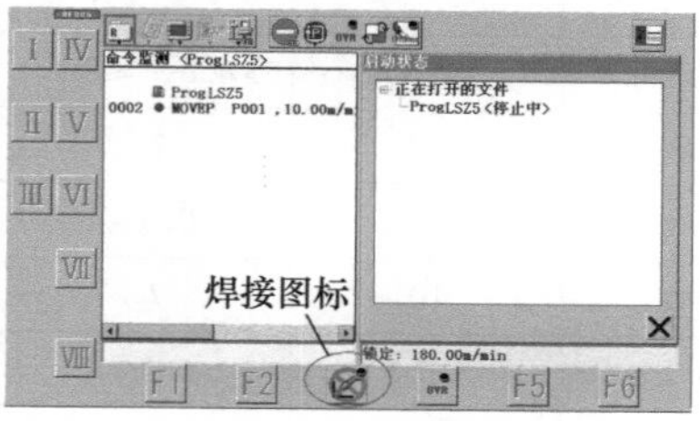	穿戴好焊接防护服、手套，准备好焊接面罩，确认机器人作业区域安全后再开始焊接。焊接图标为电弧打开状态

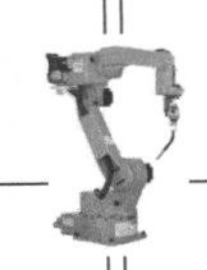

（续）

操作步骤	操作方法	操作图示	补充说明
观察焊接电弧与焊后处理	焊接开始后，示教人员手持面罩观察电弧。焊接过程中不要远离示教器，如果发现焊接过程出现异常，要及时按下暂停按钮或紧急停止按钮		焊字结束要等工件冷却后，再用钢丝刷、敲渣锤等清理焊件表面
焊字程序		MOVEP P001 原点 MOVEL P002 第 1 点（起弧） ARC－SEC AMP＝120 VOLT＝17.0 S＝0.5 ARC－ON ArcStart1 PROCESS＝0 MOVEL P003 第 2 点（收弧） CRATER AMP＝80 VOLT＝15.0 T＝0.2 ARC－OFF ArcEnd1 PROCESS＝0 MOVEL P004 第 3 点（起弧） ARC－SEC AMP＝120 VOLT＝17.0 S＝0.5 ARC－ON ArcStart1 PROCESS＝0 MOVEC P005 第 4 点 MOVEC P006 第 5 点 MOVEC P007 第 6 点（收弧） CRATER AMP＝80 VOLT＝15.0 T＝0.2 ARC－OFF ArcEnd1 PROCESS＝0 MOVEC P008 第 7 点（起弧） ARC－SEC AMP＝120 VOLT＝17.0 S＝0.5 ARC－ON ArcStart1 PROCESS＝0 MOVEC P009 第 8 点 MOVEC P010 第 9 点（收弧） CRATER AMP＝80 VOLT＝15.0 T＝0.2 ARC－OFF ArcEnd1 PROCESS＝0 MOVEC P011 回到原点	

【任务评价】

机器人焊字任务评价见表 1-13。

表 1-13 机器人焊字任务评价（100 分）

检查项目	标准、分数	评价等级				实际得分
焊缝宽度	标准/mm	>3.5～4.5	>4.5，≤3.5	>5，≤3	>5.5，≤2.5	
	分数	10	7	4	0	
焊缝高低差	标准/mm	≤0.5	>0.5～1	>1～2	>2	
	分数	10	7	4	0	
焊缝宽窄差	标准/mm	≤0.5	>0.5～1	>1～1.5	>1.5	
	分数	10	7	4	0	

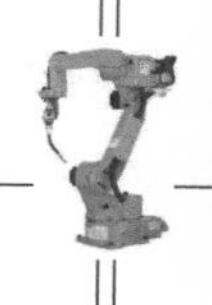

（续）

检查项目	标准、分数	评价等级				实际得分
焊缝表面成形		优	良	一般	差	
	标准	成形美观，焊纹均匀细密，高低宽窄一致	成形较好，焊纹均匀，焊缝平整	成形尚可，焊缝平直	焊缝弯曲，高低宽窄明显，有表面焊接缺陷	
	分　数	20	14	8	0	
焊缝表面如有修补，该工件为0分 焊缝表面有裂纹、夹渣、未熔合、气孔、焊瘤等缺陷之一的，该工件为0分					总分	

项目总分（100）			
操作规程（20）	示教编程效率（30）	外观质量（50）	总分

项目四　T形接头平角焊

【实操目的】

掌握机器人T形接头平角焊的示教及焊接方法和步骤。

【职业素养】

做好焊前准备和焊后清理，履行“整理、整顿、清扫、清洁、素养、安全、节约”7S管理。

【实操内容】

机器人T形接头平角焊的示教及焊接。

【参考教材】

焊接机器人系列教材第一册《焊接机器人基本操作及应用》（第2版）；第五册《焊接机器人操作编程及应用》（ABB、KUKA、FANUC、安川、OTC五品牌合编）。

【设备、工具及工件准备】

设备及工具准备明细见表1-14。

表1-14　设备及工具准备明细

序号	名称	型号与规格	单位	数量	备注
1	弧焊机器人	臂伸长1400mm	台	1	
2	焊丝	ER50-6、ϕ1.2mm	盒	1	
3	混合气	80%（体积分数）Ar＋20%（体积分数）CO_2	瓶	1	
4	头戴式面罩	自定	个	1	
5	纱手套	自定	副	1	
6	钢丝刷	自定	把	1	
7	尖嘴钳	自定	把	1	

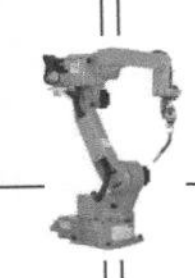

（续）

序号	名称	型号与规格	单位	数量	备注
8	扳手	自定	把	1	
9	钢直尺	自定	把	1	
10	十字螺钉旋具	自定	个	1	
11	敲渣锤	自定	把	1	
12	定位块	自定	个	2	
13	焊缝测量尺	自定	把	1	
14	粉笔	自定	根	1	
15	角向磨光机	自定	台	1	
16	劳保用品	帆布工作服、工作鞋等	套	1	

T 形接头平角焊工件如图 1-13 所示。

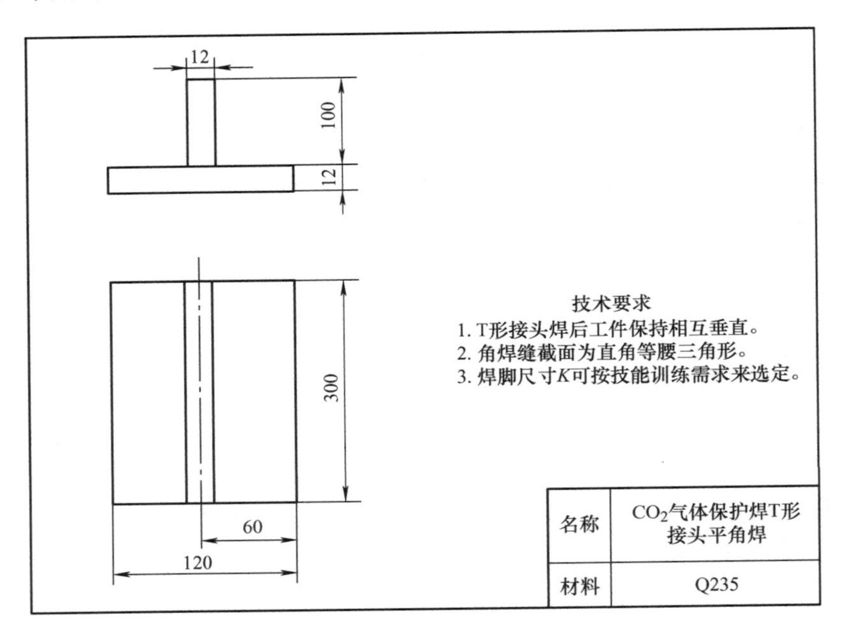

图 1-13　T 形接头平角焊工件

1）工件清理。用角向磨光机把焊缝两侧 15～20mm 范围内油、锈等清除干净，使其露出金属光泽。

2）装配间隙。为了加大角焊缝熔深，在装配时在立板与底板之间预留 1～2mm 间隙。

3）定位焊。用直角尺靠着立板进行定位焊，对定位焊缝的要求与正式焊缝一样。

【实操建议】

1. 焊接参数

T 形接头平角焊焊接参数见表 1-15。

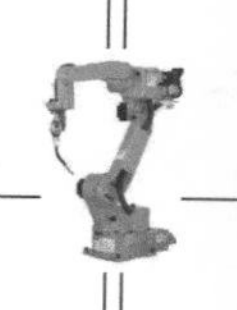

表 1-15　T 形接头平角焊焊接参数

焊接类型	焊接电流 /A	焊接电压 /V	焊接速度 /(m/min)	收弧电流 /A	收弧电压 /V	收弧时间 /s	气体流量 /(L/min)
平角焊	220～250	25～27	0.3～0.4	150～160	21～22	0.3～0.4	15～20

2. 操作要领

1）焊枪角度。在示教焊接点时，应根据 T 形接头的焊缝特点，使焊枪行进角为 80°～90°、焊枪工作角为 40°～45°，一层一道焊，如图 1-14 和图 1-15 所示（焊枪行进角是指焊枪与焊缝之间形成的空间夹角；焊枪工作角是指焊枪与工件两侧形成的空间夹角）。

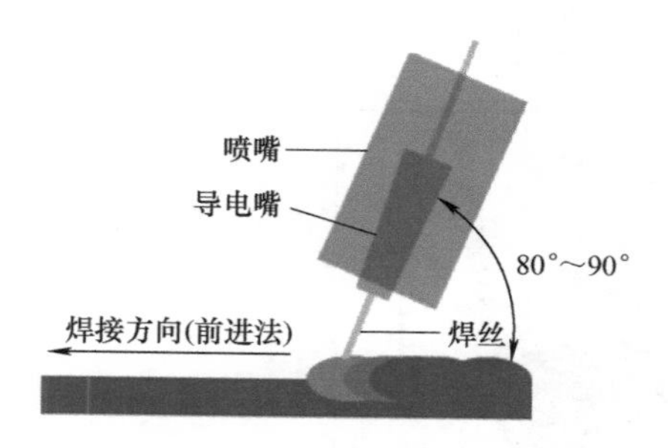

图 1-14　焊枪行进角示意（主视）

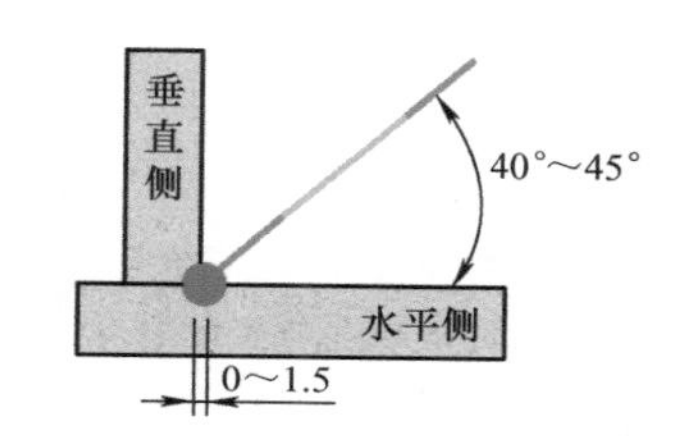

图1-15　焊枪工作角示意（左视）

2）焊枪指向根部 1～1.5mm 处，由于采用较大的焊接电流，焊接速度 0.3～0.4m/min。

3）在焊接过程中，如果焊枪对准的位置不正确，引弧电压过低或焊接速度过慢都会使铁液下淌，造成焊缝的下垂。

【实操步骤】

动作顺序由程序点 1 开始，至程序点 6 结束。此程序由 1～6 的 6 个程序点组成，如图 1-16 所示。

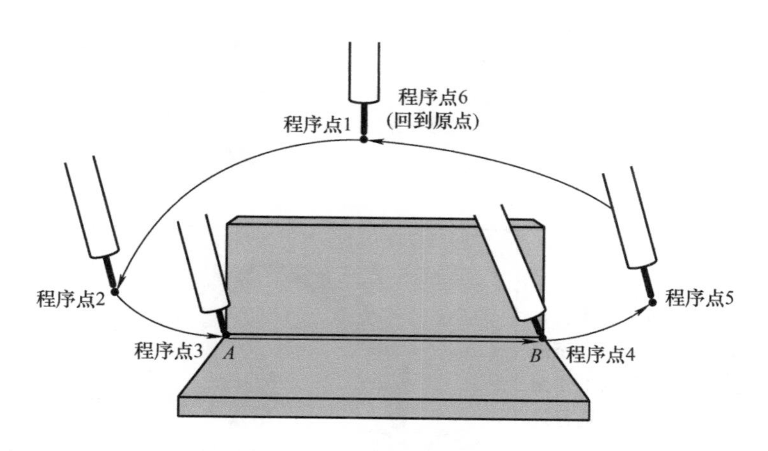

图 1-16　动作顺序

T 形接头平角焊操作步骤及方法见表 1-16。

表 1-16　T 形接头平角焊操作步骤及方法

操作步骤	操作方法	操作图示	补充说明
1 点（原点）	工件定位焊组对、固定好后，将示教器模式选择开关旋至 Teach，按亮机器人图标，示教机器人原点，指令为 MOVEP，设为空走点	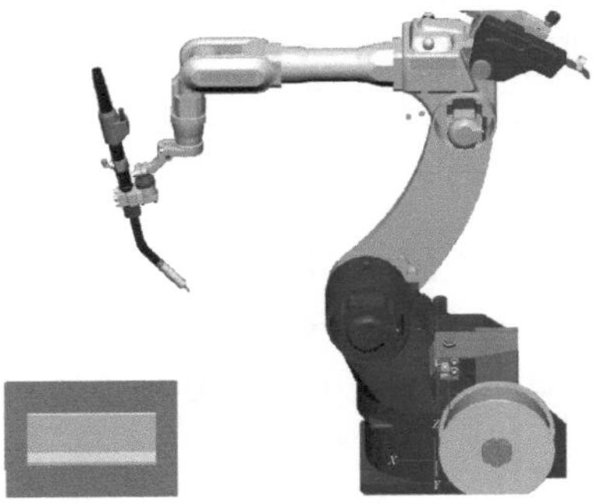	注意装夹位置及行走方向
2 点（进枪点）	将焊枪移动至进枪点，此时焊枪在焊接起始点上方约 50mm 位置，应与焊接时的角度一致，指令为 MOVEL，设为空走点	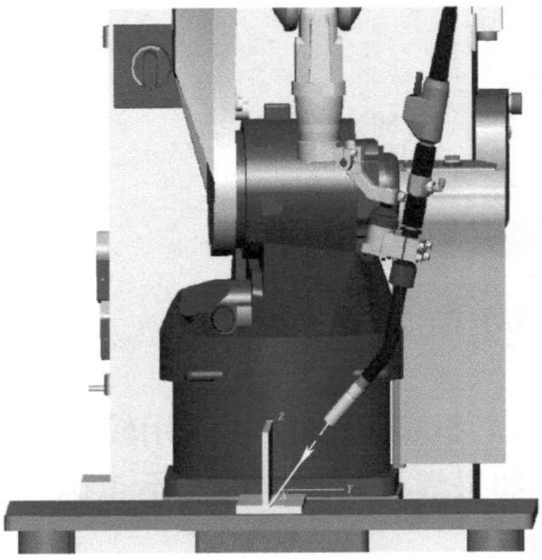	
3 点（焊接起始点）	使用工具坐标系，将焊枪移动至焊接起始点，焊枪工作角为 40°～45°，焊枪行进角为 80°～90°，指令为 MOVEL，设为焊接点	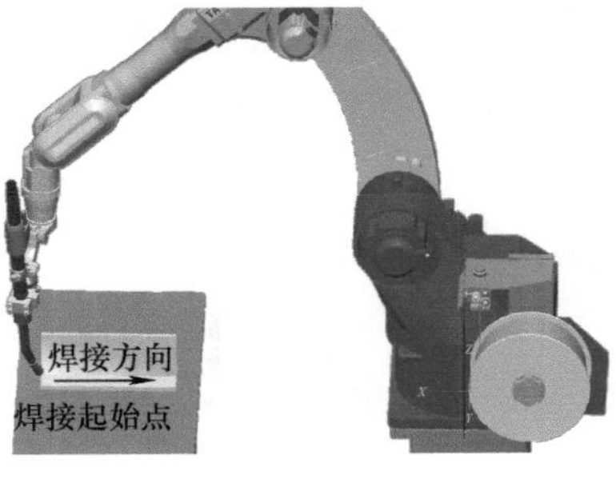	注意：焊丝干伸长为 15mm（焊丝伸出长度为 13～14mm）
4 点（焊接结束点）	使用直角坐标系，将焊枪沿 $-X$ 方向移动至焊接结束点，焊枪工作角为 40°～45°，焊枪行进角为 80°～90°，指令为 MOVEL，设为空走点	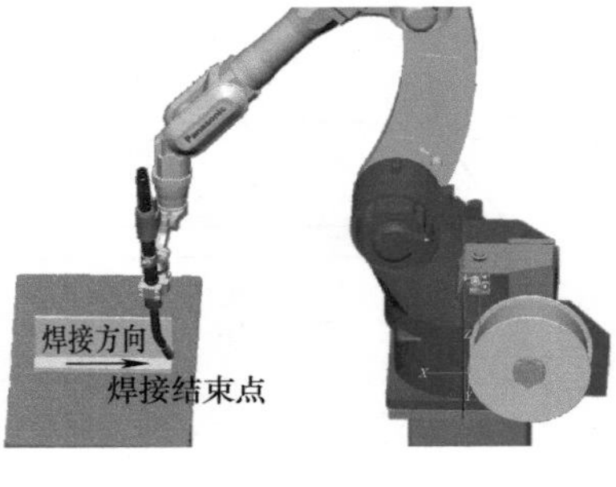	

（续）

操作步骤	操作方法	操作图示	补充说明
5点（退避点）	将焊枪移动至退避点，此时焊枪在焊接结束点上方约50mm位置，应与焊接时的角度一致，指令为MOVEL，设为空走点	退避点	
6点（回到原点）	将光标移至原点位置，复制原点位置示教点程序，粘贴到程序结尾处，直线示教完成		将示教器模式选择开关旋至Auto位置，按下伺服ON按钮，再按下启动按钮，即可开始焊接
焊接操作	将模式选择开关由Teach旋至Auto，按下伺服ON按钮，再按下启动按钮开始焊接	命令监测 <Prog AABBCC> ProgAABBCC 0002 ● MOVEP P001 ,10.00m/m 启动状态 止在打开的文件 ProgAABBCC <停止中> 焊接图标 锁定：180.00m/min F1 F2 F5 F6	焊接图标为电弧打开状态
观察焊接电弧与焊后处理	焊接开始后，示教人员手持面罩观察电弧。焊接过程中不要远离示教器，如果发现焊接过程出现异常，要及时按下暂停按钮或紧急停止按钮		焊接完的工件要做焊缝清理，用敲渣锤、钢丝刷清理焊渣、焊接飞溅物。不得对焊接缺陷进行修复
焊接程序	从原点开始至结束回到原点的程序	AABBCC 0013 1:Mech1 : Robot Begin Of Program 0001 TOOL = 1 : TOOL01 0002 ● MOVEP P001 ,10.00m/min, 0003 ● MOVEL P002 ,10.00m/min, 0004 ● MOVEL P003 ,10.00m/min, 0005 ARC-SET AMP = 220 VOLT= 25.4 S = 0.40 0006 ARC-ON ArcStart1 PROCESS = 0 0007 ● MOVEL P004 ,10.00m/min, 0008 CRATER AMP = 150 VOLT= 21.2 T = 0.30 0009 ARC-OFF ArcEnd1 PROCESS = 0 0010 ● MOVEL P005 ,10.00m/min, 0011 ● MOVEP P006 ,10.00m/min, 0012 End Of Program 增加 ◆ MOVEP P009 ,10.00m/min,	焊接前先跟踪一遍，确认示教点准确无误后再进行焊接操作

【任务评价】

T 形接头平角焊任务评价见表 1-17。

表 1-17　T 形接头平角焊任务评价（100 分）

检查项目	标准、分数	评价等级				实际得分
焊脚尺寸	标准/mm	>5.5～6.5	>6.5，≤5.5	>7，≤5	>8，<4	
	分数	10	7	4	0	
焊缝高低差	标准/mm	≤1	>1～2	>2～3	>3	
	分数	10	7	4	0	
咬边	标准/mm	0	深度≤0.5 长度≤15	深度≤0.5 长度>15～30	深度>0.5 长度>30	
	分数	10	7	4	0	
错边量	标准/mm	0	≤0.7	>0.7～1.2	>1.2	
	分数	10	7	4	0	
焊缝表面成形	标准	优	良	一般	差	
		成形美观，焊纹均匀细密，高低宽窄一致	成形较好，焊纹均匀，焊缝平整	成形尚可，焊缝平直	焊缝弯曲，高低宽窄明显，有表面焊接缺陷	
	分数	10	7	4	0	
焊缝表面如有修补，该工件为 0 分 焊缝表面有裂纹、夹渣、未熔合、气孔、焊瘤等缺陷之一的，该工件为 0 分					总分	

项目总分（100）			
操作规程（20）	示教编程效率（30）	外观质量（50）	总分

项目五　管-板平角焊

【实操目的】

掌握板与圆管的机器人焊接的操作方法。

【职业素养】

机器人运行时，避免进入机器人动作区域，危险发生前，按下紧急停止开关。

【实操内容】

板与圆管的机器人焊接、圆弧示教及机器人焊接工艺。

【参考教材】

焊接机器人系列教材第一册《焊接机器人基本操作及应用》（第 2 版）；第五册《焊接机器人操作编程及应用》（ABB、KUKA、FANUC、安川、OTC 五品牌合编）。

【设备、工具及工件准备】

设备及工具准备明细见表 1-18。

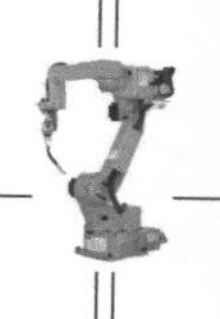

表 1-18　设备及工具准备

序号	名称	型号与规格	单位	数量	备注
1	弧焊机器人	臂伸长 1400mm	台	1	
2	焊丝	ER50－6、ϕ1.2mm	盒	1	
3	混合气	80%（体积分数）Ar＋20%（体积分数）CO_2	瓶	1	
4	头戴式面罩	自定	个	1	
5	纱手套	自定	副	1	
6	钢丝刷	自定	把	1	
7	尖嘴钳	自定	把	1	
8	扳手	自定	把	1	
9	钢直尺	自定	把	1	
10	十字螺钉旋具	自定	个	1	
11	敲渣锤	自定	把	1	
12	定位块	自定	个	2	
13	焊缝测量尺	自定	把	1	
14	粉笔	自定	根	1	
15	角向磨光机	自定	台	1	
16	劳保用品	帆布工作服、工作鞋等	套	1	

工件材料 Q235；尺寸：管 ϕ60mm×6mm（厚）×40mm（高），板 80mm（长）×80mm（宽）×6mm（厚），如图 1-17 所示。

1）表面处理。把工件焊缝两侧 20～30mm 范围内的油、污物、铁锈等清除干净，使其露出金属光泽。

2）工件定位焊组装。在定位焊工作台上用 CO_2 气体保护焊焊机先将管与板定位焊，定位焊缝 2～4 条为宜（内圆对称方向定位）。定位焊时注意动作要迅速，防止焊接变形而产生位置偏差。为了保证焊透，可预留 1～2mm 的间隙。定位焊缝长度不超过 20mm。

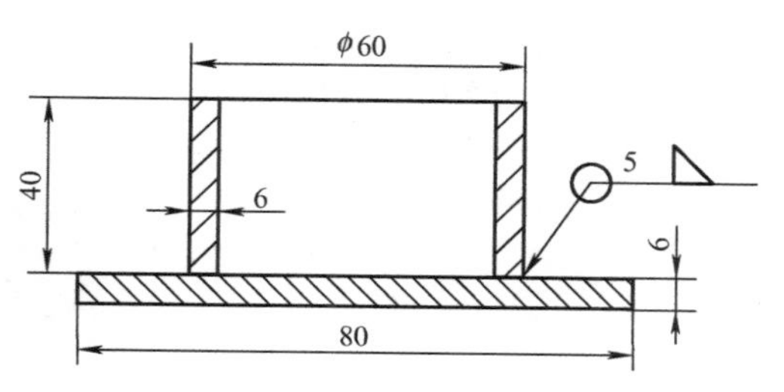

图 1-17　工件尺寸

【实操建议】

在焊接过程中枪姿、干伸长、焊接速度均不要变化，必须一次焊接完成。管–板平角焊焊接参数见表 1-19。

表 1-19　管–板平角焊焊接参数

焊接类型	焊接电流/A	焊接电压/V	焊接速度/(m/min)	收弧电流/A	收弧电压/V	收弧时间/s	气体流量/(L/min)
平角焊	140～160	19.0～20.5	0.3～0.4	100～110	17.0～17.8	0.3～0.5	15～20

【实操步骤】

依据3点确定一段圆弧的原则，结合焊接的特殊性，通常一个圆周轨迹由5个示教点构成，即通过起始点、3个中间点和结束点来描述。管-板水平角焊缝示教点如图1-18所示。

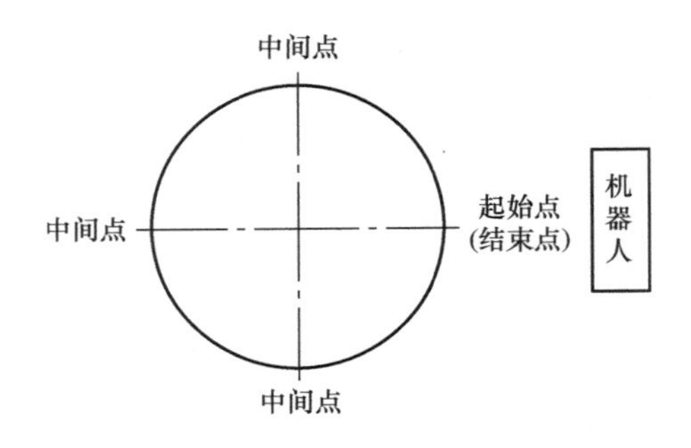

图1-18　管-板水平角焊缝示教点

管-板平角焊操作步骤及方法见表1-20。

表1-20　管-板平角焊操作步骤及方法

操作步骤	操作方法	操作图示	补充说明
1点（原点）	将工件定位焊组对好，放在焊枪位置的正下方并固定好，示教原点，指令为MOVEP		工件装夹固定好
2点（进枪点）	将焊枪移动至进枪点，此时焊枪在焊接起始点上方约50mm位置，应与焊接时的角度一致，指令为MOVEL，设为空走点		焊枪顺时针旋转180°，保持机器人姿态合理，焊枪无干涉

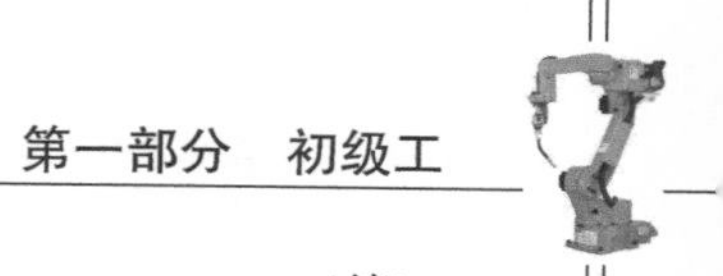

（续）

操作步骤	操作方法	操作图示	补充说明
3 点（焊接起始点）	使用工具坐标系将焊枪移动至焊接起始点，焊枪工作角为45°，焊枪行进角为 80°，指令为 MOVEC，设为焊接点		机器人姿态合理，焊丝伸出长度为 13 ~ 14mm
4 点（焊接中间点）	使用工具坐标系，将焊枪逆时针旋转 90°，再将焊枪移动至焊接中间点，焊枪工作角和行进角不变，指令为 MOVEC，设为焊接点		焊枪逆时针旋转 90°，机器人姿态合理，焊丝伸出长度为 13 ~ 14mm
5 点（焊接中间点）	继续使用工具坐标系，将焊枪移动至焊接中间点，焊枪工作角和行进角不变，指令为 MOVEC，设为焊接点		焊枪逆时针旋转至 180°，机器人姿态合理，焊丝伸出长度为 13 ~ 14mm

（续）

操作步骤	操作方法	操作图示	补充说明
6 点（焊接中间点）	继续使用工具坐标系，将焊枪移动至焊接中间点，焊枪工作角和行进角不变，指令为 MOVEC，设为焊接点	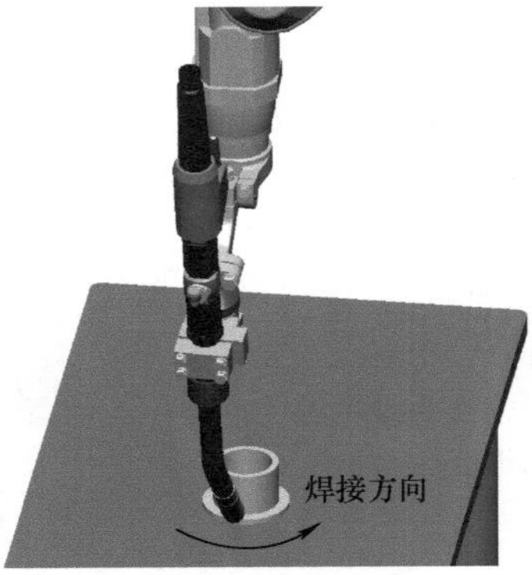 焊接方向	焊枪逆时针旋转至 270°，机器人姿态合理，焊丝伸出长度为 13 ~ 14mm
7 点（焊接结束点）	继续使用工具坐标系，将焊枪移动至焊接结束点，焊枪工作角和行进角不变，指令为 MOVEC，设为空走点	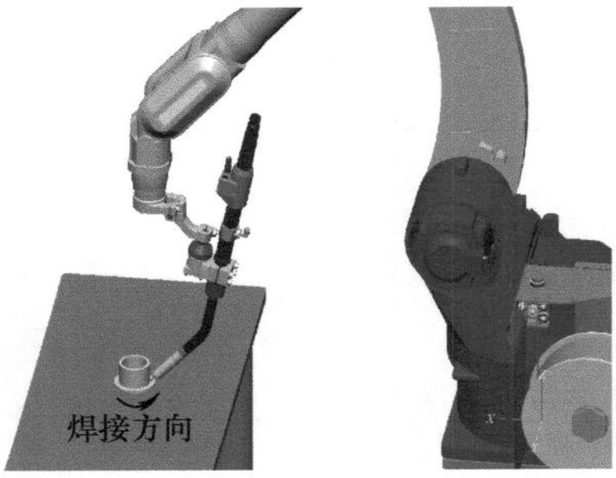 焊接方向	焊枪逆时针旋转至 360°，机器人姿态合理，焊丝伸出长度为 13 ~ 14mm。起、收弧部位搭接尺寸为 5mm
8 点（退避点）	将焊枪移动至退避点，此时焊枪在焊接结束点上方约 50mm 位置，应与焊接时的角度一致，指令为 MOVEL，设为空走点	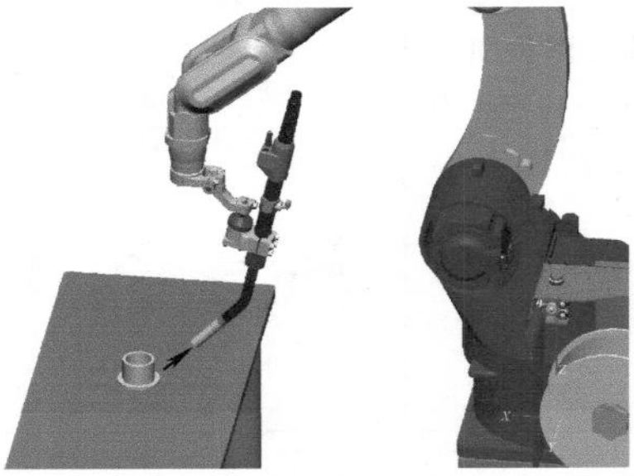	
焊接操作	将示教器模式选择开关旋至 Auto 位置，按下伺服 ON 按钮，再按下启动按钮开始焊接		最后，复制 1 点（原点）程序，粘贴到程序结尾处，使机器人回到原点。然后，使用跟踪功能，检查并修改示教点。按产品评价表项目评价
焊接程序		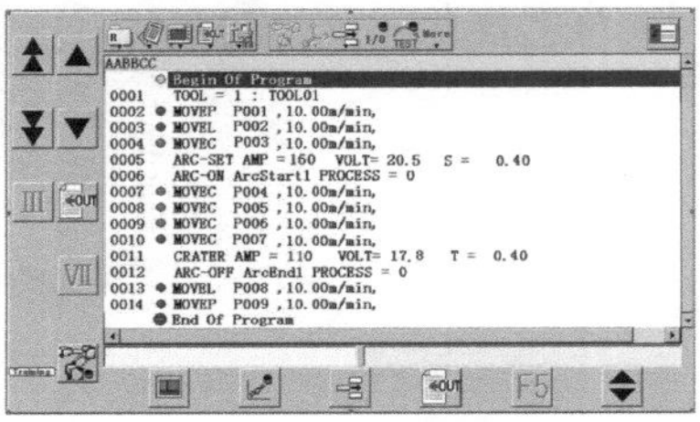 AABBCC Begin Of Program 0001 TOOL = 1 : TOOL01 0002 MOVEP P001 ,10.00m/min, 0003 MOVEL P002 ,10.00m/min, 0004 MOVEC P003 ,10.00m/min, 0005 ARC-SET AMP = 160 VOLT= 20.5 S = 0.40 0006 ARC-ON ArcStart1 PROCESS = 0 0007 MOVEC P004 ,10.00m/min, 0008 MOVEC P005 ,10.00m/min, 0009 MOVEC P006 ,10.00m/min, 0010 MOVEC P007 ,10.00m/min, 0011 CRATER AMP = 110 VOLT= 17.8 T = 0.40 0012 ARC-OFF ArcEnd1 PROCESS = 0 0013 MOVEL P008 ,10.00m/min, 0014 MOVEP P009 ,10.00m/min, End Of Program	

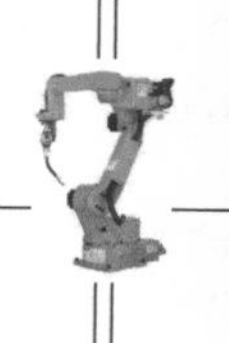

【任务评价】

管-板平角焊任务评价见表1-21。

表1-21　管-板平角焊任务评价（100分）

检查项目	标准、分数	评价等级				实际得分
焊脚尺寸	标准/mm	>5.6~6.3	>6.3，≤5.6	>6.7，≤5.1	>7.2，≤4.8	
	分数	10	7	4	0	
焊缝高低差	标准/mm	≤1	>1~2	>2~3	>3	
	分数	10	7	4	0	
焊缝宽窄差	标准/mm	≤1.5	>1.5~2	>2~3	>3	
	分数	10	7	4	0	
咬边	标准/mm	0	深度≤0.5 长度≤15	深度≤0.5 长度>15~30	深度>0.5 长度>30	
	分数	10	7	4	0	
未焊透	标准/mm	0	深度≤0.5 长度≤15	深度≤0.5 长度>15~30	深度>0.5 长度>30	
	分数	10	7	4	0	
角变形	标准/（°）	≤1	>1~3	>3~5	>5	
	分数	10	7	4	0	
错边量	标准/mm	0	≤0.7	>0.7~1.2	>1.2	
	分数	10	7	4	0	
焊缝边缘直线度	标准/mm	≤0.5	>0.5~1	>1~2	>2	
	分数	10	7	4	0	
焊缝表面成形	标准	优	良	一般	差	
		成形美观，焊纹均匀细密，高低宽窄一致	成形较好，焊纹均匀，焊缝平整	成形尚可，焊缝平直	焊缝弯曲，高低宽窄明显，有表面焊接缺陷	
	分数	20	14	8	0	
焊缝表面如有修补，该工件为0分 焊缝表面有裂纹、夹渣、未熔合、气孔、焊瘤等缺陷之一的，该工件为0分					总分	

项目六　S形平角焊

【实操目的】

掌握机器人焊接S形平角焊缝的操作方法。

【职业素养】

学习和执行焊接机器人设备维护保养规定。

【实操内容】

机器人焊接S形平角焊缝、圆弧示教及机器人焊接工艺。

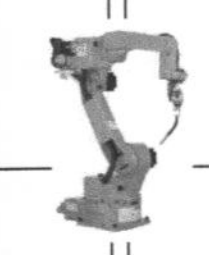

【参考教材】

焊接机器人系列教材第一册《焊接机器人基本操作及应用》(第2版)、第五册《焊接机器人操作编程及应用》(ABB、KUKA、FANUC、安川、OTC五品牌合编)。

【设备、工具及工件准备】

设备及工具准备明细见表1-22。

表1-22 设备及工具准备

序号	名称	型号与规格	单位	数量	备注
1	弧焊机器人	臂伸长1400mm	台	1	
2	焊丝	ER50-6、ϕ1.2mm	盒	1	
3	混合气	80%(体积分数)Ar+20%(体积分数)CO_2	瓶	1	
4	头戴式面罩	自定	个	1	
5	纱手套	自定	副	1	
6	钢丝刷	自定	把	1	
7	尖嘴钳	自定	把	1	
8	扳手	自定	把	1	
9	钢直尺	自定	把	1	
10	十字螺钉旋具	自定	个	1	
11	敲渣锤	自定	把	1	
12	定位块	自定	个	2	
13	焊缝测量尺	自定	把	1	
14	粉笔	自定	根	1	
15	角向磨光机	自定	台	1	
16	劳保用品	帆布工作服、工作鞋等	套	1	

工件材料Q235;尺寸:管子外径ϕ100mm×4mm(壁厚)×40mm(高),沿中线切开成两个半圆,板220mm(长)×80mm(宽)×10mm(厚)一块。工件装配示意图如图1-19所示。

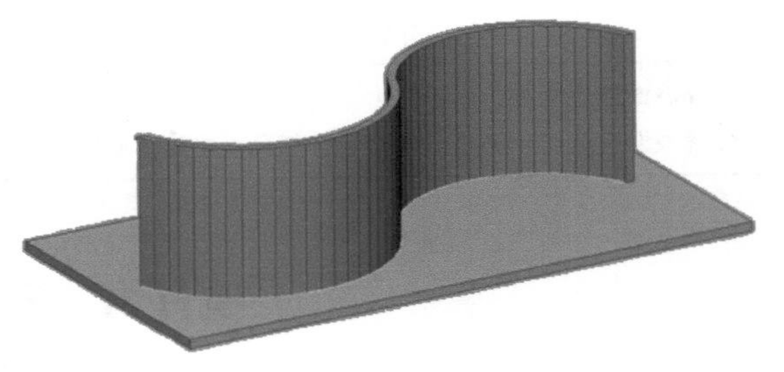

图1-19 工件装配示意图

1)表面处理。把工件焊缝两侧20~30mm范围内的油、污物、铁锈等清除干净,使其露出金属光泽。

2)工件定位焊组装。用CO_2气体保护焊焊机定位焊,定位焊缝5~6条为宜(对称方向定位)。定位焊时注意动作要迅速,防止焊接变形而产生位置偏差造成焊缝位置变动。

【实操建议】

在焊接过程中枪姿、干伸长、焊接速度均不要变化,必须一次焊接完成。S形平角焊焊

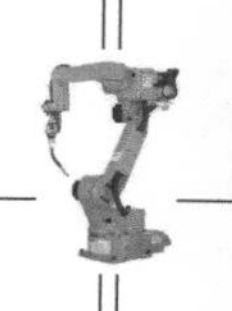

接参数见表1-23。

表1-23　S形平角焊焊接参数

焊接类型	焊接电流/A	焊接电压/V	焊接速度/(m/min)	收弧电流/A	收弧电压/V	收弧时间/s	气体流量/(L/min)
平角焊	140~160	20~21	0.30	100~110	18~19	0.3~0.4	15~20

【实操步骤】

在圆弧轨迹中，对于松下等日系品牌机器人，以MOVEC为起始点。当方向不同的两段圆弧相交时，要将相交点插入圆弧分离点，即插入MOVEL或MOVEP点，或者将相交点设为“圆弧分离点”（此功能只能用于松下G_{III}型机器人），中间不必再插入MOVEL或MOVEP点，在同一点再登录一次MOVEC即可，如图1-20所示。

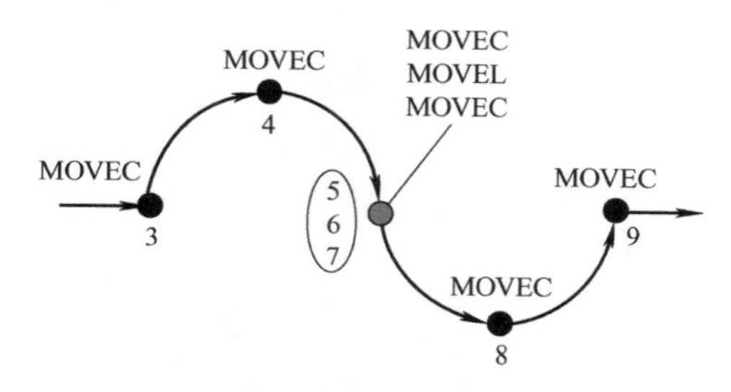

图1-20　S形焊缝的示教点

S形平角焊的操作步骤及方法见表1-24。

表1-24　S形平角焊的操作步骤及方法

操作步骤	操作方法	操作图示	补充说明
1点（原点）	将工件定位焊组对好，放在焊枪位置的正下方并固定好，示教原点，指令为MOVEP，设为空走点		装夹位置正确
2点（进枪点）	将焊枪移动至进枪点，此时焊枪在焊接起始点上方约50mm位置，应与焊接时的角度一致，指令为MOVEL，设为空走点		机器人姿态合理，焊枪无干涉

（续）

操作步骤	操作方法	操作图示	补充说明
3 点（焊接起始点）	使用工具坐标系将焊枪移动至焊接起始点，调整焊枪工作角为45°，焊枪行进角为80°。指令为 MOVEC，设为焊接点	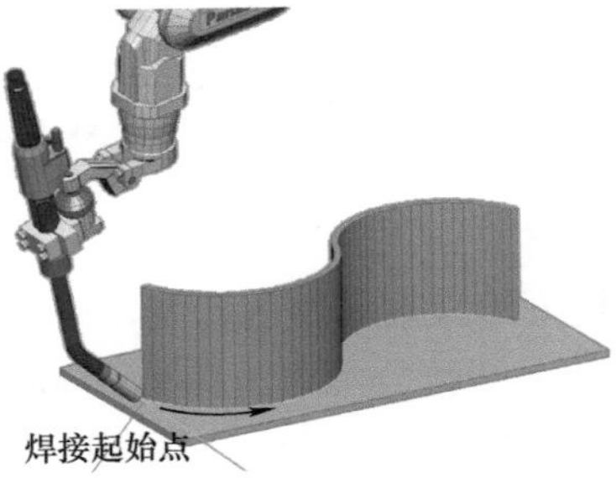	机器人姿态合理，保持干伸长不变，焊丝伸出长度 13～14mm
4 点（焊接中间点）	使用工具坐标系，将焊枪移动至焊接中间点，焊枪工作角和行进角不变，指令为 MOVEC，设为焊接点	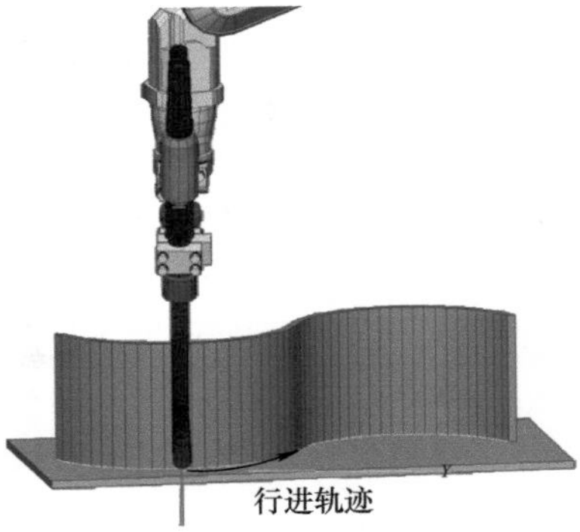	机器人姿态合理，保持干伸长不变，焊丝伸出长度 13～14mm
5～7 点（圆弧分离点）	将焊枪移动至圆弧分离点，焊枪工作角和行进角不变，指令为 MOVEC（圆弧分离点），设为焊接点，在同一点登录，设 MOVEL，再登录，设 MOVEC，均为焊接点	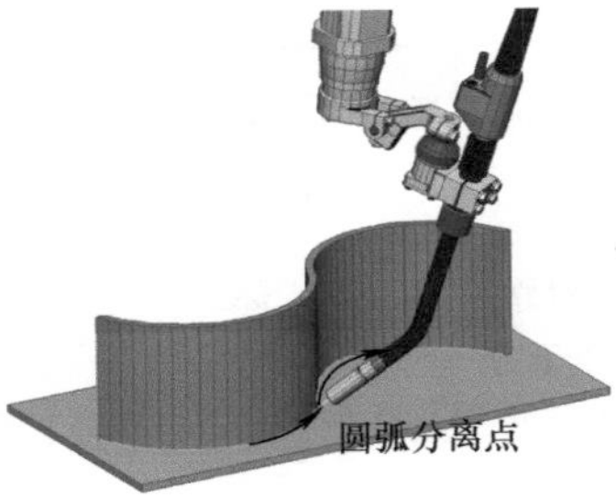	由于两个圆弧的方向不一致，需要在相交点处设圆弧分离点，重复登录三次，指令分别为 MOVEC、MOVEL、MOVEC
8 点（焊接中间点）	继续使用工具坐标系，将焊枪移动至焊接中间点，焊枪工作角和行进角不变，指令为 MOVEC，设为焊接点	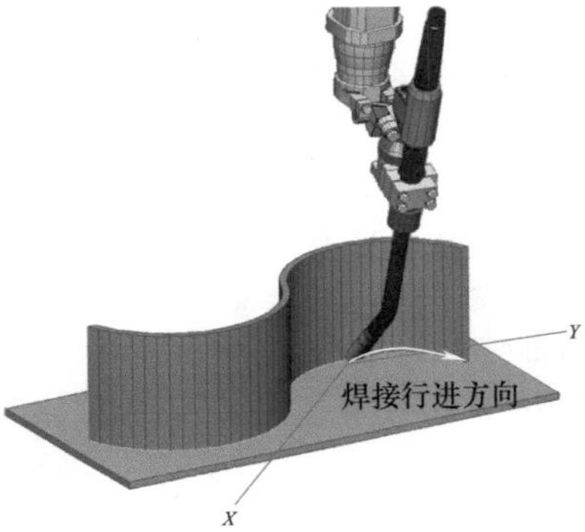	机器人姿态合理，保持干伸长不变，焊丝伸出长度 13～14mm

（续）

操作步骤	操作方法	操作图示	补充说明
9点（焊接结束点）	继续使用工具坐标系，将焊枪移动至焊接结束点，焊枪工作角和行进角不变，指令为MOVEC，设为空走点		机器人姿态合理，保持干伸长不变，焊丝伸出长度13～14mm
10点（退避点）	将焊枪移动至退避点，此时焊枪在焊接结束点上方约50mm位置，应与焊接时的角度一致，指令为MOVEL，设为空走点		机器人姿态合理，焊枪无干涉
11点（回到原点）	将光标移至原点位置，复制原点位置示教点，粘贴到程序结尾处。最后，使用跟踪功能检查程序示教点位置的准确性		与原点位置一致
焊接操作	将示教器模式选择开关旋至Auto位置，按下伺服ON按钮，再按下启动按钮，即开始焊接		按产品评价表项目评价
焊接程序			

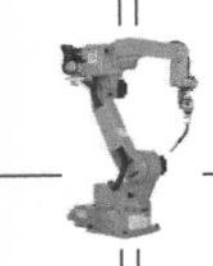

【任务评价】

S形平角焊任务评价见表1-25。

表1-25　S形平角焊任务评价（100分）

检查项目	标准、分数	评价等级				实际得分
焊脚尺寸	标准/mm	>5.5~6.5	>6.5，≤5.5	>7，≤5	>8，<4	
	分数	10	7	4	0	
焊缝高低差	标准/mm	≤1	>1~2	>2~3	>3	
	分数	10	7	4	0	
咬边	标准/mm	0	深度≤0.5 长度≤15	深度≤0.5 长度>15~30	深度>0.5 长度>30	
	分数	10	7	4	0	
角变形	标准/(°)	<1	>1~2	>2~3	>3	
	得分标准	10	7	4	0	
焊缝表面成形		优	良	一般	差	
	标准	成形美观，焊纹均匀细密，高低宽窄一致	成形较好，焊纹均匀，焊缝平整	成形尚可，焊缝平直	焊缝弯曲，高低宽窄明显，有表面焊接缺陷	
	分数	10	7	4	0	
焊缝表面如有修补，该工件为0分 焊缝表面有裂纹、夹渣、未熔合、气孔、焊瘤等缺陷之一的，该工件为0分					总分	

项目总分（100）			
操作规程（20）	示教编程效率（30）	外观质量（50）	总分

项目七　I形坡口对接平焊

【实操目的】

掌握Q235钢的I形坡口对接平焊的机器人操作技能。

【职业素养】

干一行、爱一行、专一行、精一行，培养爱岗敬业、刻苦钻研的精神风范。

【实操内容】

3mm厚Q235钢的I形坡口对接机器人摆焊工艺。

【参考教材】

焊接机器人系列教材第一册《焊接机器人基本操作及应用》（第2版）；第五册《焊接机器人操作编程及应用》（ABB、KUKA、FANUC、安川、OTC五品牌合编）。

【设备、工具及工件准备】

设备及工具准备明细见表1-26。

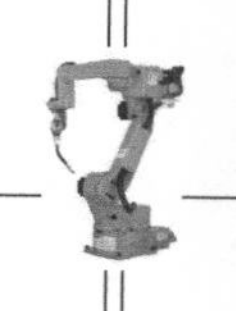

表 1-26　设备及工具准备明细

序号	名称	型号与规格	单位	数量	备注
1	弧焊机器人	臂伸长 1400mm	台	1	
2	焊丝	ER50－6、ϕ1.2mm	盒	1	
3	混合气	80%（体积分数）Ar＋20%（体积分数）CO_2	瓶	1	
4	头戴式面罩	自定	个	1	
5	纱手套	自定	副	1	
6	钢丝刷	自定	把	1	
7	尖嘴钳	自定	把	1	
8	扳手	自定	把	1	
9	钢直尺	自定	把	1	
10	十字螺钉旋具	自定	个	1	
11	敲渣锤	自定	把	1	
12	定位块	自定	个	2	
13	焊缝测量尺	自定	把	1	
14	粉笔	自定	根	1	
15	角向磨光机	自定	台	1	
16	劳保用品	帆布工作服、工作鞋等	套	1	

选用 Q235 钢板两块，尺寸为 300mm×100mm×3.5mm，工件装配如图 1-21 所示。

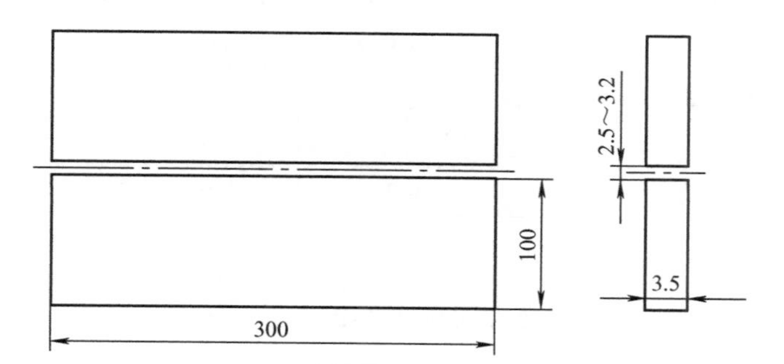

图 1-21　I 形坡口平板对接尺寸及装配图

做好焊前清理工作，清除焊缝两侧各 20mm 范围内的油、锈、水分及其他污物，并用角向磨光机打磨出金属光泽。

起始端装配间隙为 2.5mm，收尾端装配间隙为 3.2mm，错边量≤0.5mm。

装配定位焊在工件两端 20mm 范围内，如图 1-22 所示。定位焊缝的长度为 10～15mm，定位焊预置反变形量 2°，也可采用刚度固定法防止变形。

定位焊时使用的焊丝及焊接参数与正式焊接时相同，焊后将周围飞溅物清理干净。在工件表面涂一层飞溅物防黏剂，在喷嘴上涂一层喷嘴防堵剂。

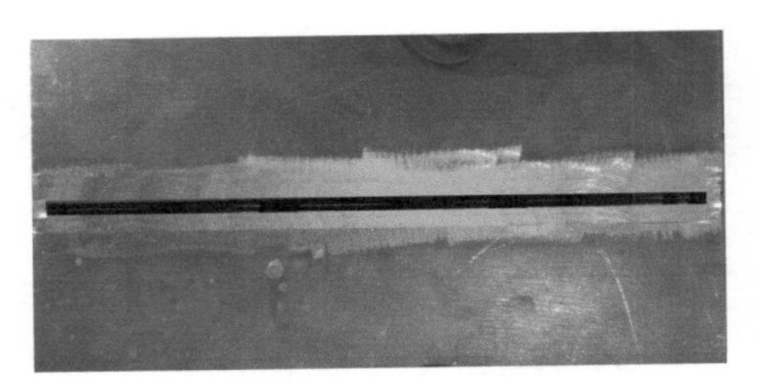

图 1-22　定位焊位置

【实操建议】

采用单层单道摆动焊接，前进法，如图 1-23 和图 1-24 所示。

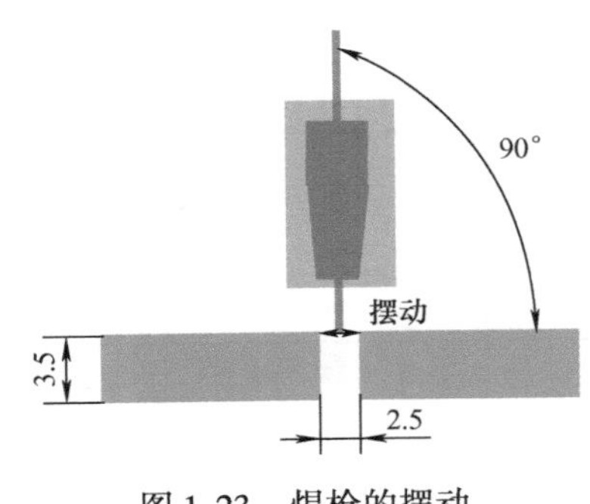

图 1-23　焊枪的摆动

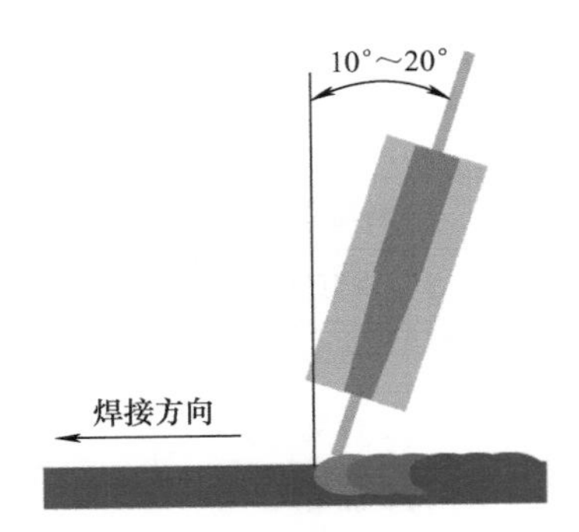

图 1-24　焊枪的行进角

I 形坡口对接平焊焊接参数和摆动参数见表 1-27。

表 1-27　I 形坡口对接平焊焊接参数和摆动参数

焊接类型	焊接电流/A	焊接电压/V	收弧电流/A	收弧电压/V	焊接速度/(m/min)	气体流量/(L/min)
平焊	90～110	18～21	60～80	15～17	0.08～0.10	12～15

摆动类型	摆动频率/Hz	左侧摆幅点停留时间/s	右侧摆幅点停留时间/s	焊丝伸出长度/mm
直线摆动	0.5～0.8	0.1～0.3	0.1～0.3	10～12

【实操步骤】

I 形坡口对接平焊的操作步骤及方法见表 1-28。

表 1-28　I 形坡口对接平焊的操作步骤及方法

操作步骤	操作方法	操作图示	补充说明
原点	将工件定位焊组对好，放在焊枪位置的正下方并固定好，示教原点，指令为 MOVEP		焊前先检查工件间隙及反变形是否合合适，注意将间隙小的一端放在右侧

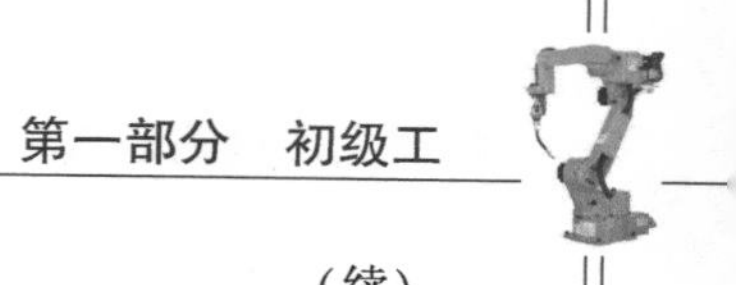

（续）

操作步骤	操作方法	操作图示	补充说明
过渡点	将焊枪移动至过渡点，此时焊枪在直线摆动开始点上方的 50mm 位置，应与焊接时的角度一致，指令为 MOVEP	沿轴向进枪	将机器人腕关节旋转一定角度，避免机器人发生特异姿态（腕部 3 个轴成一条直线）
直线摆动开始点	在工件上端面中间位置示教直线摆动开始点，指令为 MOVELW，此时，示教器弹出提示信息“是否设两端摆幅点?”单击“YES”按钮	MOVELW(直线摆动开始点)	应注意电弧不能长时间对准间隙中心加热，否则工件容易烧穿
直线摆动左侧摆幅点	将焊枪移至左侧工件边缘处，设置摆幅点插补指令 WEAVEP，此时，示教器弹出提示信息“是否设另一侧摆幅点?”单击“YES”按钮	WEAVEP (左侧摆幅点)	摆幅点的位置应选在焊缝边缘的内侧，即摆动幅度应略小于焊缝宽度
直线摆动右侧摆幅点	将焊枪移至右侧工件边缘处，设置摆幅点插补指令 WEAVEP	WEAVEP (右侧摆幅点)	焊枪沿间隙做横向等幅摆动，注意焊枪姿态和角度、干伸长始终保持不变
直线摆动结束点	在工件上端面中间位置示教直线摆动结束点，指令为 MOVELW，此时，示教器弹出提示信息“是否设两端摆幅点?”单击“NO”按钮	MOVELW (直线摆动结束点)	焊缝收尾时，弧长要短，需设定收弧时间填满弧坑，熔池凝固后方能移开焊枪，以确保气体继续保护熔池，避免弧坑裂纹和气孔的产生

（续）

操作步骤	操作方法	操作图示	补充说明
过渡点	在直线摆动结束点上方约 20mm 位置设置过渡点，指令为 MOVEP	沿轴向提枪	在工具坐标系中移动焊枪，设置过渡点
回到原点	原点指令为 MOVEP		将该程序第一条机器人原点指令复制后粘贴到程序最后一行，使机器人回到原点位置
焊缝正面成形			焊缝尺寸应满足焊接工艺要求
焊缝背面成形			焊接时，焊接电流和速度调整好，以保证焊缝背面焊透，焊缝与母材熔合良好
焊接程序		00020949 0013 1:Mech1 : Robot Begin Of Program 0001 TOOL = 1 : TOOL01 0002 MOVEP P001 , 10. 00m/min, 0003 MOVEP P002 , 10. 00m/min, 0004 MOVELW P003 , 10. 00m/min , Ptn=1, F=0. 5, 0005 ARC-SET AMP = 100 VOLT= 18. 0 S = 0. 10 0006 ARC-ON ArcStart1A PROCESS = 0 0007 WEAVEP P004 , 10. 00m/min , T=0. 1, 0008 WEAVEP P005 , 10. 00m/min , T=0. 1, 0009 MOVELW P006 , 10. 00m/min , Ptn=1, F=0. 5, 0010 CRATER AMP = 70 VOLT= 17 T = 0. 30 0011 ARC-OFF ArcEnd1 PROCESS = 0 0012 MOVEP P007 , 10. 00m/min, 0013 MOVEP P008 , 10. 00m/min, End Of Program	

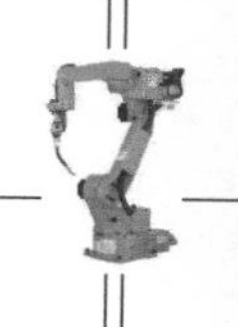

【任务评价】

I 形坡口对接平焊任务评价见表 1-29。

表 1-29　I 形坡口对接平焊任务评价（100 分）

检查项目	标准、分数	评价等级				实际得分
焊缝宽度	标准/mm	>5.5~6.5	>6.5，≤5.5	>7，≤5	>7.5，≤4.5	
	分数	20	14	8	0	
焊缝余高	标准/mm	0~1	>1~2	>2~3	>3	
	分数	10	7	4	0	
咬边	标准/mm	无咬边	深度≤0.5		深度>0.5	
	分数	10	长度每 2mm 减 1 分		0	
正面成形	标准/mm	优	良	中	差	
	分数	10	7	4	0	
背面成形	标准/mm	优	良	中	差	
	分数	10	7	4	0	
未焊透	标准/mm	≤2	>2~4	>4~6	>6	
	分数	10	7	4	0	
板变形	标准/(°)	≤1	>1~2	>2~3	>3	
	分数	10	7	4	0	
焊缝表面成形	标准	优	良	一般	差	
		成形美观，焊纹均匀细密，高低宽窄一致，焊脚尺寸合格，无大颗粒飞溅	成形较好，焊纹均匀，焊缝平整，焊脚尺寸合格，有少量大颗粒飞溅	成形尚可，焊缝平直，焊脚尺寸合格，有少量大颗粒飞溅	焊缝弯曲，高低宽窄明显，有表面焊接缺陷，焊脚尺寸不合格，有大量大颗粒飞溅	
	分数	20	14	8	0	
焊缝表面如有修补，该工件为 0 分 焊缝表面有裂纹、夹渣、未熔合、气孔、焊瘤等缺陷之一的，该工件为 0 分					总分	

第二部分

中级工

项目一　TCP 点校准

【实操目的】

掌握焊接机器人校枪的方法和步骤。

【职业素养】

培养严细、认真的工作作风。

【实操内容】

焊接机器人校枪。

【参考教材】

焊接机器人系列教材第一册《焊接机器人基本操作及应用》（第 2 版）；第二册《中厚板焊接机器人系统及传感技术应用》。

【设备及工具准备】

设备及工具准备明细见表 2-1。

表 2-1　设备及工具准备明细

序号	名称	型号与规格	单位	数量	备注
1	弧焊机器人	臂伸长 1400mm	台	1	
2	焊丝	ER50－6、ϕ1.2mm	盒	1	
3	尖点	自制	个	1	
4	纱手套	自定	副	1	
5	尖嘴钳	自定	把	1	
6	扳手	自定	把	1	
7	钢直尺	自定	把	1	
8	十字螺钉旋具	自定	个	1	
9	劳保用品	帆布工作服、工作鞋等	套	1	
10	校枪尺	TA 系列机器人附件	把	1	

【实操建议】

2～4 人为一小组，注意螺钉的旋转方向。

【必备知识】

机器人在使用过程中，由于碰撞等原因引起焊枪松弛、变形、移位等，导致机器人工具中心点 TCP（Tool Center Point）不准，影响机器人重复定位精度。对于松下 TA 系列机器人的标准焊枪，通常采用 L_1 工具补偿法校枪，L_1 是指机器人 TW 轴向与 RW 轴向交点（P 点）到焊枪焊丝伸出端（平面 Q）之间的垂直距离，如图 2-1 所示。使用校枪尺进行补偿（校

准）时，只需将校枪尺插在 *TW* 轴端口部位，调整焊枪位置，使焊丝尖端（焊丝伸出导电嘴 15mm）与校枪尺上的凹点（中心点）重合，紧固焊枪夹持器螺钉后即完成校枪，如图 2-2 所示（松下 *TM* 系列机器人对中点设在机身正下部，通过运行校枪程序至对中点，调整焊枪并定位即完成校枪）。

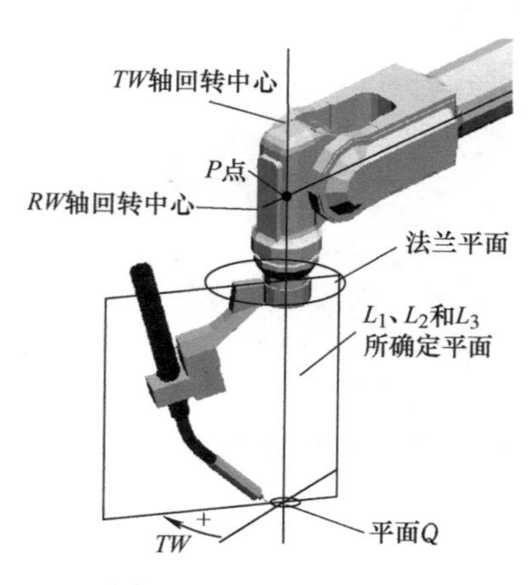

图 2-1　L_1 工具补偿法

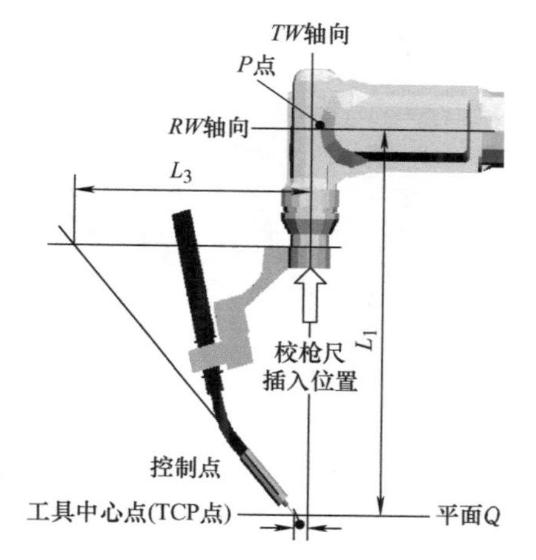

图 2-2　（采用校枪尺）校枪示意图

L_1 是 *P* 点和平面 *Q* 之间的距离，TA1400 标准尺寸为 590mm。

L_2 是控制点和 *TW* 轴回转中心之间的距离，初始数值为 0mm。

L_3 是工具延长线与法兰平面（机器人与焊枪夹持器的连接处）交点和 *TW* 轴回转中心间的距离，TA1400 标准尺寸为 369. 7mm。

L_4（*TW*）是根据 *TW* 轴回转中心所定的工具安装角度，工具的偏角 *TW* 初始数值为 0°。

【实操步骤】

1. L_1 工具补偿法

使工具尖端和机器人控制点相重合的设定称为工具补偿，一般情况下，现场人员可以使用机器人随机部件——校枪尺进行校准工具中心点（TCP 点），俗称为校枪。

L_1 工具补偿法的操作步骤及方法见表 2-2。

表 2-2　L_1 工具补偿法的操作步骤及方法

操作步骤	操作方法	操作图示	补充说明
校枪	将机器人各轴调至零位（*BW* 轴为 -90°），关闭电源 调整焊枪的位置和角度，使焊丝尖端正好对准校枪尺的凹点上，即完成校枪	焊枪位置调整台 内六角圆柱头螺钉 M4×12 底盖 内六角圆柱头螺钉M4×8 校枪尺 中心点 焊枪顶端（电弧发生点）	注意螺钉的旋转方向

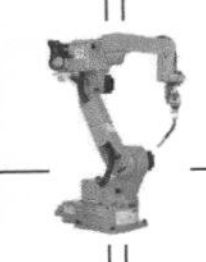

2. 非 L_1 工具补偿法

若配备宾采尔和 TBI 等非标配焊枪，其 L_1 长度不同，这时须采用非 L_1 工具补偿法进行补偿，又称为计算补偿法，即输入 TCP 及特定的示教姿势后，算出工具偏移值，进行设定。在机器人工作台上预先准备好 1 个尖点，操作机器人对该点进行 6 种姿势的示教，在 *OXZ*（图 2-3）和 *OXY*（图 2-4）平面上分别有 3 种姿势的示教。

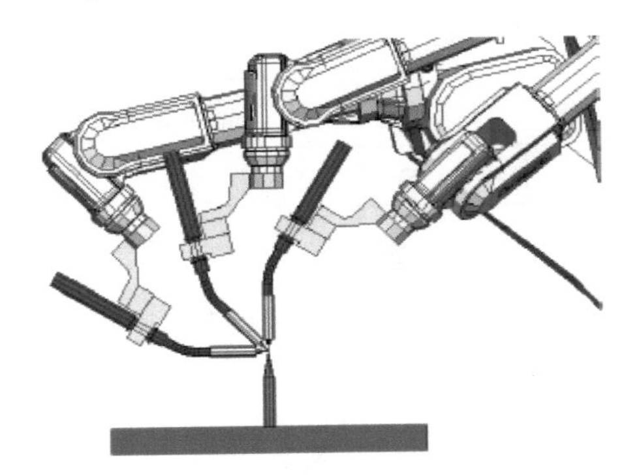

图 2-3　*OXZ* 平面上 3 种姿势的示教

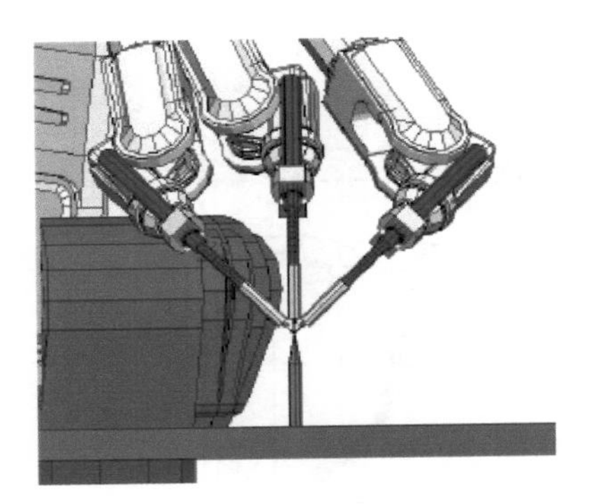

图 2-4　*OXY* 平面上 3 种姿势的示教

非 L_1 工具补偿法的操作步骤及方法见表 2-3。

表 2-3　非 L_1 工具补偿法的操作步骤及方法

操作步骤	操作方法	操作图示	补充说明
TCP 数据的登录	在示教器菜单上单击编辑按钮，然后将光标移至+α上	文件列表 文件名　尺寸 D memory MNU	
	单击按钮+α进入子菜单，选择“TCP 调整用局部变量”选项	项目　内容 变换补正 工具补正 TCP调整用局部变量 用画面转换钥匙光标改换。 TCP调整用局部变量 关闭 F1 F2 F3 F4 F5 F6	
	登录 TOOL01（校准的工具号，编程示教时需选择使用该工具号）	系统列表 System 控制箱 SD memory 文件列表 文件名　尺寸 工具 1 : TOOL01 OK　取消 MNU	

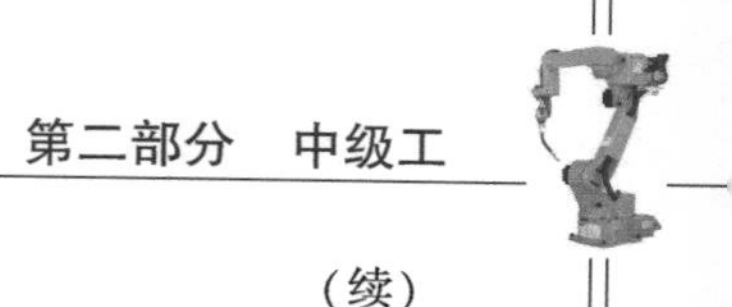

（续）

操作步骤	操作方法	操作图示	补充说明
登录机器人位置	将光标移到显示为“有效”的变量上，单击登录键，选择相应选项为“无效”	登录机器人位置 Begin Of Data 0001 1:TCP01:有效 0002 2:TCP02:有效 0003 3:TCP03:无效 0004 0005 0006 0007 0008 0009 0010 0011 11:GA0011:有效 0012 12:GA0012:有效 0013 13:GA0013:有效 0014 14:GA0014:无效 全部数据有效 变更 无效 取消 F6	将登录数据以变量名加以识别，在光标闪烁处，输入变量名如 TCP01，该点数据作为 TCP01 被保存下来
OXZ 平面上姿势 1 位置示教	选择工具坐标系登录第 1 点，移动工具坐标系的 *Y* 轴，*TW* 轴向朝下，焊丝伸出端点（焊丝伸出长度 15mm）对准工作台上的尖点作为第 1 点进行登录，变量名设为 TCP01	Z X Y 登录机器人位置 Begin Of Data 0001 1:TCP01:有效 0002 4:TCP02:无效 0003 3:TCP03:无效 0004 4:TCP04:无效 0005 5:TCP05:无效 0006 6:TCP06:无效 0007 7:YD: 效 0008 8:GA0008:有效 0009 9:GA0009:有效 0010 10:GA0010:有效 0011 11:GA0011:有效 0012 12:GA0012:有效 0013 13:GA0013:有效 0014 14:GA0014:无效 F6	旋转动作只能使用工具坐标系的 *Y* 轴，角度应大于等于 45°
OXZ 平面上姿势 2 位置示教	焊枪轴向朝下，焊丝伸出端点（焊丝伸出长度 15mm）对准工作台上的尖点作为第 2 点进行登录，变量名设为 TCP02	Z X Y	
OXZ 平面上姿势 3 位置示教	在此状态下运动 *Y* 轴，示教第 3 点，角度应大于等于 45°，变量名设为 TCP03，移到位置对准后保存	Z X Y	

（续）

操作步骤	操作方法	操作图示	补充说明
OXZ 平面上姿势 3 位置示教	在此状态下运动 *Y* 轴，示教第 3 点，角度应大于等于45°，变量名设为TCP03，移到位置对准后保存	登录机器人位置 0050 Begin Of Data 0001 1:TCP01:有效 0002 2:TCP02:有效 0003 3:TCP03:有效 0004 4:TCP04:无效 0005 5:TCP05:无效 0006 6:TCP06:无效 0007 7:YD:无效 0008 8:GA0008:有效 0009 9:GA0009:有效 0010 10:GA0010:有效 0011 11:GA0011:有效 0012 12:GA0012:有效 0013 13:GA0013:有效 0014 14:GA0014:无效 F6	
OXY 平面上姿势 4 位置示教	使用跟踪操作至第 1 点，作为第 4 点登录（第 1 点和第 4 点是同一点），旋转动作只能使用工具坐标系的 *Z* 轴，变量名设为 TCP04	登录机器人位置 跟踪目标 0050 Begin Of Data 0001 1:TCP01:有效 0002 2:TCP02:有效 0003 3:TCP03:有效 0004 4:TCP04:无效 0005 5:TCP05:无效 0006 6:TCP06:无效 0007 7:YD:无效 0008 8:GA0008:有效 0009 9:GA0009:有效 0010 10:GA0010:有效 0011 11:GA0011:有效 0012 12:GA0012:有效 0013 13:GA0013:有效 0014 14:GA0014:无效 向上或向下 F6 登录机器人位置 0050 Begin Of Data 0001 1:TCP01:有效 0002 2:TCP02:有效 0003 3:TCP03:有效 0004 4:TCP04:有效 0005 5:TCP05:无效 0006 6:TCP06:无效 0007 7:YD:无效 0008 8:GA0008:有效 0009 9:GA0009:有效 0010 10:GA0010:有效 0011 11:GA0011:有效 0012 12:GA0012:有效 0013 13:GA0013:有效 0014 14:GA0014:无效 F6	第 4 点的示教姿势与第 1 点的示教姿势一致
OXY 平面上姿势 5 位置示教	转动焊枪，在 *OXY* 平面示教第 5 点，变量名设为 TCP05	Z Y Z Y X	

（续）

操作步骤	操作方法	操作图示	补充说明
OXY 平面上姿势 6 位置示教	在 *OXY* 平面示教第 6 点，变量名设为 TCP06	Z Y X Z Y X 登录机器人位置 0050 Begin Of Data 0001 1:TCP01:有效 0002 2:TCP02:有效 0003 3:TCP03:有效 0004 4:TCP04:有效 0005 5:TCP05:有效 0006 6:TCP06:有效 0007 7:YD:无效 0008 8:GA0008:有效 0009 9:GA0009:有效 0010 10:GA0010:有效 0011 11:GA0011:有效 0012 12:GA0012:有效 0013 13:GA0013:有效 0014 14:GA0014:无效 More F6	
保存位置数据	单击按钮 R ，关闭窗口，出现“是否保存?”的界面后，选择保存	登录机器人位置 0050 Begin Of Data 0001 1:TCP01:有效 0002 2:TCP02:有效 0003 3:TCP03:有效 0004 4:TCP 0005 5:TCP 0006 6:TCP 0007 7:YD: 0008 8:GA0 0009 9:GA0 0010 10:GA0 0011 11:GA0011:有效 0012 12:GA0012:有效 0013 13:GA0013:有效 0014 14:GA0014:无效 是否保存? Yes No More F6	
TCP 调整	按照设定→机器人→TCP 调整顺序弹出“TCP 调整用工具”窗口	项目 内容 程序起动方式 工具 TCP调整 碰撞检测(标准负荷编号) 负荷参数 软限位 Jog 限制速度 设定平滑等级 其他语言 Chinese 用画面转换钥匙光标改换。 TCP调整 关闭 F1 F2 F3 F4 F5 F6	
浏览找到相应的变量名	如果前面经准确示教并完成后，在窗口中将会显示出所登录的变量名。单击浏览找到相应的变量名，如 P1 ~ P6 分别对应 TCP01 ~ TCP06	项目 内容 TCP调整用工具 : ???????? P1 1:TCP01 浏览 P2 2:TCP02 浏览 P3 3:TCP03 浏览 计算 编号 标签 1 TCP01 2 TCP02 3 TCP03 4 TCP04 5 TCP05 6 TCP06 8 GA0008 9 GA0009 10 GA0010 11 GA0011 OK 取消 关闭 F1 F2 F3 F4 F5 F6	分别单击 P1 ~ P6 各个“浏览”按钮后，显示出登录的机器人的位置编号后确认选择

（续）

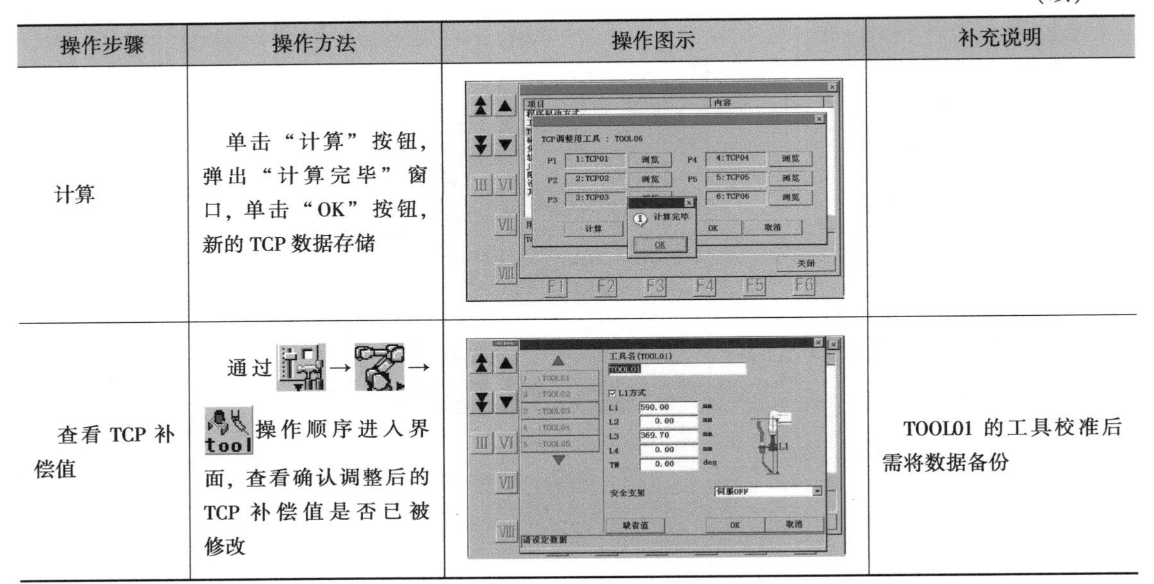

操作步骤	操作方法	操作图示	补充说明
计算	单击“计算”按钮，弹出“计算完毕”窗口，单击“OK”按钮，新的TCP数据存储		
查看TCP补偿值	通过→→操作顺序进入界面，查看确认调整后的TCP补偿值是否已被修改		TOOL01的工具校准后需将数据备份

【任务评价】

TCP点校准任务评价见表2-4。

表2-4　TCP点校准任务评价（100分）

任务内容	标准、规范（分数）	实际操作（得分）	合格/不合格
关节轴零位调整	10		
L_1 工具补偿法	20		
非 L_1 工具补偿法TCP数据的登录	10		
工具坐标系 *OXZ* 平面上3种姿势的示教	20		
工具坐标系 *OXY* 平面上3种姿势的示教	20		
TCP补偿值的计算	10		
TCP补偿值的查看	10		
总成绩			

项目二　平板对接多层焊

【实操目的】

掌握V形坡口平板对接多层焊工艺，增强对机器人焊接工艺的学习和掌握。

【职业素养】

优质的焊缝不仅在外观成形符合要求、焊缝内部也不能有缺陷。

【实操内容】

利用机器人横向摆动模式进行打底、填充和盖面焊。

【参考教材】

焊接机器人系列教材第一册《焊接机器人基本操作及应用》（第2版）；第五册《焊接机器人操作编程及应用》（ABB、KUKA、FANUC、安川、OTC五品牌合编）。

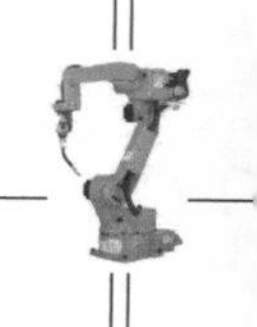

【设备、工具及工件准备】

设备及工具准备明细见表 2-5。

表 2-5　设备及工具准备明细

序号	名称	型号与规格	单位	数量	备注
1	弧焊机器人	臂伸长 1400mm	台	1	
2	焊丝	ER50－6、ϕ1.2mm	盒	1	
3	混合气	80%（体积分数）Ar＋20%（体积分数）CO_2	瓶	1	
4	头戴式面罩	自定	个	1	
5	纱手套	自定	副	1	
6	钢丝刷	自定	把	1	
7	尖嘴钳	自定	把	1	
8	扳手	自定	把	1	
9	钢直尺	自定	把	1	
10	十字螺钉旋具	自定	个	1	
11	敲渣锤	自定	把	1	
12	定位块	自定	个	2	
13	焊缝测量尺	自定	把	1	
14	粉笔	自定	根	1	
15	角向磨光机	自定	台	1	
16	劳保用品	帆布工作服、工作鞋等	套	1	

工件材料为 Q235 钢，尺寸为 300mm（长）×100mm（宽）×12mm（厚），对接 V 形坡口，如图 2-5 所示。

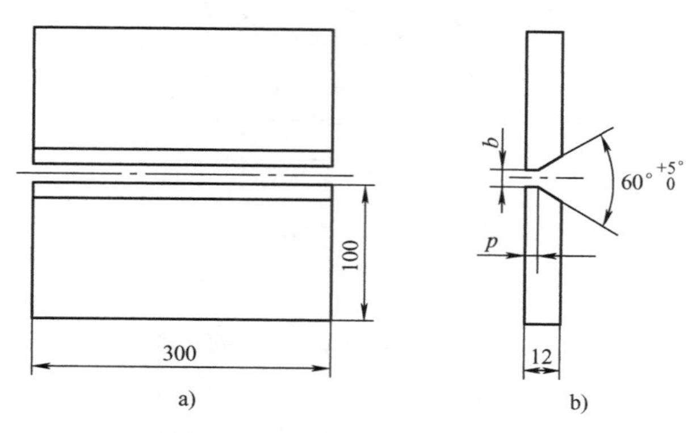

图 2-5　V 形坡口对接工件尺寸

装配间隙起始端约为 3mm，收尾端约为 4mm。

装配定位焊在工件两端 15mm 范围内，如图 2-6 所示。

定位焊缝的长度约为 15～20mm，定位焊后应预置反变形量为 3°，如图 2-7 所示。

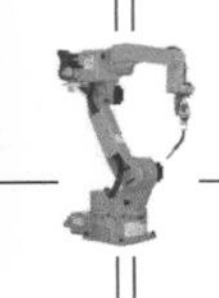

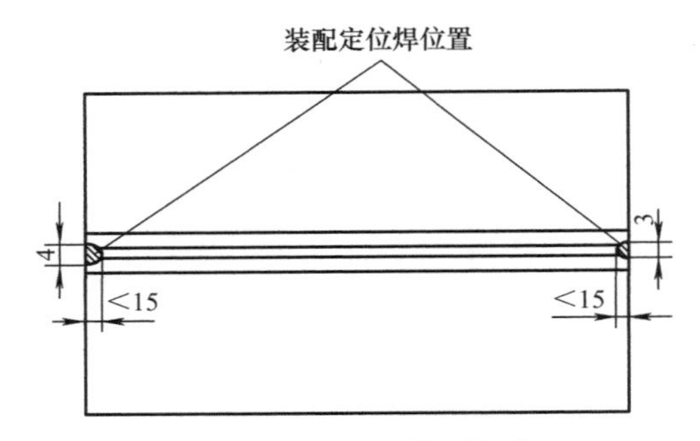

图 2-6　V 形坡口对接平焊装配

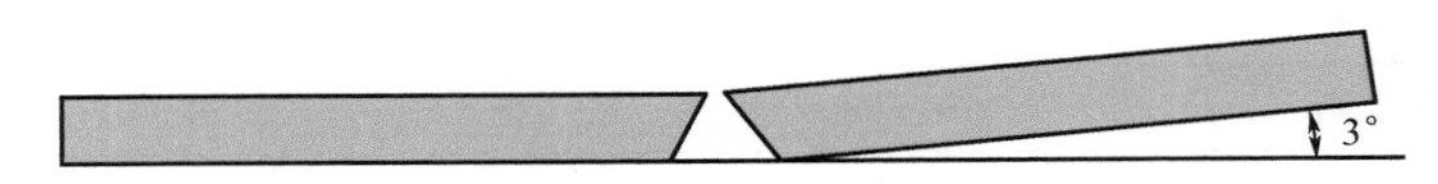

图 2-7　预置反变形量

【实操建议】

2 人为一小组，利用机器人横向摆动模式进行打底、填充和盖面焊。钢板在焊接过程中会发生变形，分打底、填充、盖面三次示教和三次焊接。焊接质量要求如下。

1）水平位单面焊双面成形。

2）根部间隙 $b=3\sim4$mm，钝边 $p=1\sim1.5$mm　坡口角度 $\alpha=60^{\circ}{}^{+5^{\circ}}_{0}$。

3）焊后变形量≤3°。

4）焊缝表面平整、无缺陷。

5）三层三道，横向摆动，如图 2-8 所示。

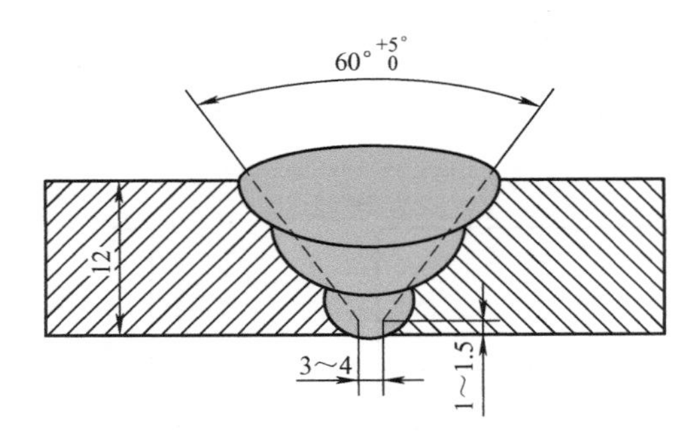

图 2-8　焊道分布示意图

平板对接多层焊焊接参数见表 2-6。

表 2-6　平板对接多层焊焊接参数

焊道层次	焊接电流 /A	焊接电压 /V	焊接速度 /(m/min)	摆幅点停留时间/s	摆动频率 /Hz	气体流量 /(L/min)
打底层	90～120	17～20	0.08～0.10	0.3～0.4	0.5～0.7	12～15
填充层	120～150	19～22	0.1～0.15	0.1～0.2	0.6～0.8	12～15
盖面层	120～140	19～23	0.1～0.12	0.2～0.3	0.6～0.8	12～15

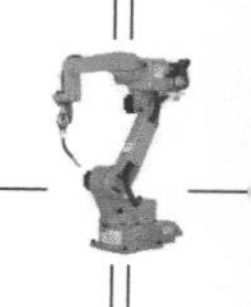

操作要点及注意事项如下。

采用推焊法，三层三道焊。焊枪角度如图 2-9 所示。摆焊示意图如图 2-10 所示，图中左右摆动两侧为摆幅点。

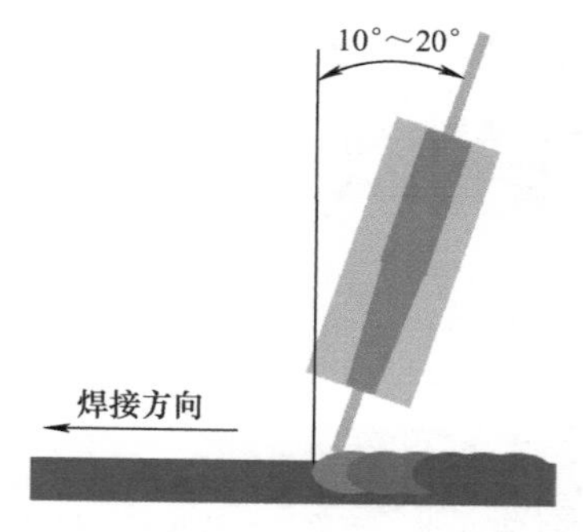

图 2-9　焊枪角度

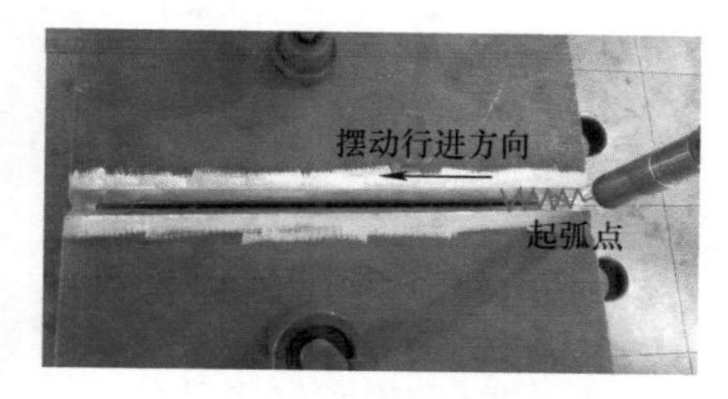

图 2-10　摆焊行进方向和起弧点位置

1）将工件定位焊组对好，放在机器人焊枪位置的正下方并固定好。将工件始焊端放于右侧，对准端部定位焊点中心位置引弧，然后开始向左摆动进行打底焊，摆焊行进方向和起弧点位置如图 2-10 所示。

2）焊枪沿坡口两侧做小幅度横向摆动，控制电弧离底边 2～3mm，保证打底层厚度不超过 4mm，并在坡口两侧稍微停留 0.2～0.3s。设定横向摆动幅度和焊接速度，维持熔孔直径不变，以获得宽度和余高均匀的背面成形，焊缝严防烧穿。

3）采用简单摆动，控制好干伸长，同一层焊缝的枪姿不要变化。

【实操步骤】

平板对接多层焊的操作步骤及方法见表 2-7。

表 2-7　平板对接多层焊的操作步骤及方法

操作步骤	操作方法	操作图示	补充说明
打底层焊接起始点	在工件底部 2～3mm 中心位置示教焊接起始点，指令为 MOVELW，此时，示教器弹出提示信息“是否设两端摆幅点？”单击“YES”按钮	打底层焊接起始点位置MOVELW	应注意电弧不能长时间对准间隙中心加热，否则工件容易烧穿
打底层左侧摆幅点	将焊枪平移至左侧工件边缘处，设置摆幅点插补指令 WEAVEP	打底层左侧摆幅点 WEAVEP	摆幅点的位置应选在焊缝边缘的内侧，即摆动幅度应略小于焊缝宽度

（续）

操作步骤	操作方法	操作图示	补充说明
打底层右侧摆幅点	将焊枪平移至右侧工件边缘处，设置摆幅点插补指令 WEAVEP	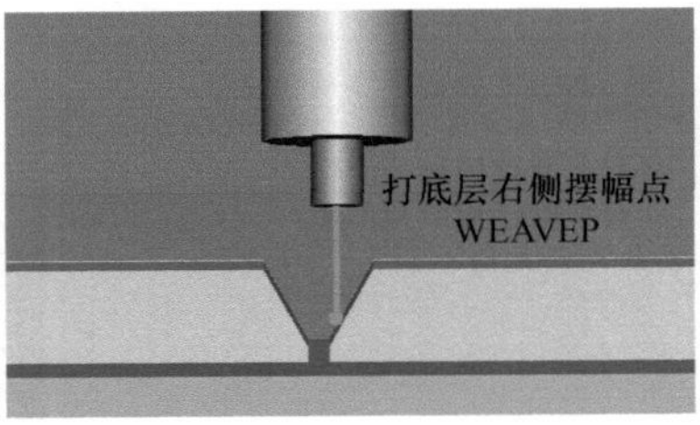 打底层右侧摆幅点 WEAVEP	保证坡口两侧熔合良好，使打底焊道两侧与坡口结合处稍下凹，焊道表面平整
打底层焊接结束点	在工件底部 2 ~ 3mm 中心位置示教焊接结束点，指令为 MOVELW，此时，示教器弹出提示信息：“是否设两端摆幅点?”单击“NO”按钮	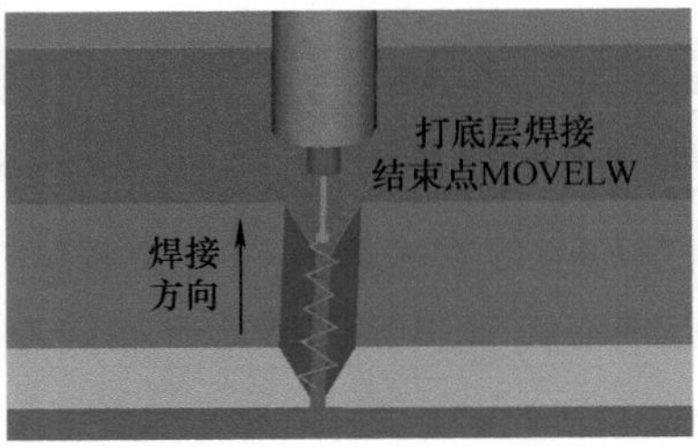 打底层焊接结束点MOVELW 焊接方向	焊接时，焊接电流和速度调整好，以保证焊缝背面焊透，焊缝与母材熔合良好
打底焊		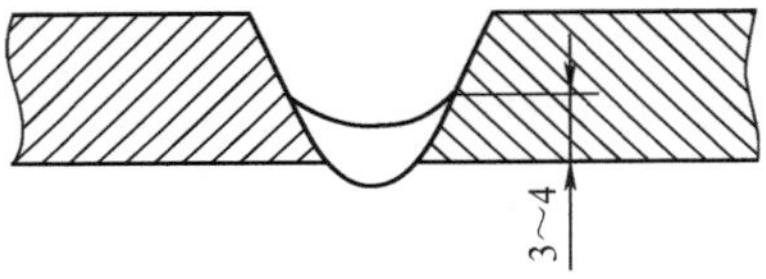 3~4	
填充层焊接起始点	在工件底部 5 ~ 6mm 中心位置示教焊接起始点，指令为 MOVELW，此时，示教器弹出提示信息：“是否设两端摆幅点?”单击“YES”按钮	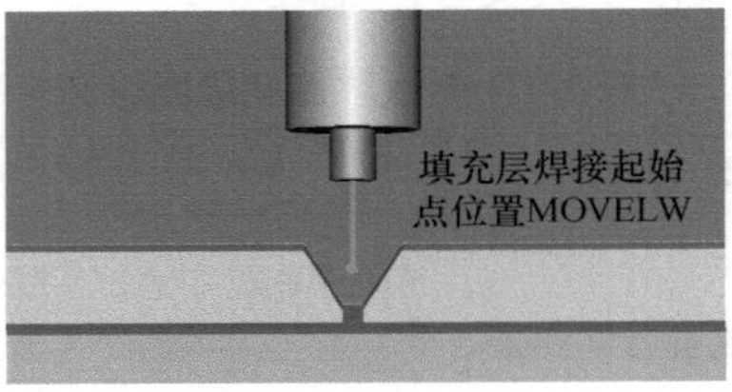 填充层焊接起始点位置MOVELW	
填充层左侧摆幅点	将焊枪平移至左侧工件边缘处，设置摆幅点插补指令 WEAVEP	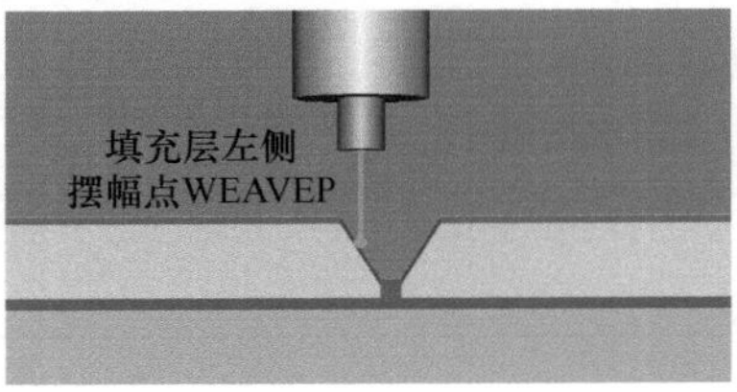 填充层左侧摆幅点WEAVEP	
填充层右侧摆幅点	将焊枪平移至右侧工件边缘处，设置摆幅点插补指令 WEAVEP	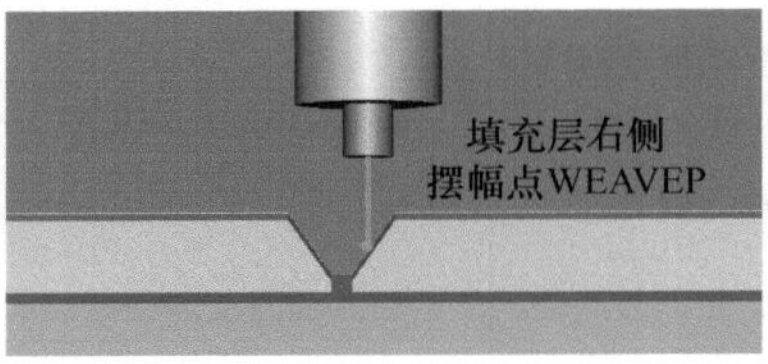 填充层右侧摆幅点WEAVEP	

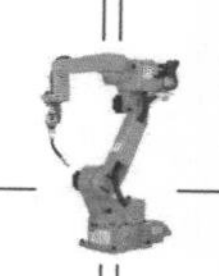

（续）

操作步骤	操作方法	操作图示	补充说明
填充层焊接结束点	在工件底部 5 ~ 6mm 中心位置示教焊接结束点，指令为 MOVELW，此时，示教器弹出提示信息：“是否设两端摆幅点？”单击“NO”按钮	焊接方向 填充层焊接结束点MOVELW	填充层的高度应低于母材表面 1.5 ~ 2.0mm，焊接时不允许熔化坡口棱边，保证焊道表面平整并稍下凹
填充焊		不准熔化棱边 1.5~2 填充层 打底层	
盖面层焊接起始点	在工件底部 9 ~ 10mm 中心位置示教焊接起始点，指令为 MOVELW，此时，示教器弹出提示信息：“是否设两端摆幅点？”单击“YES”按钮	盖面层焊接起始点MOVELW	摆动幅度应比填充焊时稍大，保持焊接速度均匀，使焊缝外观成形平滑
盖面层左侧摆幅点	将焊枪平移至左侧工件边缘处，设置摆幅点插补指令 WEAVEP	盖面层左侧摆幅点WEAVEP	焊接熔池边缘应超过坡口棱边 0.5 ~ 2.5mm，并防止咬边
盖面层右侧摆幅点	将焊枪平移至右侧工件边缘处，设置摆幅点插补指令 WEAVEP	盖面层右侧摆幅点WEAVEP	需注意保持喷嘴高度
盖面层焊接结束点	在工件底部 9 ~ 10mm 中心位置示教焊接结束点 MOVELW，此时，示教器弹出提示信息：“是否设两端摆幅点？”单击“NO”按钮	焊接方向 盖面层焊接结束点MOVELW	收弧时要填满弧坑，以免产生弧坑裂纹和气孔

（续）

操作步骤	操作方法	操作图示	补充说明
焊接工件正面成形		打底层 填充层 盖面层	采用编一道程序、焊一道的方法完成。每层焊道完成后用钢丝刷做表面清理
焊接工件背面成形			
焊接程序		MOVELW P077 20.00m/min Ptn=1 F=0.6 ARC-SET AMP=100 VOLT=17.0 S=0.08 ARC-ON ArcStart1 PROCESS=0 WEAVEP P078 0.30m/min T=0.3 WEAVEP P079 0.30m/min T=0.3 MOVELW P080 0.30m/min Ptn=1 F=0.6 CRATER AMP=70 VOLT=15.5 T=0.20 ARC-OFF ArcEnd1 PROCESS=0 （打底层） MOVEL P081 20.00m/min MOVELW P082 20.00m/min Ptn=1 F=0.7 ARC-SET AMP=140 VOLT=19.5 S=0.15 ARC-ON ArcStart1 PROCESS=0 WEAVEP P083 0.10m/min T=0.1 WEAVEP P084 0.30m/min T=0.1 MOVELW P085 0.30m/min Ptn=1 F=0.7 CRATER AMP=95 VOLT=17.0 T=0.20 ARC-OFF ArcEnd1 PROCESS=0 （填充层） MOVEL P087 20.00m/min MOVELW P090 20.00m/min Ptn=1 F=0.7 ARC-SET AMP=130 VOLT=19.5 S=0.10 ARC-ON ArcStart1 PROCESS=0 WEAVEP P088 0.30m/min T=0.2 WEAVEP P089 0.30m/min T=0.2 MOVELW P091 0.30m/min Ptn=1 F=0.7 CRATER AMP=90 VOLT=16.5 T=0.40 ARC-OFF ArcEnd1 PROCESS=0 （盖面层）	

【任务评价】

平板对接多层焊任务评价见表2-8。

表2-8　平板对接多层焊任务评价（100分）

检查项目	标准、分数	评价等级				实际得分
焊缝宽度	标准/mm	>15～17	>17，≤15	≤18，>14	>18，≤14	
	分数	20	14	8	0	
焊缝余高	标准/mm	0～1	1～2	2～3	>3	
	分数	10	7	4	0	
背面凹坑	标准/mm	≤10	≤20	≤30	>30	
	分数	20	14	8	0	

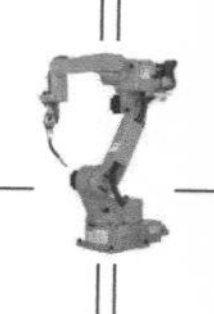

（续）

检查项目	标准、分数	评价等级				实际得分
变形量	标准/(°)	≤1	≤2	≤3	>3	
	分数	10	7	4	0	
错边量	标准/mm	≤0.4	≤0.8	≤1.2	>1.2	
	分数	10	7	4	0	
咬边	标准/mm	0	深度≤0.5		深度>0.5或总长度>30mm	
	分数	10	长度每2mm减0.5分		0	
焊缝表面成形	标准	优	良	一般	差	
		成形美观，焊纹均匀细密，高低宽窄一致	成形较好，焊纹均匀，焊缝平整	成形尚可，焊缝平直	焊缝弯曲，高低宽窄明显，有表面焊接缺陷	
	分数	20	14	8	0	
焊缝表面如有修补，该工件为0分 焊缝表面有裂纹、夹渣、未熔合、气孔、焊瘤等缺陷之一的，该工件为0分					总分	

项目三　厚板组合件焊接

【实操目的】

掌握机器人大电流厚板组合件焊接工艺。

【职业素养】

焊接如同其他任何工作；一分耕耘、一分收获。

【实操内容】

厚板组合件的示教及焊接。

【参考教材】

焊接机器人系列教材第一册《焊接机器人基本操作及应用》（第2版）；第五册《焊接机器人操作编程及应用》（ABB、KUKA、FANUC、安川、OTC五品牌合编）。

【设备、工具及工件准备】

设备及工具准备明细见表2-9。

表2-9　设备及工具准备明细

序号	名称	型号与规格	单位	数量	备注
1	弧焊机器人	臂伸长1400mm	台	1	
2	焊丝	ER50-6、ϕ1.2mm	盒	1	
3	混合气	80%（体积分数）Ar+20%（体积分数）CO_2	瓶	1	
4	头戴式面罩	自定	个	1	
5	纱手套	自定	副	1	

（续）

序号	名称	型号与规格	单位	数量	备注
6	钢丝刷	自定	把	1	
7	尖嘴钳	自定	把	1	
8	扳手	自定	把	1	
9	钢直尺	自定	把	1	
10	十字螺钉旋具	自定	个	1	
11	敲渣锤	自定	把	1	
12	定位块	自定	个	2	
13	焊缝测量尺	自定	把	1	
14	粉笔	自定	根	1	
15	角向磨光机	自定	台	1	
16	劳保用品	帆布工作服、工作鞋等	套	1	

工件及尺寸标注如图 2-11 所示。

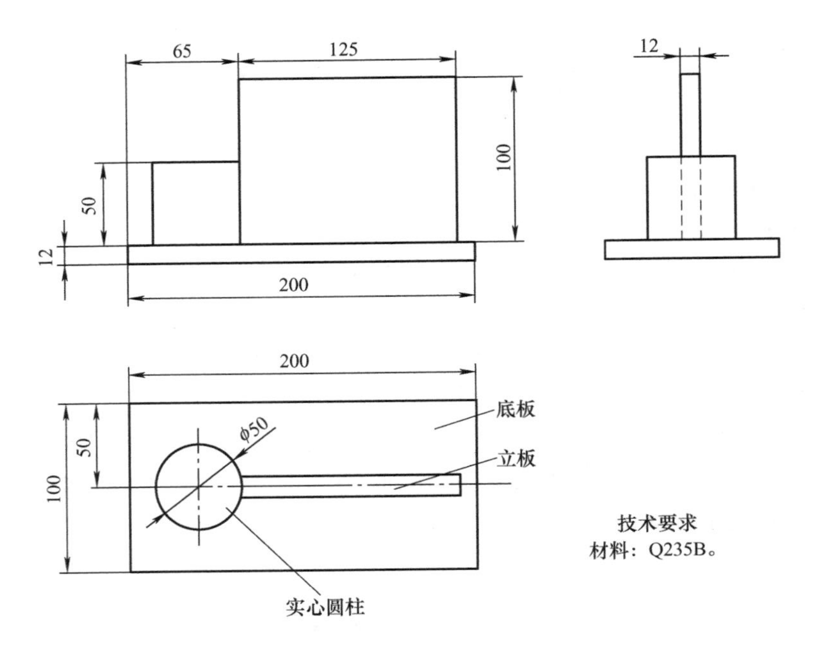

图 2-11　工件及尺寸标注

注：学员焊前自行定位焊，公差尺寸和变形量自行确定。

焊接要求如图 2-12 所示。

【实操建议】

两人为一小组进行操作。

厚板组合件焊接焊接参数见表 2-10。

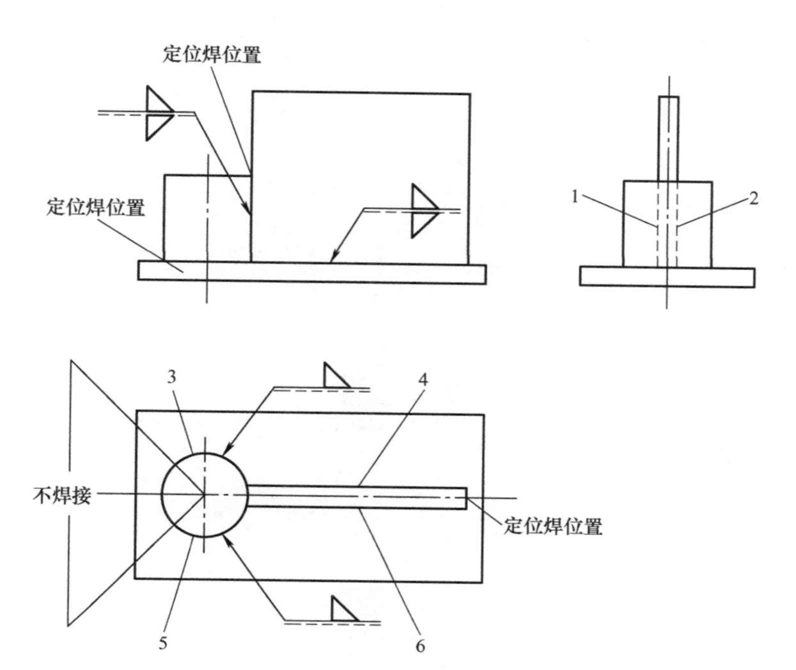

图 2-12　焊接要求

1、2—点焊缝（两条直线轨迹）3～6—平角焊缝（3 和 4 焊缝、5 和 6 焊缝分别由三段圆弧和一段直线形成），连续焊接

表 2-10　厚板组合件焊接焊接参数

焊接参数＼焊缝编号	1、2	3～6
焊接电流/A	200～210	280～290
焊接电压/V	21～22	28～29
焊接速度/(cm/min)	40	40
焊枪行进角度/(°)	80	80
焊枪工作角度/(°)	90	45
干伸长/mm	18	20
气体流量/(L/min)	18～20	18～20
收弧电流/A	140～150	200～210
收弧电压/V	18～18.5	21～22
收弧时间/s	0.2	0.4

【实操步骤】

厚板组合件焊接的操作步骤及方法见表 2-11。

表 2-11　厚板组合件焊接的操作步骤及方法

操作步骤	操作方法	操作图示	补充说明
原点	保存原点位置	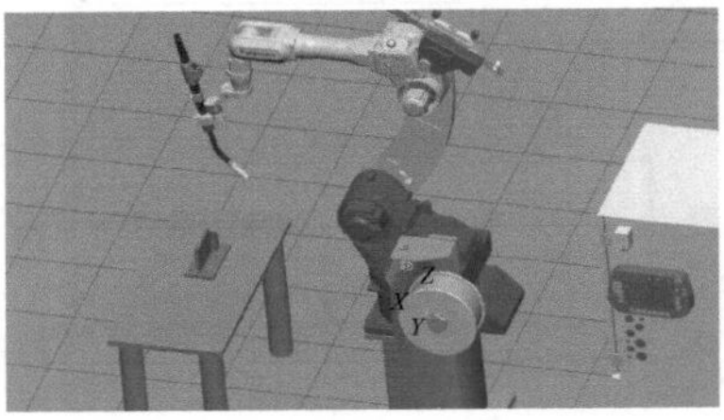	MOVEP（空走点）
过渡点	过渡点示教	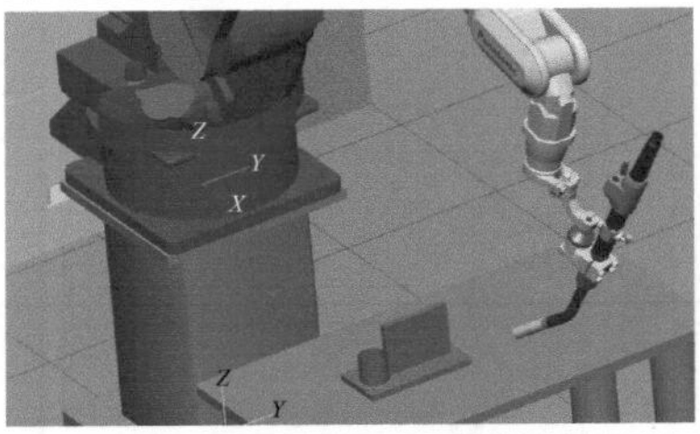	MOVEP（空走点）
焊缝 1 焊接起始点	焊缝 1 焊接起始点示教	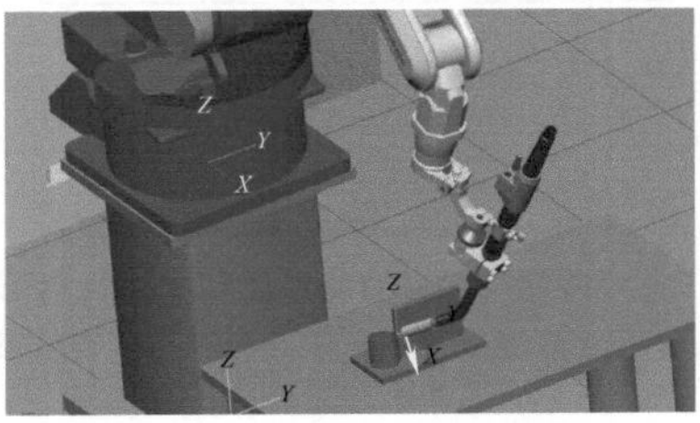	MOVEL（焊接点）
焊缝 1 焊接结束点	焊缝 1 焊接结束点示教	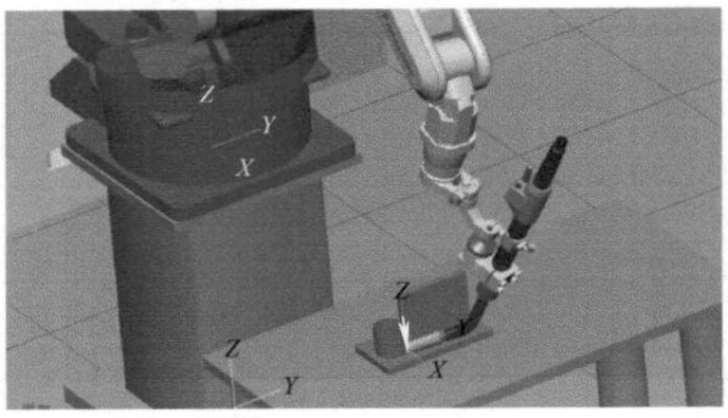	MOVEL（空走点）
过渡点	过渡点示教	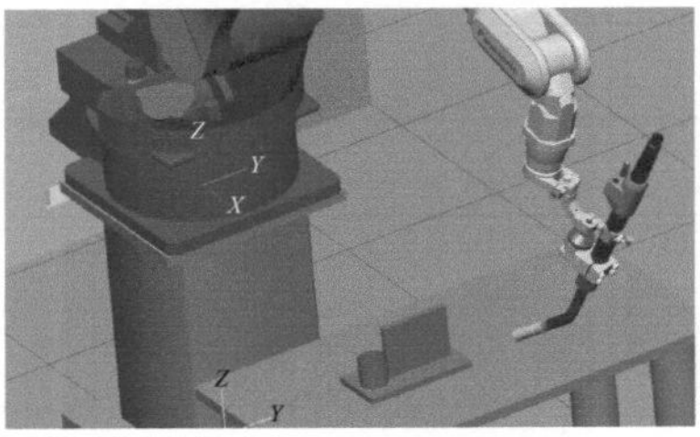	MOVEP（空走点）
过渡点	过渡点示教	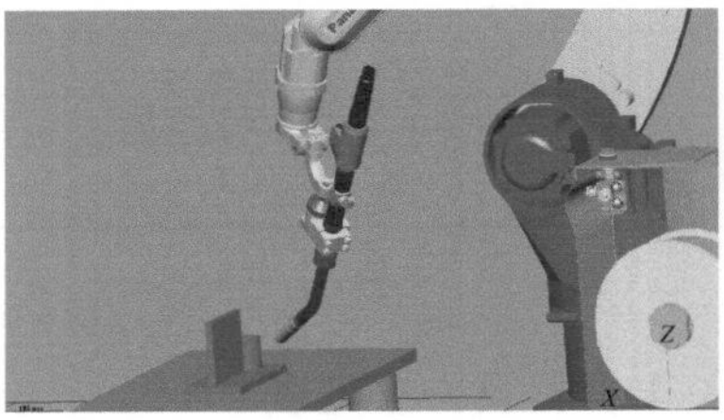	MOVEP（空走点）

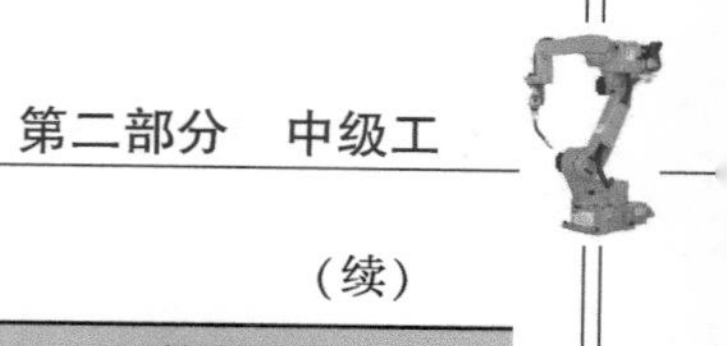

（续）

操作步骤	操作方法	操作图示	补充说明
焊缝 2 焊接起始点	焊缝 2 焊接起始点示教		MOVEL（焊接点）
焊缝 2 焊接结束点	焊缝 2 焊接结束点示教	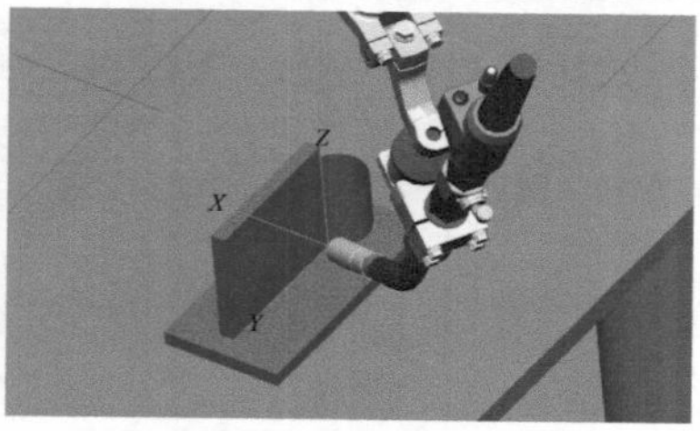	MOVEL（空走点）
过渡点	过渡点示教	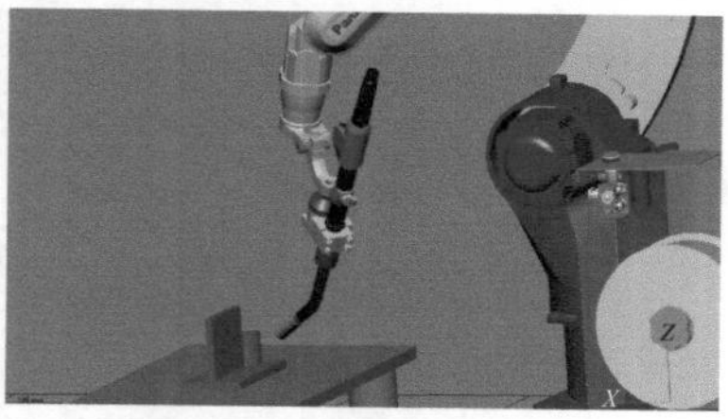	MOVEP（空走点）
焊缝 5、6 焊接起始点	焊缝 5、6 焊接起始点示教	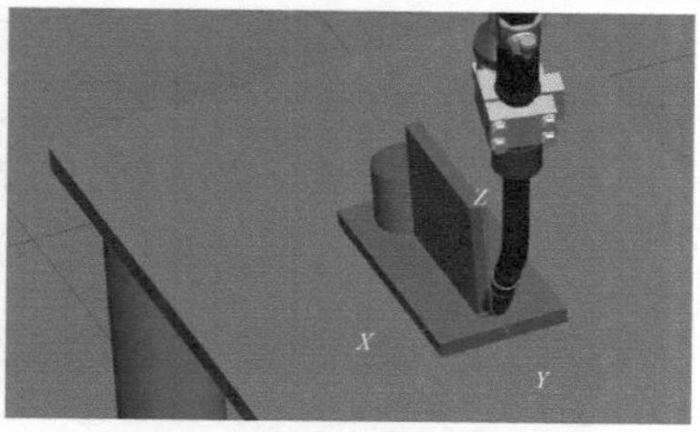	MOVEL（焊接点）
焊缝 5、6 焊接中间点	焊缝 5、6 焊接中间点示教	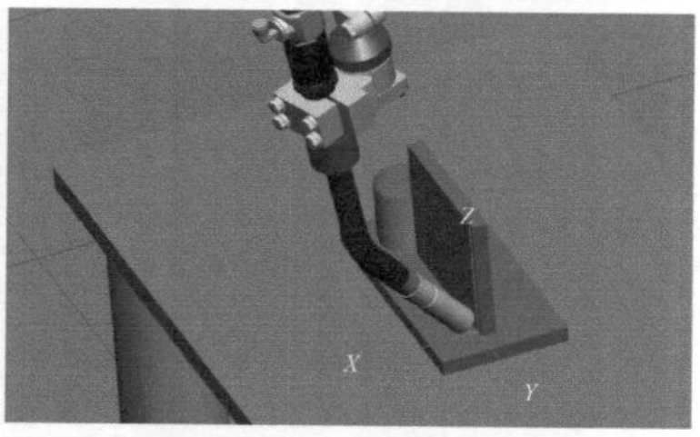	示教第一段圆弧三个连续的 MOVEC（焊接点），使焊枪圆滑经过转角位置
焊缝 5、6 焊接中间点	焊缝 5、6 焊接中间点示教	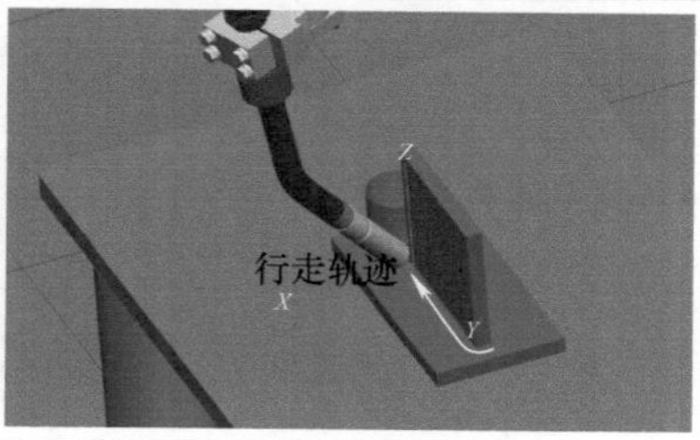	由于第一段圆弧连接直线，需要在第二段圆弧的第一点先示教一个 MOVEL（焊接点），再在同一点登录设置圆弧点 MOVEC（焊接点）

（续）

操作步骤	操作方法	操作图示	补充说明
焊缝 5、6 焊接中间点	焊缝 5、6 焊接中间点示教	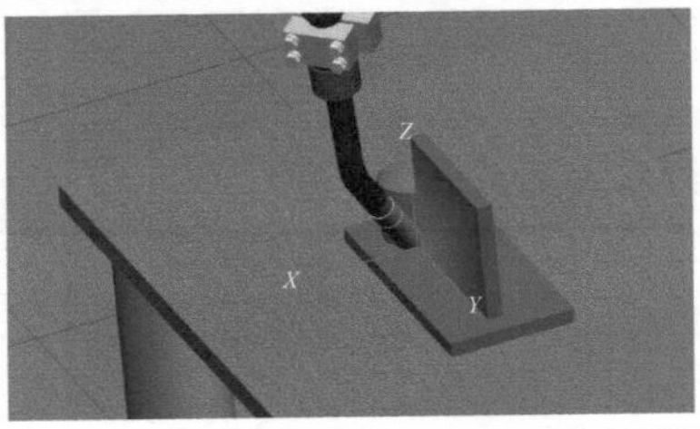	示教第二段圆弧的第二点，设为 MOVEC（焊接点）
焊缝 5、6 焊接中间点	焊缝 5、6 焊接中间点示教		示教第二段圆弧的第三点，设为 MOVEC（焊接点），由于第二段圆弧与第三段圆弧不是一个圆心，所以，圆弧之间要设置一个分离点 MOVEL（焊接点）
焊缝 5、6 焊接结束点	焊缝 5、6 焊接结束点示教	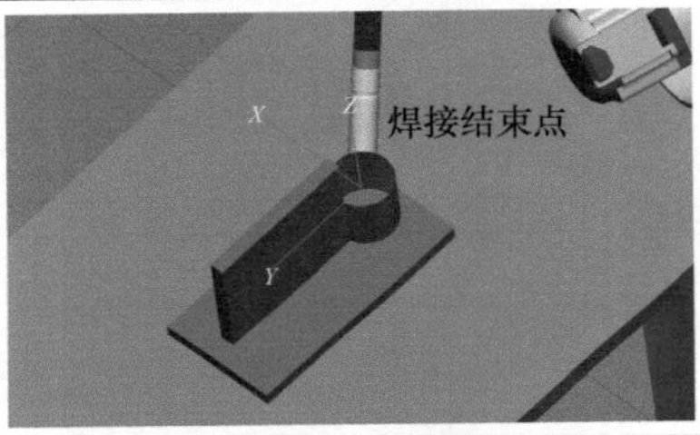 焊接结束点	然后，再示教第三段圆弧的三个 MOVEC，其中，焊接结束点设为空走点
过渡点	过渡点示教	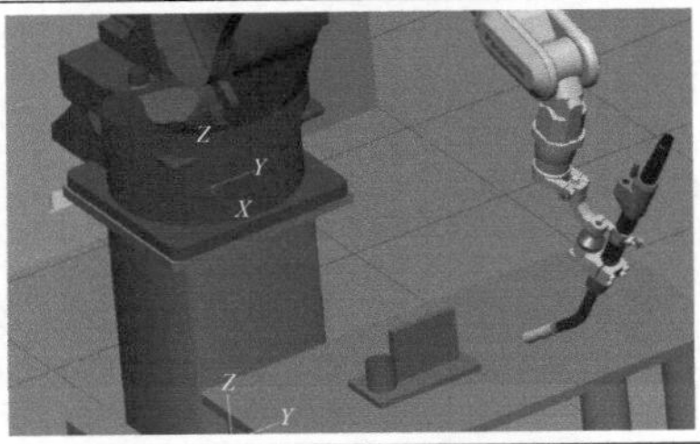	MOVEP（空走点）
焊缝 3、4 焊接起始点	焊缝焊接起始点示教	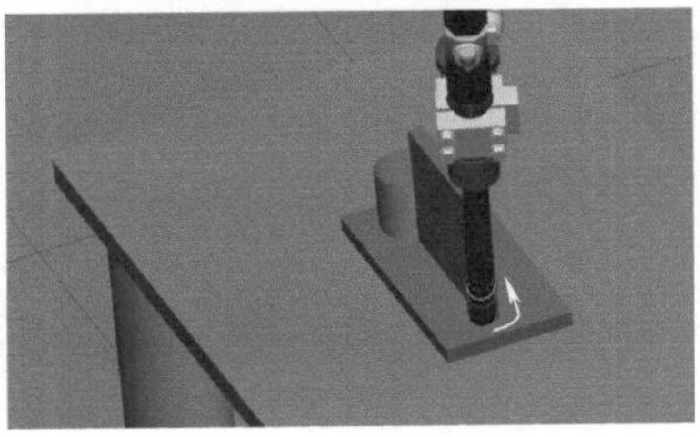	MOVEL（焊接点），与上一个起弧点搭接
焊缝 3、4 焊接中间点	焊缝 3、4 焊接中间点示教	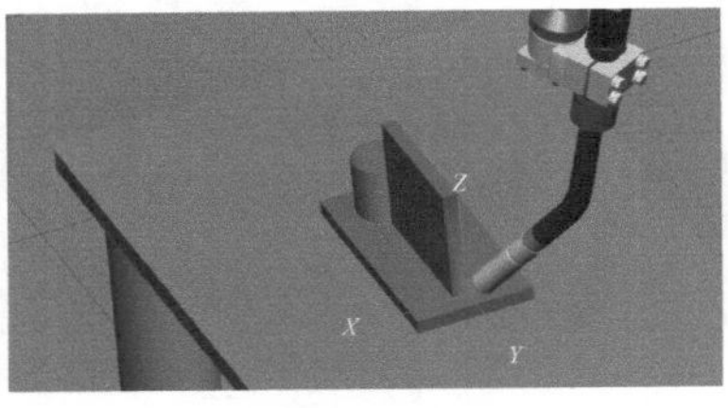	示教第一段圆弧三个连续的 MOVEC（焊接点），使焊枪圆滑经过转角位置

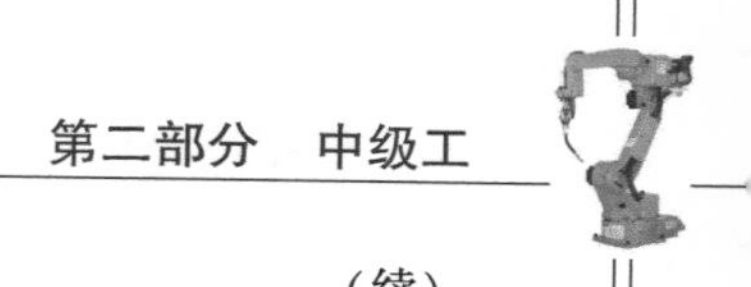

（续）

操作步骤	操作方法	操作图示	补充说明
焊缝 3、4 焊接中间点	焊缝 3、4 焊接中间点示教	行走轨迹	由于第一段圆弧连接直线，需要在第二段圆弧开始处先示教一个 MOVEL（焊接点），再在同一点登录设置圆弧点 MOVEC（焊接点）
焊缝 3、4 焊接中间点	焊缝 3、4 焊接中间点示教		示教第二段圆弧的第二点设为 MOVEC（焊接点）
焊缝 3、4 焊接中间点	焊缝 3、4 焊接中间点示教		示教第二段圆弧的第三点，设为 MOVEC（焊接点），由于第二段圆弧与第三段圆弧不是一个圆心，所以，圆弧之间要设置一个分离点 MOVEL（焊接点）
焊缝 3、4 焊接结束点	焊缝 3、4 焊接结束点示教	收弧点	然后，再示教第三段圆弧的三个点，MOVEC，其中，焊接结束点设为空走点
过渡点	过渡点示教		MOVEP（空走点）
回到原点	机器人回到原点		MOVEP（空走点）

（续）

操作步骤	操作方法	操作图示	补充说明
焊后工件			要求一次运行程序完成全部焊接
焊缝1、2焊接程序		MOVEP P001 10.00m/min MOVEP P002 10.00m/min MOVEL P003 10.00m/min ARC-SET AMP=200 VOLT=21.0 S=0.40 ARC-ON ArcStart1 PROCESS=1 MOVEL P004 10.00m/min CRATER AMP=140 VOLT=18.0 T=0.20 ARC-OFF ArcEnd1 PROCESS=1 MOVEP P005 10.00m/min MOVEP P006 10.00m/min MOVEL P007 10.00m/min CRATER AMP=140 VOLT=18.0 T=0.20 ARC-OFF ArcEnd1 PROCESS=1 MOVEL P008 10.00m/min	
焊缝5、6焊接程序		MOVEP P009 10.00m/min MOVEL P010 10.00m/min ARC-SET AMP=280 VOLT=28.0 S=0.40 ARC-ON ArcStart1 PROCESS=1 MOVEC P011 10.00m/min MOVEC P012 10.00m/min MOVEC P013 10.00m/min MOVEL P014 10.00m/min MOVEC P015 10.00m/min MOVEC P016 10.00m/min MOVEC P017 10.00m/min MOVEL P018 10.00m/min MOVEC P019 10.00m/min MOVEC P020 10.00m/min MOVEC P021 10.00m/min CRATER AMP=200 VOLT=21.0 T=0.40 ARC-OFF ArcEnd1 PROCESS=1 MOVEP P022 10.00m/min	
焊缝3、4焊接程序		MOVEP P023 10.00m/min MOVEP P024 10.00m/min MOVEL P025 10.00m/min ARC-SET AMP=280 VOLT=28.0 S=0.40 ARC-ON ArcStart1 PROCESS=1 MOVEC P026 10.00m/min MOVEC P027 10.00m/min MOVEC P028 10.00m/min MOVEL P029 10.00m/min MOVEC P030 10.00m/min MOVEC P031 10.00m/min MOVEC P032 10.00m/min MOVEL P033 10.00m/min MOVEC P034 10.00m/min MOVEC P035 10.00m/min MOVEC P036 10.00m/min CRATER AMP=200 VOLT=21.0 T=0.40 ARC-OFF ArcEnd1 PROCESS=1 MOVEP P037 10.00m/min MOVEP P038 10.00m/min	

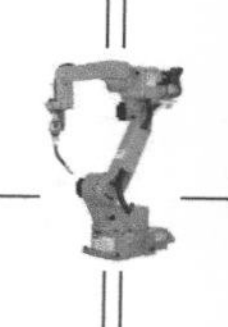

【任务评价】

厚板组合件焊接任务评价见表2-12。

表2-12　厚板组合件焊接任务评价（100分）

检查项目	标准、分数	评价等级				实际得分
焊脚尺寸	标准/mm	>7.6~8.3	>8.3，≤7.6	>8.7，≤7.1	>9.2，≤6.8	
	分数	10	7	4	0	
焊缝高低差	标准/mm	≤1	>1~2	>2~3	>3	
	分数	10	7	4	0	
焊缝宽窄差	标准/mm	≤1.5	>1.5~2	>2~3	>3	
	分数	10	7	4	0	
咬边	标准/mm	0	深度≤0.5 长度≤15	深度≤0.5 长度>15~30	深度>0.5 长度>30	
	分数	10	7	4	0	
未焊透	标准/mm	0	深度≤0.5 长度≤15	深度≤0.5 长度>15~30	深度>0.5 长度>30	
	分数	10	7	4	0	
角变形	标准/(°)	≤1	>1~3	>3~5	>5	
	分数	10	7	4	0	
错边量	标准/mm	0	≤0.7	>0.7~1.2	>1.2	
	分数	10	7	4	0	
焊缝边缘直线度	标准/mm	≤0.5	>0.5~1	>1~2	>2	
	分数	10	7	4	0	
焊缝表面成形	标准	优	良	一般	差	
		成形美观，焊纹均匀细密，高低宽窄一致	成形较好，焊纹均匀，焊缝平整	成形尚可，焊缝平直	焊缝弯曲，高低宽窄明显，有表面焊接缺陷	
	分数	20	14	8	0	
焊缝表面如有修补，该工件为0分 焊缝表面有裂纹、夹渣、未熔合、气孔、焊瘤等缺陷之一的，该工件为0分					总分	

项目四　管-板组合件焊接

【实操目的】

掌握管-板组合件焊接操作，该项目也是中国焊接协会“弧焊机器人操作员岗位资格”考试的实践题。

【职业素养】

扎实的基本功，是迈向成功者的基石。

【实操内容】

管-板组合件的示教及焊接。

【参考教材】

焊接机器人系列教材第一册《焊接机器人基本操作及应用》（第2版）；第五册《焊接机器人操作编程及应用》（ABB、KUKA、FANUC、安川、OTC五品牌合编）。

【设备、工具及工件准备】

设备及工具准备明细见表2-13。

表2-13　设备及工具准备明细

序号	名称	型号与规格	单位	数量	备注
1	弧焊机器人	臂伸长1400mm	台	1	
2	焊丝	ER50－6、ϕ1.2mm	盒	1	
3	混合气	80%（体积分数）Ar＋20%（体积分数）CO_2	瓶	1	
4	头戴式面罩	自定	个	1	
5	纱手套	自定	副	1	
6	钢丝刷	自定	把	1	
7	尖嘴钳	自定	把	1	
8	扳手	自定	把	1	
9	钢直尺	自定	把	1	
10	十字螺钉旋具	自定	个	1	
11	敲渣锤	自定	把	1	
12	定位块	自定	个	2	
13	焊缝测量尺	自定	把	1	
14	粉笔	自定	根	1	
15	角向磨光机	自定	台	1	
16	劳保用品	帆布工作服、工作鞋等	套	1	

工件材料及规格见表2-14。

表2-14　工件材料及规格

类型	材料	底板/mm	管/mm	立板/mm	侧板/mm
管-板组合件	Q235	200（长）×200（宽）×6（厚）	ϕ56×3（厚）×50（高）	120（长）×50（宽）×2（厚）	80（长）×50（宽）×2（厚）

装配尺寸如图2-13所示。

组合件外四周全部平角满焊，四条立焊缝满焊，如图2-14所示。

示教编程时间＋焊接时间为60min；超时每2min减1分（该项仅作为参考）。每条焊缝只能进行一次起收弧。组合件装夹图如图2-15所示。

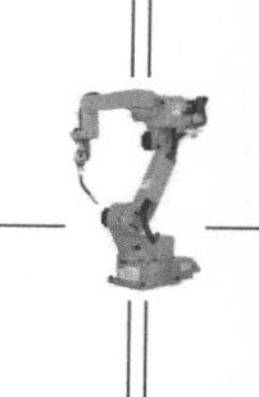

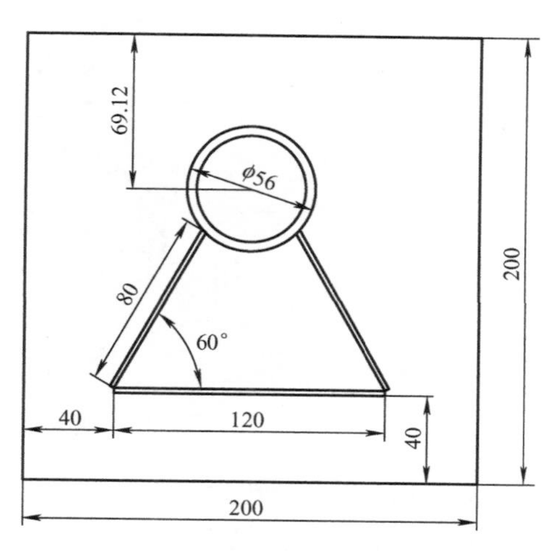

图 2-13　装配尺寸

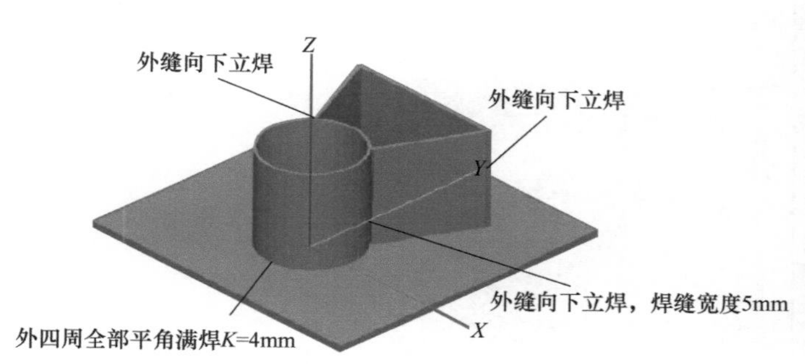

图 2-14　焊接示意图

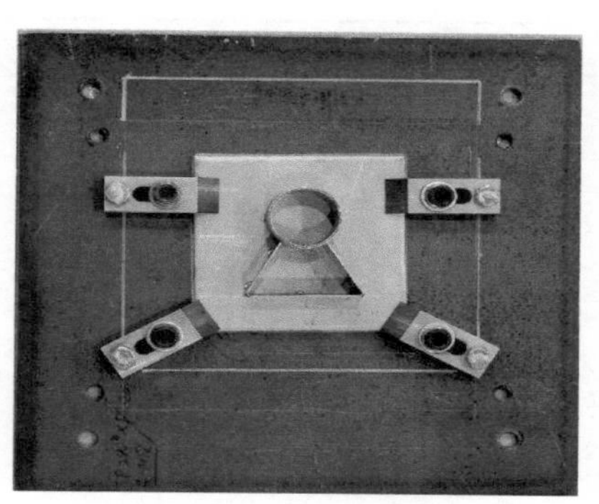

图 2-15　组合件装夹图

【实操建议】

处理好转角位置点的枪姿变化并注意干伸长的变化。

采用 MAG 焊接，管–板组合件焊接焊接参数见表 2-15。

表 2-15　管–板组合件焊接焊接参数

焊接位置	焊接电流 /A	焊接电压 /V	气体流量 /(L/min)	焊接速度 /(m/min)	收弧电流 /A	收弧时间 /s
外立缝 *ABC*、*JKL*	120～130	17～18	14～15	0.5～0.6	80～90	0.0～0.1
内立缝 *DEF*、*GHI*	130～140	17～18	14～15	0.45～0.55	90～100	0.0～0.1
底板平角焊缝	140～150	21～18	14～15	0.3～0.4	100～110	0.2～0.4

【实操步骤】

先焊四条立焊缝，再焊底板平角焊缝。

1. 四条立焊缝的示教

四条立焊缝的示教顺序是 *A*～*L* 点，焊丝伸出长度始终保持在 13～14mm，如图 2-16 所示。

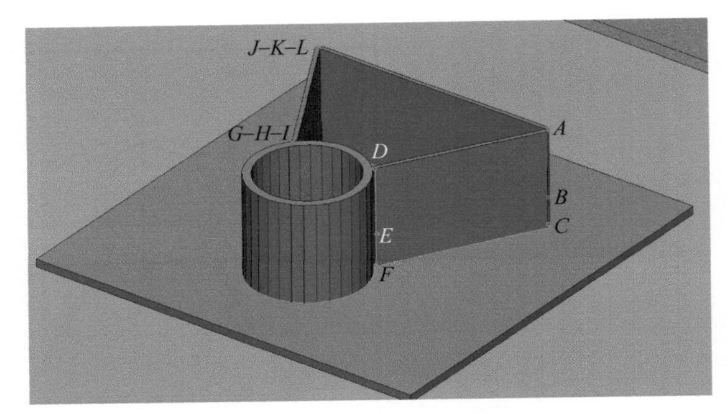

图 2-16　四条立焊缝的示教点

立焊位置主要考虑焊缝宽度（尺寸），采用由上至下焊接（向下立焊），但在根部容易产生焊瘤，因此，分成两段示教，如第一段 *ABC*，将焊缝分成 *AB* 和 *BC* 段，焊枪与工件以接近 90°夹角由上至下移动，由于这种枪姿无法焊到底部，第二段 *BC* 应逐渐转换枪姿向下推焊。*B* 点的位置尽量靠下，*C* 点应注意因立焊缝焊接参数和枪姿不当而产生焊瘤。*BC* 段的焊枪夹角由 90°逐渐转为 45°。

管–板组合件四条立焊缝的操作步骤及方法见表 2-16。

表 2-16　管–板组合件四条立焊缝的操作步骤及方法

操作步骤	操作方法	操作图示	补充说明
原点	将工件定位焊组对好，放在焊枪位置的正下方并固定好，设置原点		注意装夹位置
过渡点（进枪点）	设置过渡点（进枪点）	A	设置过渡点（进枪点）的目的主要是避免焊枪与工件发生干涉（碰撞）
立焊缝 *ABC* 焊接起始点	示教 *A* 点	A	注意枪姿

（续）

操作步骤	操作方法	操作图示	补充说明
立焊缝 *ABC* 焊接中间点	示教 *B* 点	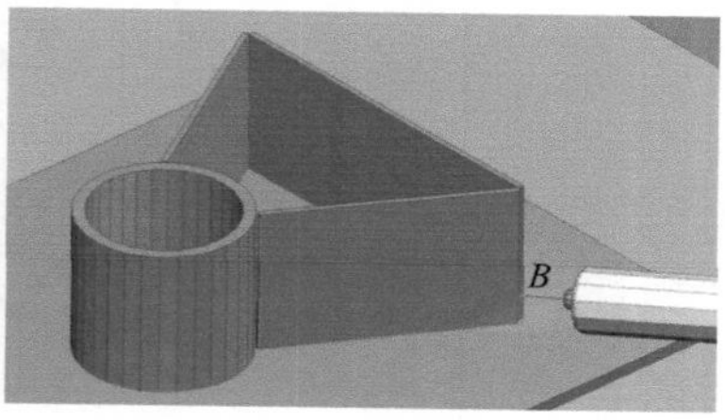 B	注意枪姿
立焊缝 *ABC* 焊接结束点	示教 *C* 点	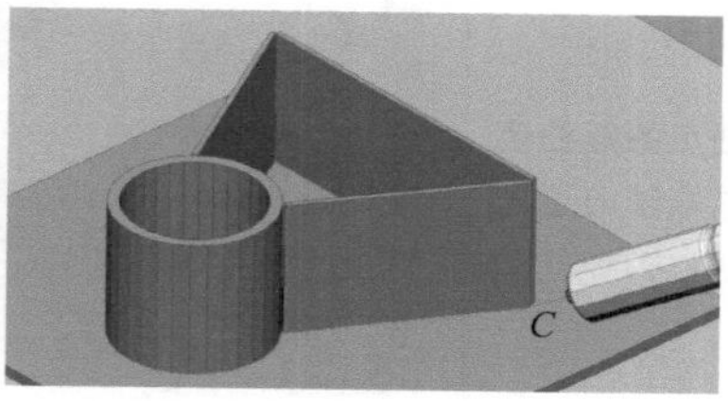 C	注意枪姿
退避点	沿焊枪轴向退枪至退避点，退避距离 50mm 左右为宜	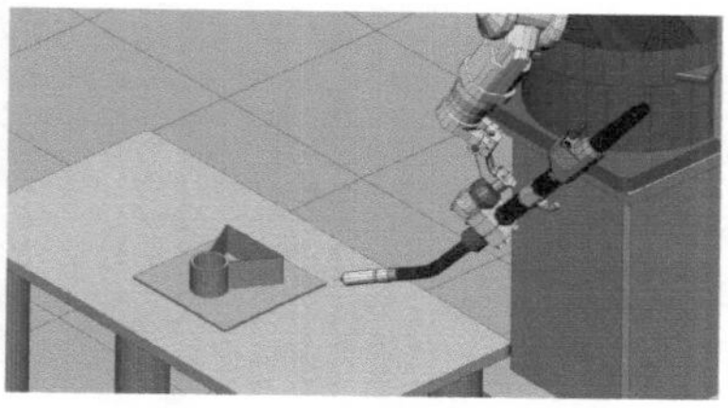	
立焊缝 *DEF* 焊接起始点	将焊枪由退避点移动至 *D* 点，示教 *D* 点	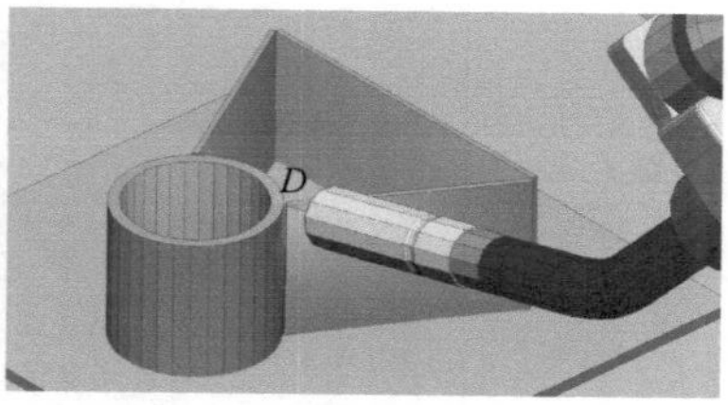 D	注意枪姿
立焊缝 *DEF* 焊接中间点	示教 *E* 点	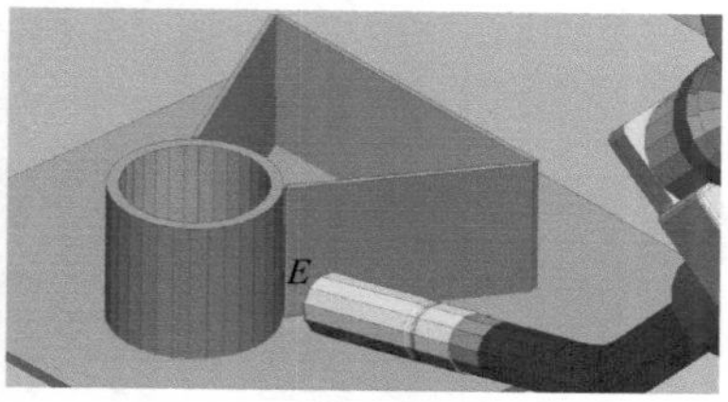 E	注意枪姿

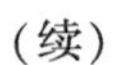
（续）

操作步骤	操作方法	操作图示	补充说明
立焊缝 *DEF* 焊接结束点	示教 *F* 点	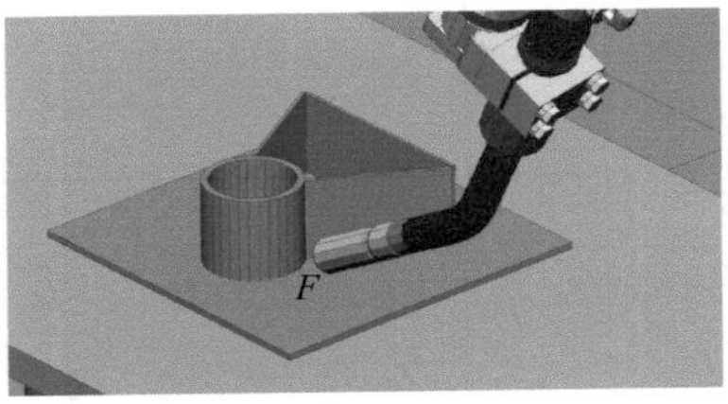	注意枪姿
退避点	设置退避点的焊枪姿态，即将焊枪轴向退至高于工件的位置点	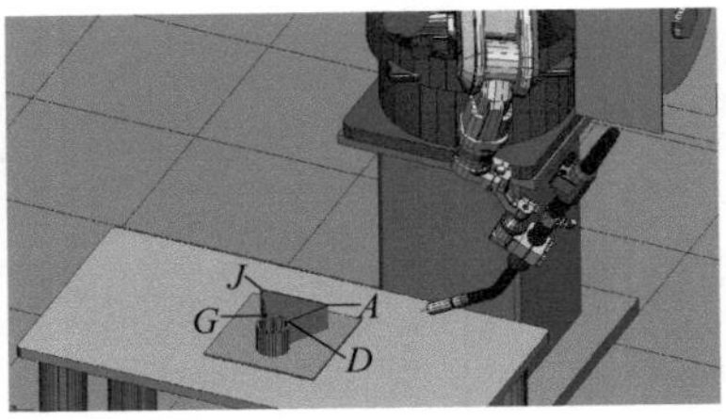	
过渡点（进枪点）	焊枪由上一退避点移动至过渡点，应注意焊枪缠绕、干涉、姿态错误、超限等情况发生	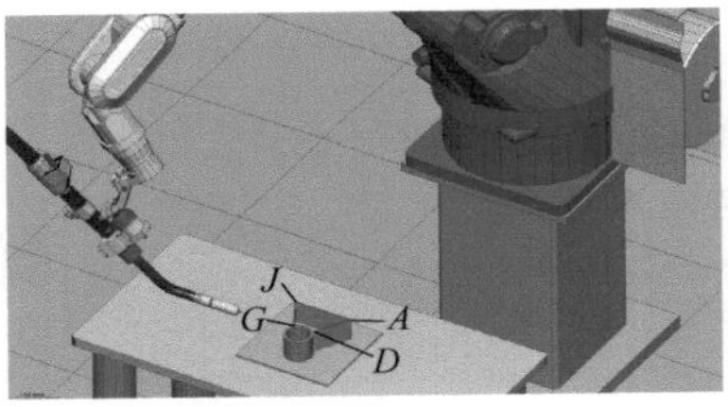	焊枪由工件一边移动到另一边时，由于机器人姿态发生较大变化，应避免焊枪在移动中碰撞工件
立焊缝 *GHI* 焊接起始点	将焊枪由过渡点移动至 *G* 点	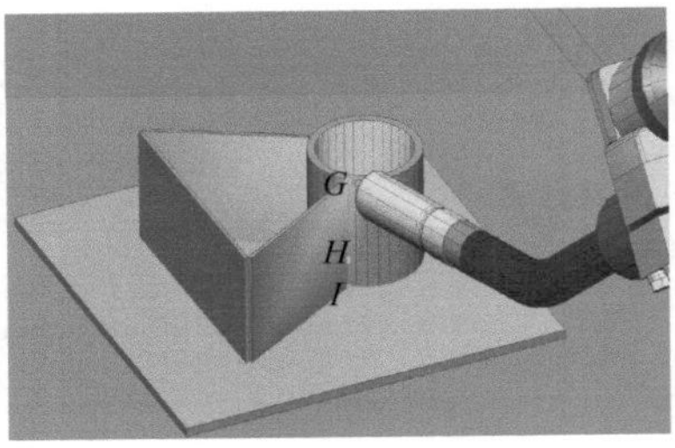	注意枪姿
立焊缝 *GHI* 焊接中间点	示教 *H* 点	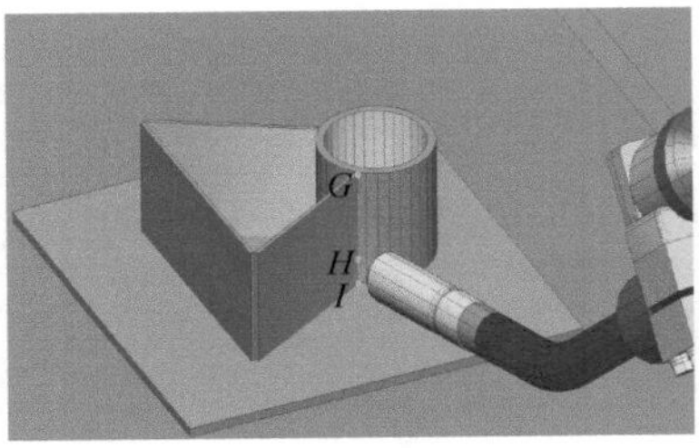	注意枪姿

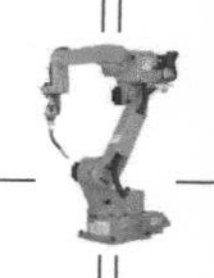

（续）

操作步骤	操作方法	操作图示	补充说明
立焊缝 *GHI* 焊接结束点	示教 *I* 点	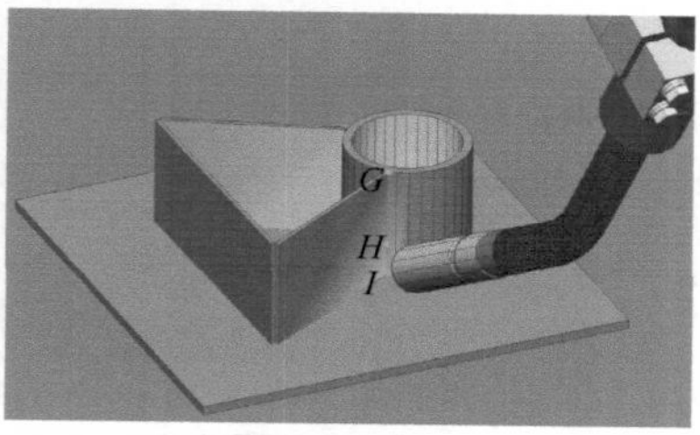	注意枪姿
过渡点	枪焊枪移至过渡点，将焊枪轴向退至高于工件的位置点	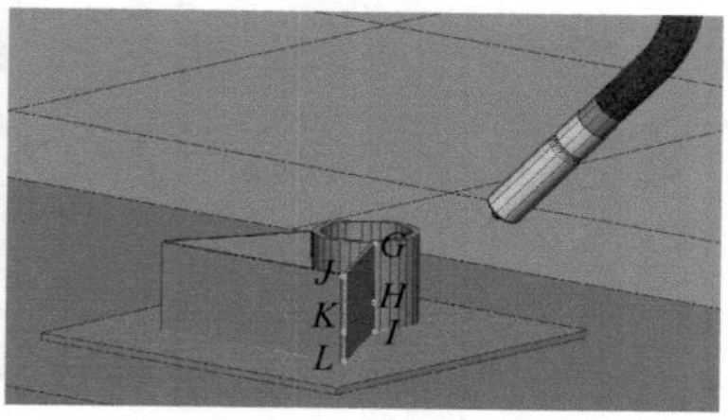	
立焊缝 *JKL* 焊接起始点	示教 *J* 点	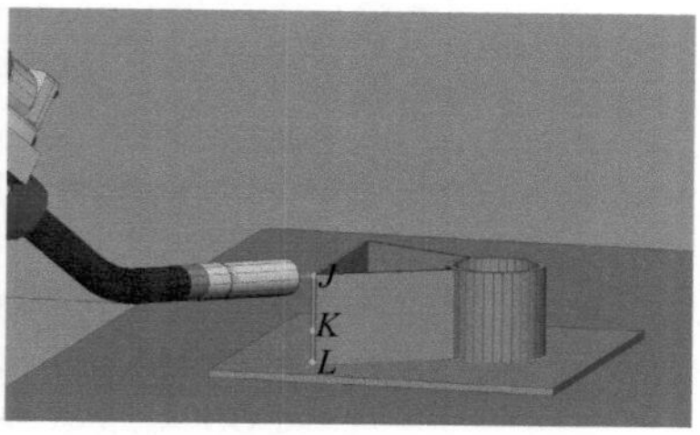	注意枪姿
立焊缝 *JKL* 焊接中间点	示教 *K* 点	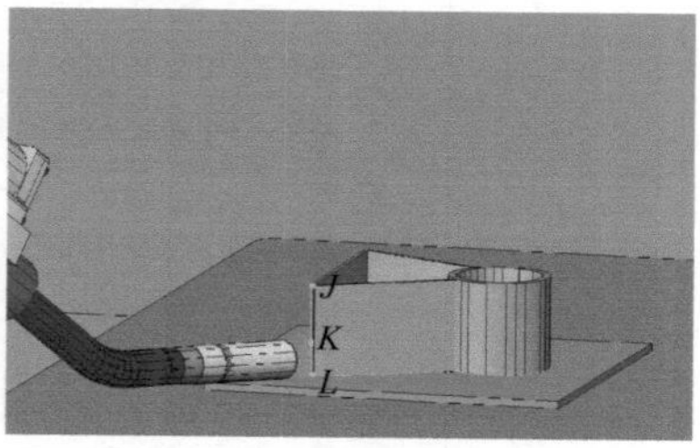	注意枪姿
立焊缝 *JKL* 焊接结束点	示教 *L* 点	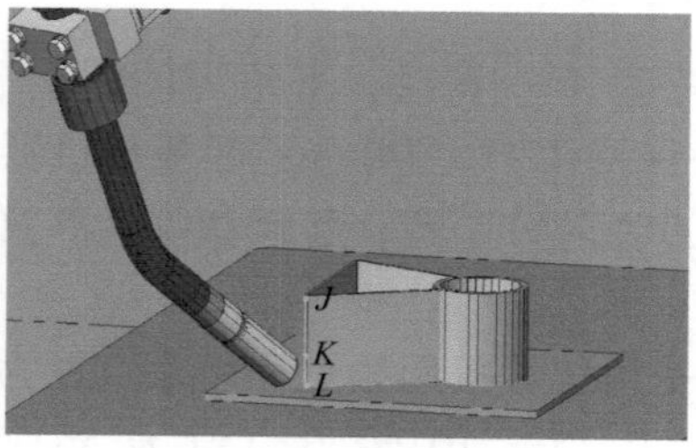	注意枪姿

（续）

操作步骤	操作方法	操作图示	补充说明
退避点	沿焊枪沿轴向退枪至退避点，退避距离 50mm 左右为宜	J G K H L I	
回到原点	回到原点		
焊接程序		MOVEP P001 10.00m/min MOVEP P002 10.00m/min MOVEL P003 10.00m/min ARC-SET AMP=120 VOLT=17.5 S=0.60 ARC-ON ArcStart1 PROCESS=1 MOVEL P004 10.00m/min MOVEL P005 10.00m/min CRATER AMP=90 VOLT=16.0 T=0.00 ARC-OFF ArcEnd1 PROCESS=1 MOVEP P006 10.00m/min MOVEL P007 10.00m/min ARC-SET AMP=130 VOLT=17.8 S=0.50 ARC-ON ArcStart1 PROCESS=1 MOVEL P008 10.00m/min MOVEL P009 10.00m/min CRATER AMP=100 VOLT=17.0 T=0.00 ARC-OFF ArcEnd1 PROCESS=1 MOVEP P010 10.00m/min	

2. 底板平角焊缝的示教

平角焊缝的焊接顺序是 1 ~ 16 点；平角焊的焊枪工作角应始终保持为 45°，行进角为 80°；焊丝伸出长度始终保持在 13 ~ 14mm；起弧从机器人近点开始，焊枪顺时针扭转 180°，示教时，焊枪绕 Z 轴逐点逆时针回转；起弧和收弧部位有 2 ~ 3mm 的搭接；平角位示教点及焊接方向示意图如图 2-17 所示。

图 2-17 中：1、16 平角位焊接起始点和结束点设为 MOVEL，2 ~ 4 转角位设为 MOVEC、5 ~ 7 转角位设为 MOVEC、7 ~ 10 转角位设为 MOVEC、10 ~ 12、13 ~ 15 转角位设为 MOVEC。

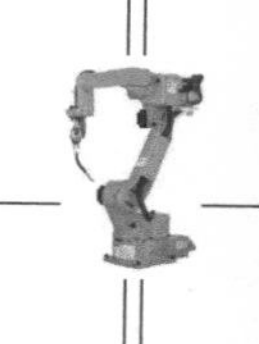

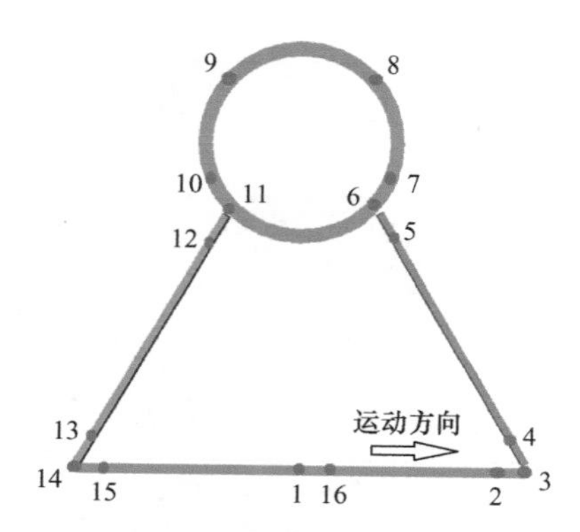

图2-17　平角位示教点及焊接方向示意图

平角焊的直线段枪姿不要变，应在圆弧段的示教点匀速变换枪姿。除第16点为空走点外，其他均为焊接点。其中第5点和第12点重复登录2次增设一个MOVEL点；第7点和第10点设置圆弧分离点。平角焊缝的操作步骤及方法见表2-17所示。

表2-17　平角焊缝的操作步骤及方法

操作步骤	操作方法	操作图示	补充说明
原点	将工件定位焊组对好，放在焊枪位置的正下方并固定好，设置原点		注意装夹位置
过渡点（进枪点）	焊枪沿 Z 轴顺时针旋转180°，在焊接开始点上方设置过渡点（进枪点）		
平角焊起始点	示教平角焊起始点①，焊枪工作角为45°	焊接方向 1 焊接起始	

（续）

操作步骤	操作方法	操作图示	补充说明
平角焊起始点	示教平角焊起始点①，焊枪工作角为45°	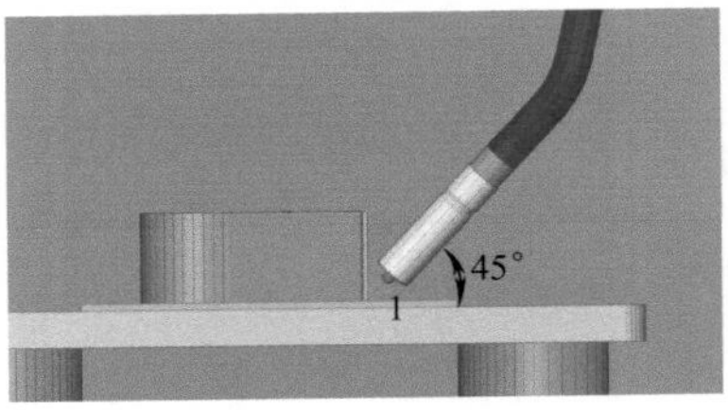	
2～4圆弧起始点	示教2～4圆弧起始点	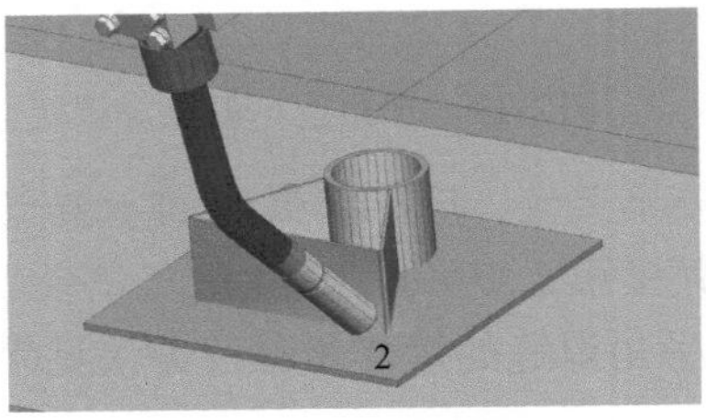	圆弧示教点MOVEC
2～4圆弧中间点	示教2～4圆弧中间点	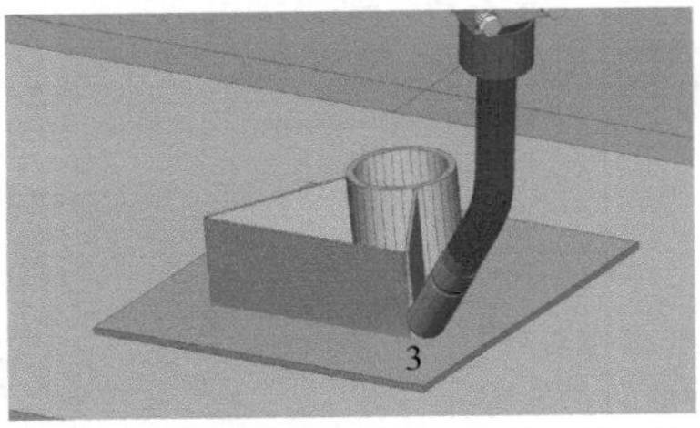	圆弧示教点MOVEC
2～4圆弧结束点	示教2～4圆弧结束点	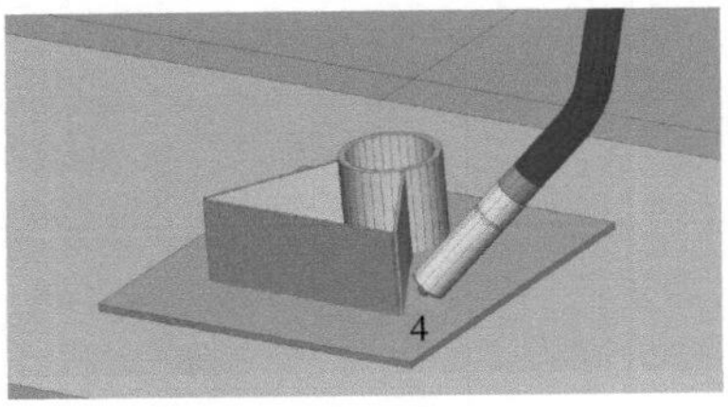	圆弧示教点MOVEC，同一点登录示教点MOVEL
5～7圆弧起始点	示教5～7圆弧起始点	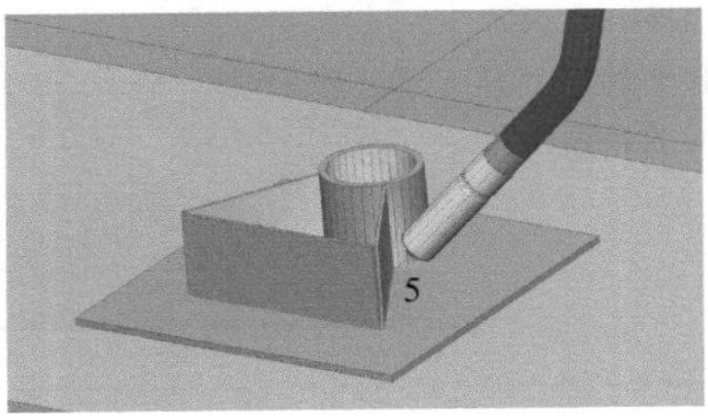	圆弧示教点MOVEC
5～7圆弧中间点	示教5～7圆弧中间点	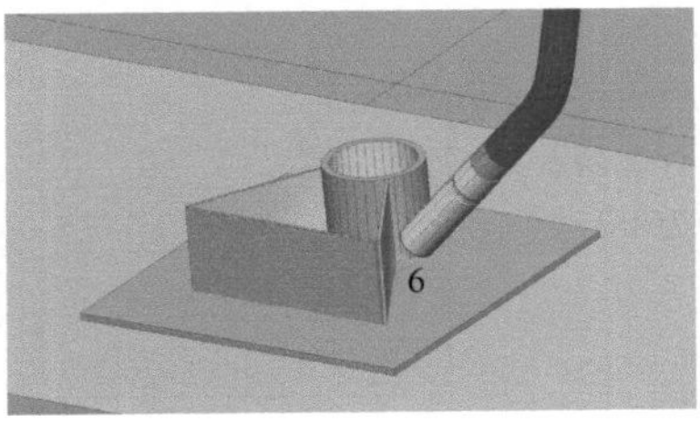	圆弧示教点MOVEC

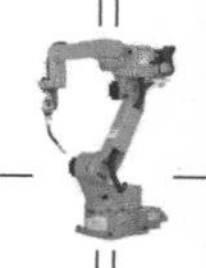

（续）

操作步骤	操作方法	操作图示	补充说明
5～7 圆弧结束点	示教 5～7 圆弧结束点，同时又是 7～10 圆弧起始点	7	圆弧示教点 MOVEC，同一点登录示教点 MOVEL，设圆弧分离点，再在同一点登录设 MOVEC
7～10 圆弧中间点	示教 7～10 圆弧中间点	8	圆弧示教点 MOVEC
7～10 圆弧中间点	如果管子的圆度好，8、9 两点可以合为一点	9 焊接方向	圆弧示教点 MOVEC
7～10 圆弧结束点	示教 7～10 圆弧结束点，同时又是 10～12 的圆弧起始点	10	圆弧示教点 MOVEC，同一点登录示教点 MOVEL，设圆弧分离点，再在同一点登录设 MOVEC
10～12 圆弧中间点	示教 10～12 圆弧中间点	11	圆弧示教点 MOVEC
10～12 圆弧结束点	示教 10～12 圆弧结束点	12	圆弧示教点 MOVEC，同一点登录示教点 MOVEL

（续）

操作步骤	操作方法	操作图示	补充说明
13～15 圆弧起始点	示教 13～15 圆弧起始点	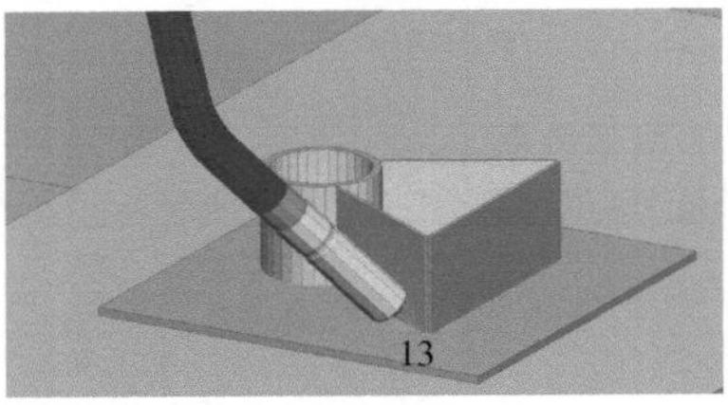	圆弧示教点 MOVEC
13～15 圆弧中间点	示教 13～15 圆弧中间点	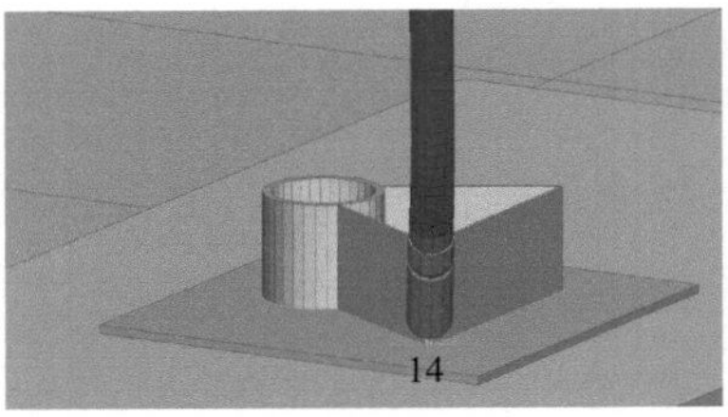	圆弧示教点 MOVEC
13～15 圆弧结束点	示教 13～15 圆弧结束点	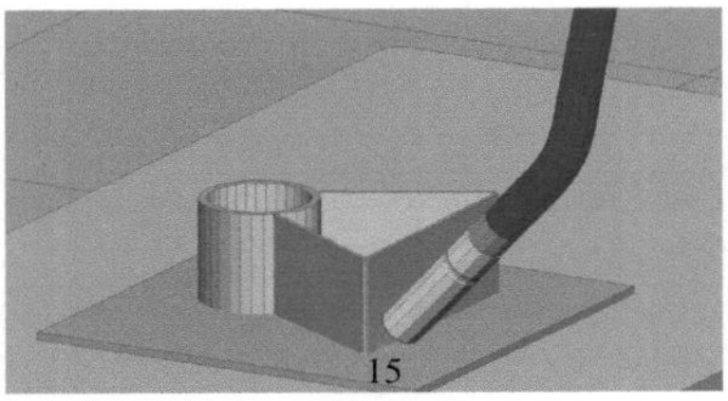	圆弧示教点 MOVEC
焊接结束点	示教焊接结束点 16	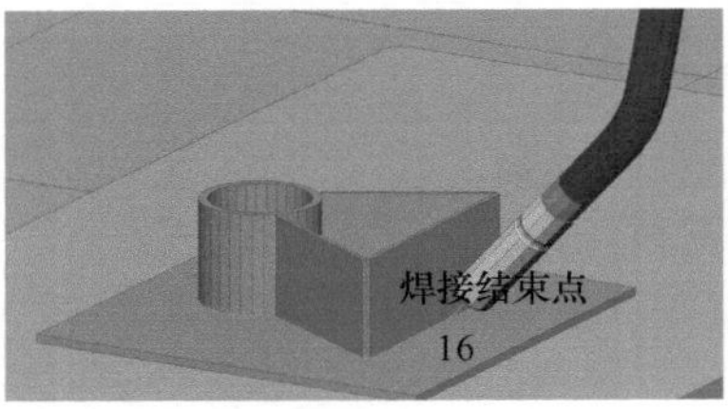	注意开始点 1 与结束点 16 枪姿
过渡点	示教过渡点	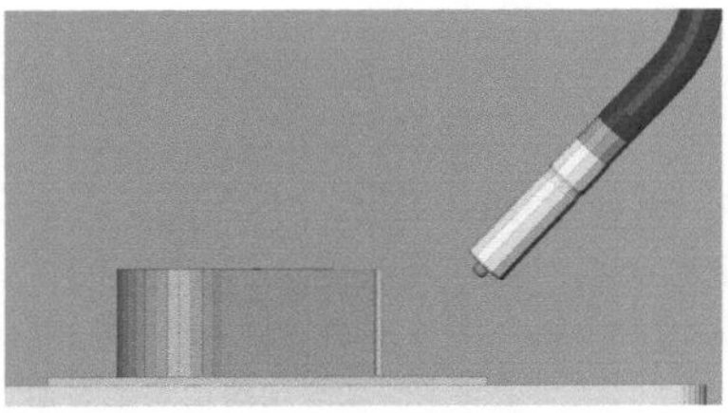	注意：最后一个过渡点“不能复制”第 1 个过渡点，否则会出现“位置错误”报警，或不动作，因为两个过渡点位置虽然一样，但焊枪转角相反
回到原点	采用复制粘贴功能，使机器人回到原点位置		

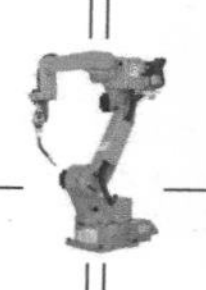

（续）

操作步骤	操作方法	操作图示	补充说明
成品			
焊接程序		MOVEL P024 10.00m/min ARC-SET AMP=145 VOLT=21.0 S=0.40 ARC-ON ArcStart1 PROCESS=1 MOVEC P025 10.00m/min MOVEC P026 10.00m/min MOVEC P027 10.00m/min MOVEL P028 10.00m/min MOVEC P029 10.00m/min MOVEC P030 10.00m/min MOVEC P031 10.00m/min MOVEL P032 10.00m/min MOVEC P033 10.00m/min MOVEC P034 10.00m/min MOVEC P035 10.00m/min MOVEL P036 10.00m/min MOVEC P037 10.00m/min MOVEC P038 10.00m/min MOVEC P039 10.00m/min MOVEL P040 10.00m/min MOVEC P041 10.00m/min MOVEC P042 10.00m/min MOVEC P043 10.00m/min MOVEL P044 10.00m/min CRATER AMP=100 VOLT=16.0 T=0.40 ARC-OFF ArcEnd1 PROCESS=1	

【任务评价】

管-板组合件焊接任务评价见表2-18。

表2-18　管-板组合件焊接任务评价（100分）

检查项目	标准、分数	评价等级				实际得分
焊脚尺寸	标准/mm	>3.6～4.3	>4.3，≤3.6	>4.7，≤3.1	>5.2，≤2.8	
	分数	10	7	4	0	
焊缝宽度	标准/mm	>4.5～5.5	>5.5，≤4.5	>6，≤4	>6.5，≤3.5	
	分数	10	7	4	0	

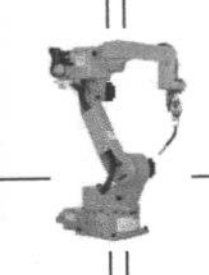

（续）

<table>
<tr><th>检查项目</th><th>标准、分数</th><th colspan="4">评价等级</th><th>实际得分</th></tr>
<tr><td rowspan="2">咬边</td><td>标准/mm</td><td>0</td><td colspan="2">深度≤0.5
长度≤15</td><td>深度>0.5
长度>15</td><td rowspan="2"></td></tr>
<tr><td>分数</td><td>10</td><td colspan="2">长度每1mm减1分</td><td>0</td></tr>
<tr><td rowspan="3">焊缝表面成形</td><td rowspan="2">标准</td><td>优</td><td>良</td><td>一般</td><td>差</td><td rowspan="3"></td></tr>
<tr><td>成形美观，焊纹均匀细密，高低宽窄一致</td><td>成形较好，焊纹均匀，焊缝平整</td><td>成形尚可，焊缝平直</td><td>焊缝弯曲，高低宽窄明显，有表面焊接缺陷</td></tr>
<tr><td>分数</td><td>20</td><td>14</td><td>8</td><td>0</td></tr>
<tr><td colspan="5">焊缝表面如有修补，该工件为0分
焊缝表面有裂纹、夹渣、未熔合、气孔、焊瘤等缺陷之一的，该工件为0分</td><td colspan="2">总分</td></tr>
<tr><td colspan="7">项目总分（100）</td></tr>
<tr><td>操作规程（20）</td><td colspan="2">示教编程效率（30）</td><td colspan="2">外观质量（50）</td><td colspan="2">总分</td></tr>
<tr><td></td><td colspan="2"></td><td colspan="2"></td><td colspan="2"></td></tr>
</table>

项目五　方形厚板组合件内、外周平角焊

【实操目的】

掌握方形厚板组合件内、外周平角焊的步骤及方法。

【职业素养】

培养不怕困难、吃苦耐劳的良好习惯。

【实操内容】

方形厚板组合件焊接示意图如图2-18所示。训练学生操作机器人焊接厚板平角焊缝掌握转角位置机器人手臂姿态和焊枪角度配合以及焊接参数的设置。

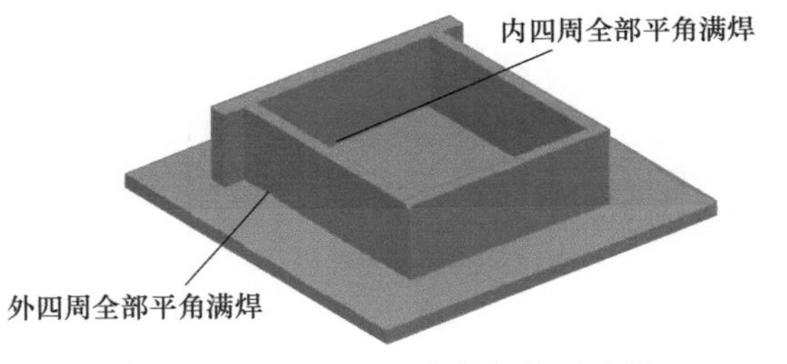

图2-18　方形厚板组合件焊接示意图

【参考教材】

焊接机器人系列教材第一册《焊接机器人基本操作及应用》（第2版）；第五册《焊接机器人操作编程及应用》（ABB、KUKA、FANUC、安川、OTC五品牌合编）。

【设备、工具及工件准备】

设备及工具准备明细见表2-19。

表2-19　设备及工具准备明细

序号	名称	型号与规格	单位	数量	备注
1	弧焊机器人	臂伸长1400mm	台	1	
2	焊丝	ER50－6、ϕ1.2mm	盒	1	
3	混合气	80%（体积分数）Ar＋20%（体积分数）CO_2	瓶	1	

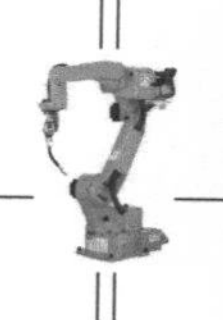

（续）

序号	名称	型号与规格	单位	数量	备注
4	头戴式面罩	自定	个	1	
5	纱手套	自定	副	1	
6	钢丝刷	自定	把	1	
7	尖嘴钳	自定	把	1	
8	扳手	自定	把	1	
9	钢直尺	自定	把	1	
10	十字螺钉旋具	自定	个	1	
11	敲渣锤	自定	把	1	
12	定位块	自定	个	2	
13	焊缝测量尺	自定	把	1	
14	粉笔	自定	根	1	
15	角向磨光机	自定	台	1	
16	劳保用品	帆布工作服、工作鞋等	套	1	

工件材料及规格见表 2-20。

表 2-20　工件材料及规格

类型	材料	规格/mm		
方形厚板组合件	Q235B	底板 250×250×12	200×50×12	150×50×10

方形厚板组合件装配尺寸如图 2-19 所示。

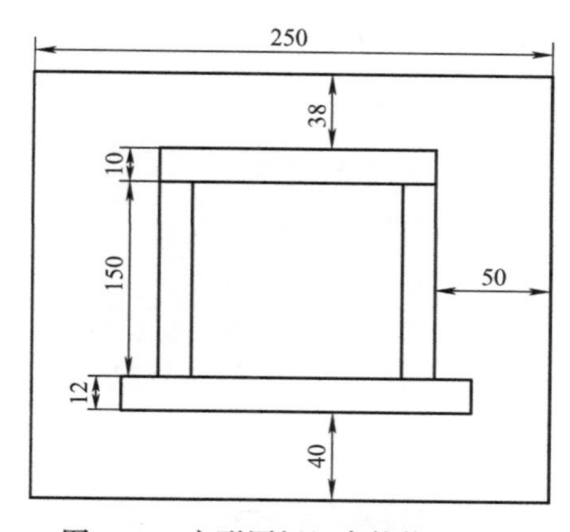

图 2-19　方形厚板组合件装配尺寸

【实操建议】

将工件定位焊固定并夹持好。为方便说明示教点所在位置，在工件转角位置做了 1～6 数字的标记，如图 2-20 所示。

由于垂直侧钢板散热能力差，示教时，焊丝对准焊缝位置并向水平侧钢板外侧移出 0.5～1mm，防止咬边。焊枪工作角和行进角如图 2-21 和图 2-22 所示。

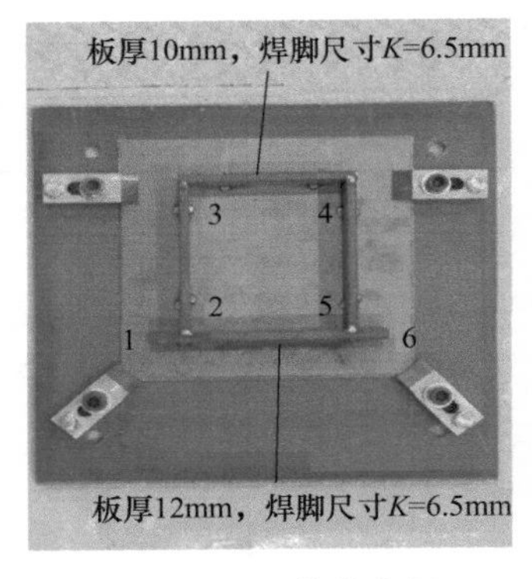

图 2-20　工件装夹图

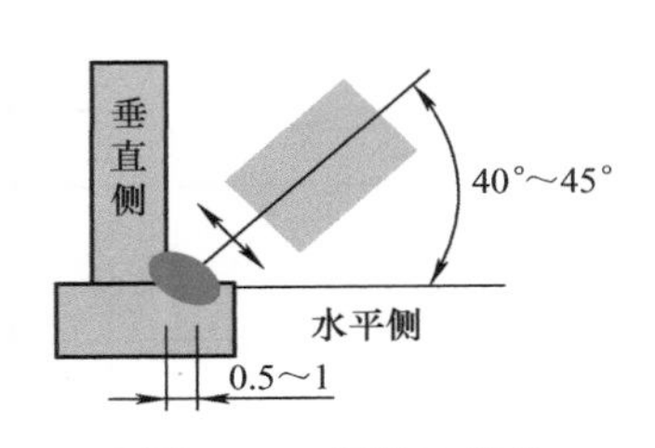

图 2-21　焊枪工作角

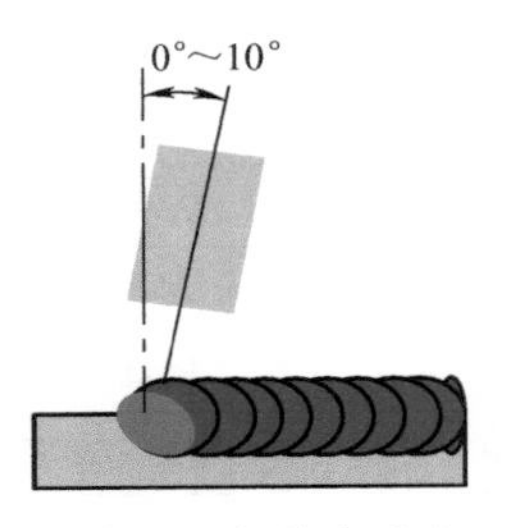

图 2-22　焊枪行进角

焊接方法为 MAG 焊。方形厚板组合件内、外周平角焊焊接参数见表 2-21。

表 2-21　方形厚板组合件内、外周平角焊焊接参数

焊接类型	焊接电流 /A	焊接电压 /V	焊接速度 /(m/min)	收弧电流 /A	收弧电压 /V	收弧时间 /s	气体流量 /(L/min)
外四周平角焊缝	280 ~ 290	24.5 ~ 25.2	0.3 ~ 0.4	190 ~ 200	21.2 ~ 21.5	0.3 ~ 0.5	18 ~ 20
内四周平角焊缝	270 ~ 280	24.0 ~ 24.5	0.35 ~ 0.4	180 ~ 190	21.0 ~ 21.2	0.3 ~ 0.4	18 ~ 20

【实操步骤】

方形厚板组合件内、外周平角焊的操作方法及步骤见表 2-22。

表 2-22　方形厚板组合件内、外周平角焊的操作方法及步骤

操作步骤	操作方法	操作图示	补充说明
外四周平角焊缝焊接起始点	先将机器人手臂逆时针旋转 180°，示教焊接起始点，选在直线段中部，设为 MOVEL（焊接点）	起始点 移动方向	工件位置在焊枪正下方，夹具压紧、压实，焊枪行进角 80°，焊枪工作角 45°
外四周平角焊缝转角 1 位置	外转角位置，圆弧段，设为 MOVEC（焊接点）		

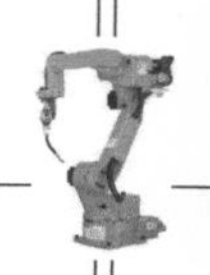

（续）

操作步骤	操作方法	操作图示	补充说明
外四周平角焊缝转角 2 位置	内转角位置，圆弧段，设为 MOVEC（焊接点）	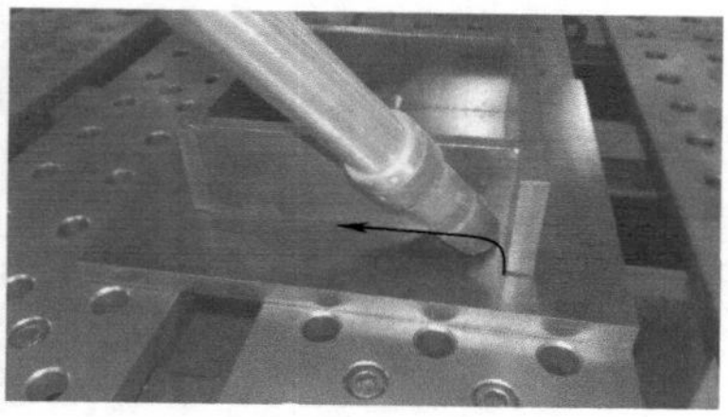	
外四周平角焊缝转角 3 位置	外转角位置，圆弧段，设为 MOVEC（焊接点）	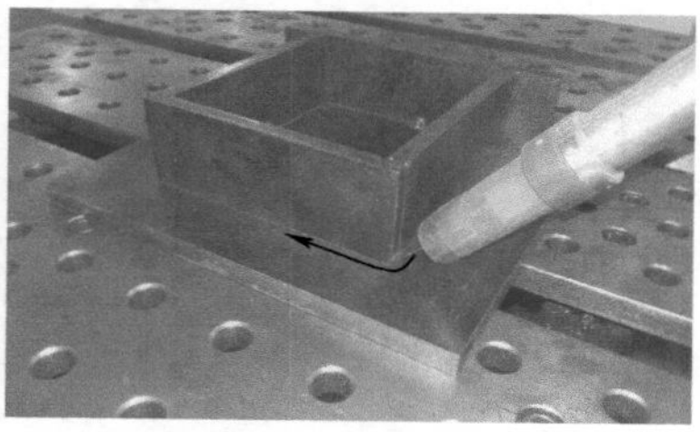	
外四周平角焊缝转角 4 位置 1	外转角位置，圆弧段，设为 MOVEC（焊接点）	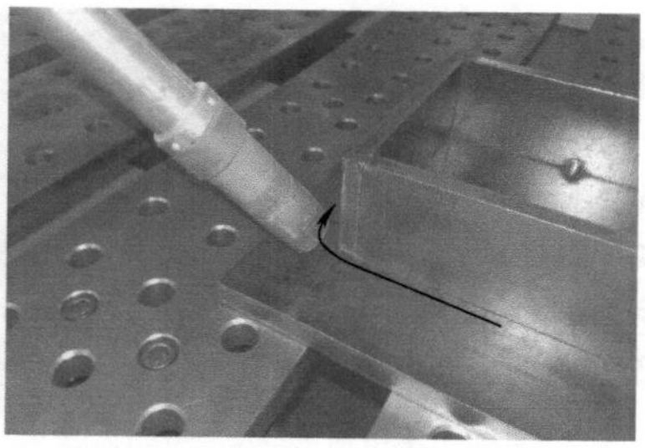	
外四周平角焊缝转角 4 位置 2	外转角位置转为直线位置，直线段，设为 MOVEL（焊接点）		
外四周平角焊缝转角 5 位置	内转角位置转为外转角位置，圆弧段，设为 MOVEC（焊接点），交点位置设置分离点	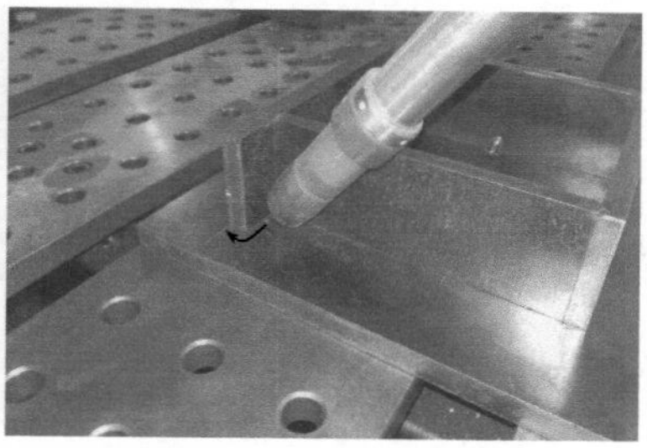	

（续）

操作步骤	操作方法	操作图示	补充说明
外四周平角焊缝转角 6 位置	外转角位置转为直线位置，圆弧段，设为 MOVEC（焊接点）	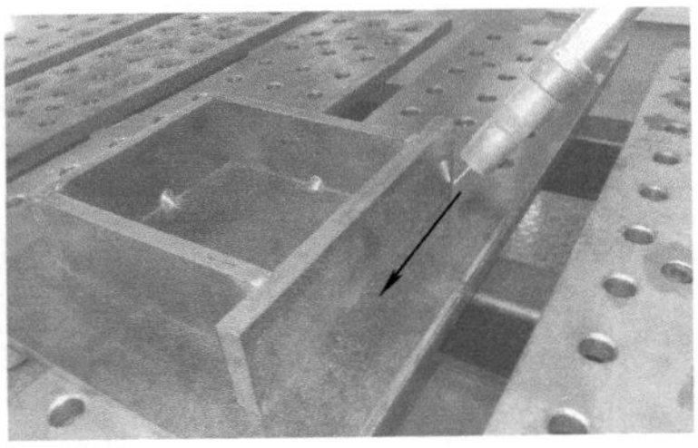	
外四周平角焊缝焊接结束点	此时，机器人手臂顺时针旋转 180°，直线段，焊接结束点，设为 MOVEL（空走点）	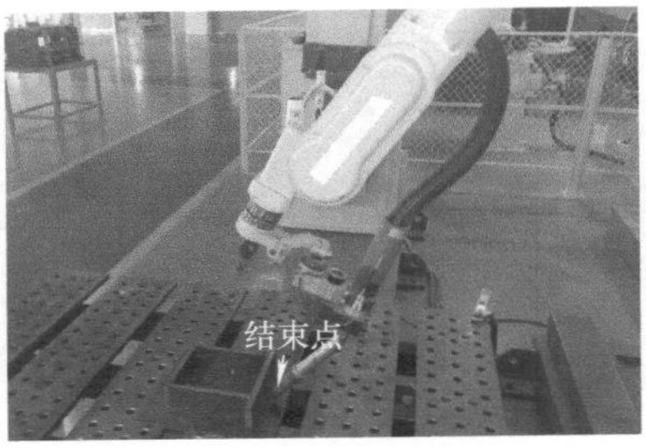	外四周平角焊缝焊接结束点后应增设过渡点（退避点），图略
内四周平角焊缝焊接起始点	先将机器人手臂逆时针旋转 180°，示教焊接起始点，选在直线段中部，MOVEL（焊接点），保持焊枪行进角 80°，焊枪工作角 45°	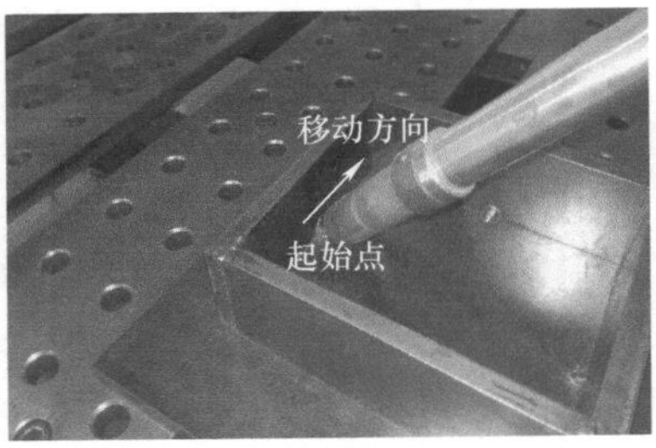	内四周平角焊缝焊接开始点前应增设过渡点（进枪点），图略
内四周平角焊缝转角 4 位置	直线转圆弧，设为 MOVEC（焊接点）	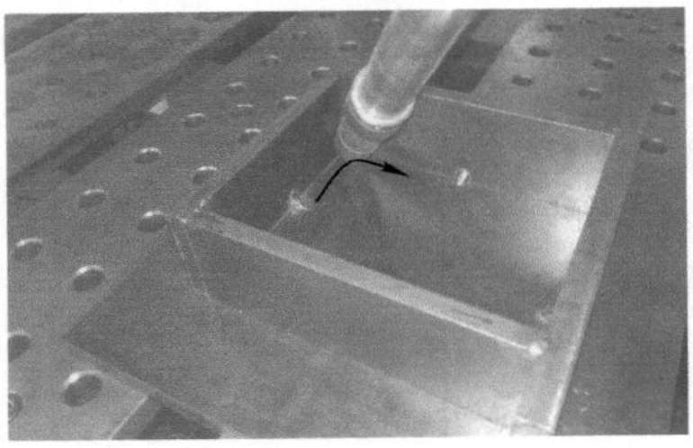	
内四周平角角焊缝转角 5 位置	直线转圆弧，设为 MOVEC（焊接点）		

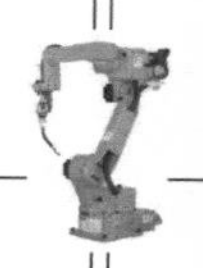

（续）

操作步骤	操作方法	操作图示	补充说明
内四周平角焊缝转角2位置	直线转圆弧，设为MOVEC（焊接点）		
内四周平角焊缝转角3位置	直线转圆弧，设为MOVEC（焊接点）		
内四周平角焊缝焊接结束点	圆弧转直线，设为MOVEL（空走点），此时，机器人手臂顺时针旋转180°	结束点	
焊接后的工件			
焊接程序		外四周平角焊缝程序 MOVEL P011 20.00m/min ARC-SET AMP=290 VOLT=25.2 S=0.4 ARC-ON ArcStart1 PROCESS=0 MOVEC P012 0.30m/min MOVEC P013 0.30m/min MOVEC P014 0.30m/min MOVEL P015 0.30m/min MOVEC P0 16 0.30m/min MOVEC P017 0.30m/min MOVEC P018 0.30m/min MOVEL P019 0.30m/min MOVEC P020 0.30m/min MOVEC P021 0.30m/min MOVEC P022 0.30m/min MOVEL P023 0.30m/min MOVEC P024 0.30m/min MOVEC P025 0.30m/min MOVEC P026 0.30m/min MOVEL P027 0.30m/min CRATER AMP=200 VOLT=21.5 T=0.50 ARC-OFF ArcEnd1 PROCESS=0	

（续）

操作步骤	操作方法	操作图示	补充说明
焊接程序		内四周平角焊缝程序 MOVEL P030 20.00m/min ARC-SET AMP=280 VOLT=24.5 S=0.35 ARC-ON ArcStart1 PROCESS=0 MOVEC P031 0.30m/min MOVEC P032 0.30m/min MOVEC P033 0.30m/min MOVEL P034 0.30m/min MOVEC P035 0.30m/min MOVEC P036 0.30m/min MOVEC P037 0.30m/min MOVEL P038 0.30m/min MOVEC P039 0.30m/min MOVEC P040 0.30m/min MOVEC P041 0.30m/min MOVEL P042 0.30m/min MOVEC P043 0.30m/min MOVEC P044 0.30m/min MOVEC P045 0.30m/min MOVEL P046 0.30m/min CRATER AMP=190 VOLT=21.2 T=0.30 ARC-OFF ArcEnd1 PROCESS=0	

【任务评价】

示教编程时间+焊接时间，每件60min内完成。方形厚板组合件内、外周平角焊任务评价见表2-23。

表2-23　方形厚板组合件内、外周平角焊任务评价（100分）

检查项目	标准、分数	评价等级				实际得分
焊脚尺寸	标准/mm	>6.5~7.0	>7.0，<6.5	>7.5，≤6.0	>8.0，≤5.5	
	分数	10	7	4	0	
焊缝高低差	标准/mm	≤1	>1~2	>2~3	>3	
	分数	10	7	4	0	
焊缝宽窄差	标准/mm	≤1.5	>1.5~2	>2~3	>3	
	分数	10	7	4	0	
咬边	标准/mm	0	深度≤0.5 长度≤15	深度≤0.5 长度>15~30	深度>0.5 长度>30	
	分数	10	7	4	0	
未焊透	标准/mm	0	深度≤0.5 长度≤15	深度≤0.5 长度>15~30	深度>0.5 长度>30	
	分数	10	7	4	0	
角变形	标准/(°)	≤1	>1~3	>3~5	>5	
	分数	10	7	4	0	
错边量	标准/mm	0	≤0.7	>0.7~1.2	>1.2	
	分数	10	7	4	0	
焊缝边缘直线度	标准/mm	≤0.5	>0.5~1	>1~2	>2	
	分数	10	7	4	0	

（续）

检查项目	标准、分数	评价等级				实际得分
焊缝表面成形		优	良	一般	差	
	标准	成形美观，焊纹均匀细密，高低宽窄一致	成形较好，焊纹均匀，焊缝平整	成形尚可，焊缝平直	焊缝弯曲，高低宽窄明显，有表面焊接缺陷	
	分数	20	14	8	0	
焊缝表面如有修补，该工件为0分 焊缝表面有裂纹、夹渣、未熔合、气孔、焊瘤等缺陷之一的，该工件为0分					总分	

项目六　CO_2/MAG 机器人鱼鳞纹焊接

【实操目的】

掌握 CO_2/MAG 机器人鱼鳞纹的示教与焊接。

【职业素养】

焊接是钢铁的裁缝，好比在钢铁上绣花，其实说的是“焊缝既要美观，还要有强度”。

【实操内容】

CO_2/MAG 机器人鱼鳞纹焊接。

【参考教材】

焊接机器人系列教材第一册《焊接机器人基本操作及应用》（第2版）；第五册《焊接机器人操作编程及应用》（ABB、KUKA、FANUC、安川、OTC 五品牌合编）。

【设备、工具及工件准备】

设备及工具准备明细见表2-24。

表2-24　设备及工具准备明细

序号	名称	型号与规格	单位	数量	备注
1	弧焊机器人	臂伸长1400mm	台	1	
2	焊丝	ER50－6、ϕ1.2mm	盒	1	
3	混合气	80%（体积分数）Ar＋20%（体积分数）CO_2	瓶	1	
4	头戴式面罩	自定	个	1	
5	纱手套	自定	副	1	
6	钢丝刷	自定	把	1	
7	尖嘴钳	自定	把	1	
8	扳手	自定	把	1	
9	钢直尺	自定	把	1	
10	十字螺钉旋具	自定	个	1	
11	敲渣锤	自定	把	1	
12	定位块	自定	个	2	
13	焊缝测量尺	自定	把	1	
14	粉笔	自定	根	1	
15	角向磨光机	自定	台	1	
16	劳保用品	帆布工作服、工作鞋等	套	1	

工件材料Q235；尺寸：水平板200mm（长）×100mm（宽）×6mm（厚）一块，立板200mm（长）×60mm（宽）×6mm（厚）一块，如图2-23和图2-24所示。

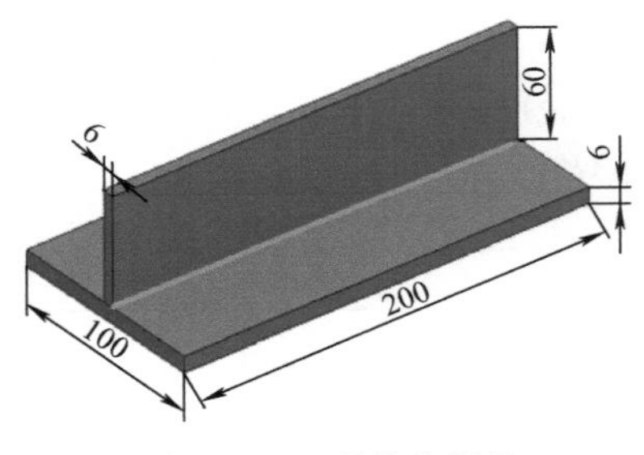

图2-23　T形接头焊缝

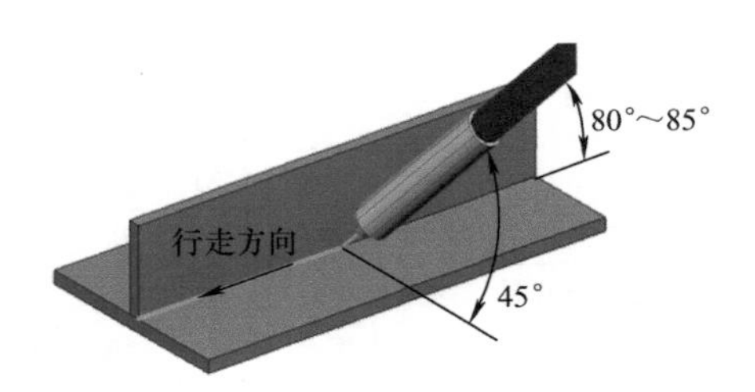

图2-24　焊枪工作角及行进角

【必备知识】

CO_2/MAG机器人鱼鳞纹焊接的效率比TIG（钨极氩弧焊）高50%，主要应用于补焊、堆焊和自行车三角架等薄板小电流焊接。松下G_{III}机器人系统中CO_2/MAG鱼鳞纹焊接功能有两种模式：一种是机器人每次停止后焊接（点线模式），机器人静止时施焊，施焊完机器人向前移动，反复起收弧，使焊道成形类似鱼鳞的焊接效果；另一种是机器人边移动边焊接（虚线模式），反复起收弧。

1. 机器人每次停止后焊接（点线模式）

机器人每移动一段距离后停止，并进行焊接，如图2-25所示。

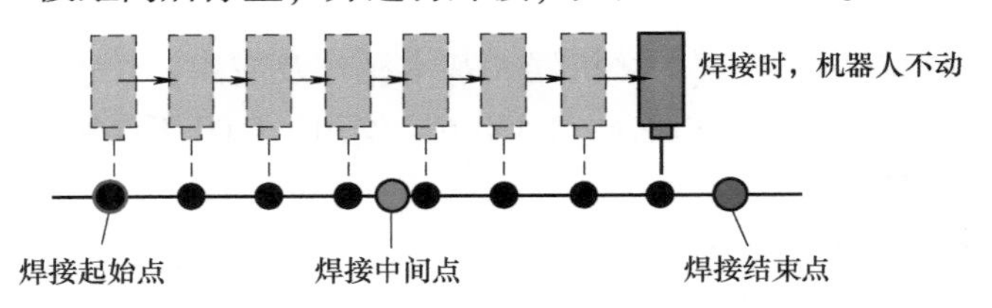

图2-25　点线模式示意图

点线模式鱼鳞纹焊接命令见表2-25。

表2-25　点线模式鱼鳞纹焊接命令

格式	STITCH－MOVE－ON　[位移间距][焊接时间]	
开始命令	STITCH－MOVE－ON	
结束命令	STITCH－MOVE－OFF	
功能	指定位移间距和焊接时间（焊接时机器人停止时间）后，反复执行位移动作	
变量1	位移间距	设定范围［0.1～99.9］单位为mm
变量2	焊接时间	设定范围［0.00～9.99］单位为s
使用条件	插补形态为直线或圆弧插补（MOVEP不能执行）	
锁定条件	无（电弧锁定时仍然执行，但不进行焊接）	
命令组	标准焊接	

点线模式鱼鳞纹焊接命令的应用：将点线模式鱼鳞纹焊接开始和结束命令STITCH－MOVE－ON和STITCH－MOVE－OFF分别添加到起、收弧命令的后面位置即可。

2. 机器人边移动边焊接（虚线模式）

在机器人移动过程中，反复进行起弧和收弧，但机器人不停止，如图 2-26 所示。

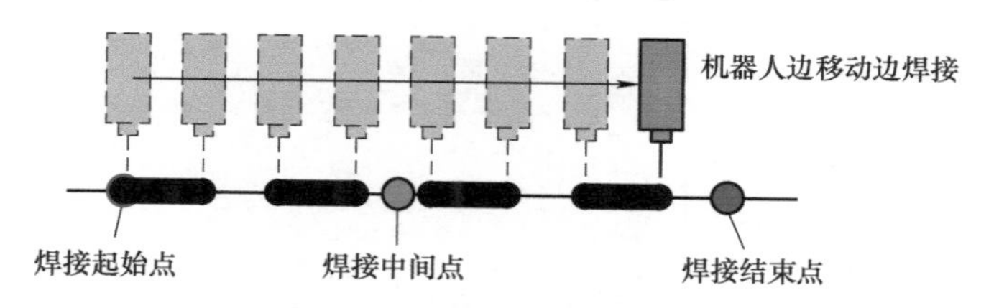

图 2-26　虚线模式示意图

虚线模式鱼鳞纹焊接开始和结束命令 STITCH－ARC－ON，STITCH－ARC－OFF 分别添加到起收弧指令的后面位置即可。

3. 自行车三角架工件鱼鳞纹焊接案例

自行车三角架工件鱼鳞纹焊接设备配置：TA1400 机器人，CO_2/MAG 焊接电源，ER50－6、ϕ0.8mm 焊丝，气体 80%（体积分数）Ar＋20%（体积分数）CO_2。焊接参数：焊接电流 90A，焊接电压 18V，焊接速度 0.6m/min，位移间距 2.6mm，焊接时间 0.15s，起弧电流 120A，起弧电压 21V。自行车三角架工件鱼鳞纹焊接效果如图 2-27 所示。

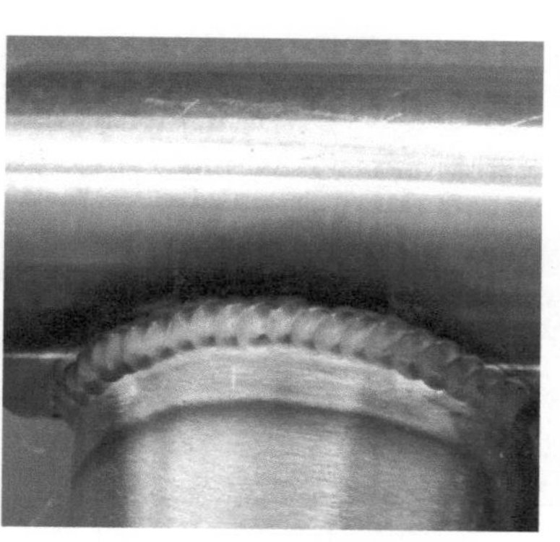

图 2-27　自行车三角架工件鱼鳞纹焊接效果

【实操建议】

CO_2/MAG 鱼鳞纹焊接焊接参数见表 2-26。

表 2-26　CO_2/MAG 鱼鳞纹焊接焊接参数

焊接类型	焊接电流/A	焊接电压/V	焊接速度/(m/min)	位移间距/mm	焊接时间/s
平角焊	90～100	17.0～17.2	0.4～0.5	2.6～3.0	0.15～0.25

【实操步骤】

CO_2/MAG 鱼鳞纹焊接的操作步骤及方法见表 2-27。

表 2-27　CO_2/MAG 鱼鳞纹焊接的操作步骤及方法

操作步骤	操作方法	操作图示	补充说明
原点	将工件定位焊组对好，放在焊枪位置的正下方并固定好，保存原点，设为 MOVEP（空走）		

（续）

操作步骤	操作方法	操作图示	补充说明
过渡点	将焊枪移至过渡点，此时焊枪在焊接起始点上方约100mm位置，应与焊接时的角度一致，设为过渡点，指令为MOVEL		此过渡点为进枪点位置点，建议在工具坐标系中移动焊枪
焊接起始点	示教焊接起始点（MOVEL），采用前进法焊接，使焊枪工作角为45°，行进角为80°		
设定点线模式	焊接指令ARC－ON后跟随STITCH－MOVE－ON指令。焊枪在*A*点到*B*点的一个位移间距完成一次起、收弧动作，整个焊道不断重复进行起、收弧动作		如在焊接中间点上出现停止时，将从停止点重新开始计算位移间距
鱼鳞纹焊接指令的添加	移动速度用ARC－SET指令设置，鱼鳞纹焊接指令在指令组中添加		位移间距和焊接时间在鱼鳞纹指令STITCH－MOVE－ON的变量［位移间距］和［焊接时间］中设定
焊接结束点	ARC－OFF指令后跟随STITCH－MOVE－OFF指令		最后一个间距和结束点重合时，最后一个点将不进行焊接，如果收弧点设置了时间，将进行收弧处理

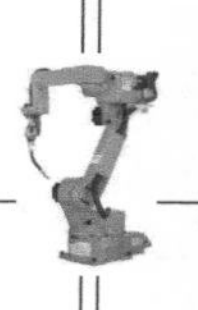

（续）

操作步骤	操作方法	操作图示	补充说明
过渡点	在收弧点上方 20mm 位置设置过渡点 MOVEL		此过渡点为退枪点位置点，建议在工具坐标系中移动焊枪
回到原点	指令为 MOVEP		将该程序第一条机器人原点程序复制后粘贴到程序最后一行，使机器人回到原点位置
鱼鳞纹焊接			
焊接程序		Prog0957 0016 1:Mech1 : Robot 0002 Begin of Program 0003 TOOL = 1 : TOOL01 0004 MOVEP P001 , 6.00m/min, 0005 MOVEL P002 , 6.00m/min, 0006 MOVEL P003 , 6.00m/min, 0007 ARC-SET AMP = 100 VOLT= 17.2 S = 0.50 0008 ARC-ON ArcStart1 PROCESS = 0 0009 STITCH-MOVE-ON 3.0 mm 0.25 s 0010 MOVEL P004 , 6.00m/min, 0011 CRATER AMP = 100 VOLT= 18.0 T = 0.20 0012 ARC-OFF ArcEnd1 PROCESS = 0 0013 STITCH-MOVE-OFF 0014 MOVEL P005 , 6.00m/min, 0015 MOVEP P006 , 6.00m/min, 0016 END	

【任务评价】

CO_2/MAG 鱼鳞纹焊接任务评价见表 2-28。

表 2-28　CO_2/MAG 鱼鳞纹焊接任务评价（100 分）

检查项目	标准、分数	评价等级				实际得分
焊脚尺寸	标准/mm	>3.5～4.5	>4.5，≤3.5	>5，≤3	>6，<2.5	
	分数	10	7	4	0	
焊缝高低差	标准/mm	≤1	>1～2	>2～3	>3	
	分数	10	7	4	0	

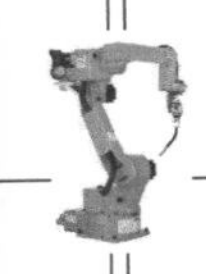

（续）

检查项目	标准、分数	评价等级				实际得分
咬边	标准/mm	0	深度≤0.5 长度≤15	深度≤0.5 长度>15~30	深度>0.5 长度>30	
	分数	10	7	4	0	
错边量	标准/mm	0	≤0.7	>0.7~1.2	>1.2	
	分数	10	7	4	0	
焊缝表面成形	标准	优	良	一般	差	
		鱼鳞纹成形美观，焊纹均匀细密，高低宽窄一致	鱼鳞纹成形较好，焊纹均匀，焊缝平整	鱼鳞纹成形尚可，焊缝平直	鱼鳞纹焊缝弯曲，高低宽窄明显，有表面焊接缺陷	
	分数	10	8	6	0	
焊缝表面如有修补，该工件为0分 焊缝表面如有裂纹，夹渣、未熔合、气孔、焊瘤等缺陷之一的，该工件为0分					总分	

项目七　焊缝平移功能的操作应用

【实操目的】

正确理解焊缝平移的目的和意义，掌握焊缝平移操作应用。

【职业素养】

勤能补拙、勤能生巧。

【实操内容】

焊缝平移。

在实际生产中，有时需要将已经编好的工件位置进行 X、Y、Z 坐标方向的平移，或将同样类型的工件进行复制程序再平移操作，减少重复性示教工作，提高工作效率。焊缝平移示意图如图2-28所示。

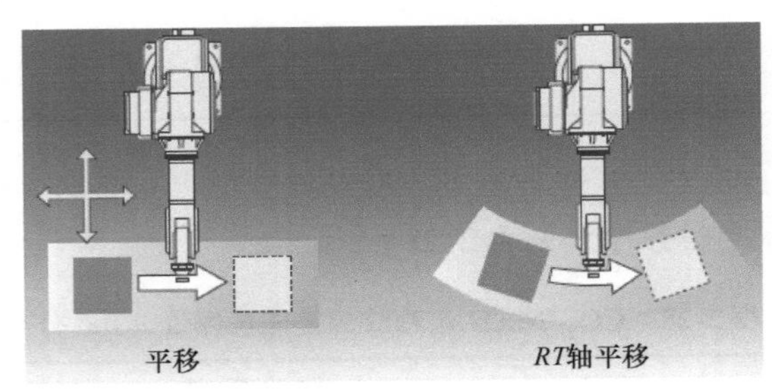

图2-28　焊缝平移示意图

【参考教材】

焊接机器人系列教材第一册《焊接机器人基本操作及应用》（第2版）；第五册《焊接机器人操作编程及应用》（ABB、KUKA、FANUC、安川、OTC五品牌合编）。

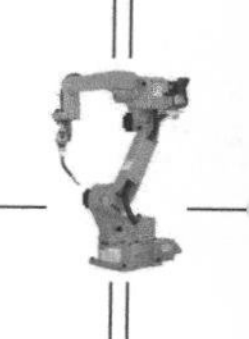

【设备、工具及工件准备】

设备及工具准备明细见表 2-29。

表 2-29 设备及工具准备明细

序号	名称	型号与规格	单位	数量	备注
1	弧焊机器人	臂伸长 1400mm	台	1	
2	焊丝	ER50－6、ϕ1.2mm	盒	1	
3	纱手套	自定	副	1	
4	钢丝刷	自定	把	1	
5	尖嘴钳	自定	把	1	
6	扳手	自定	把	1	
7	钢直尺	自定	把	1	
8	十字螺钉旋具	自定	个	1	

工件材料 Q235；尺寸：水平板 200mm（长）× 100mm（宽）× 6mm（厚）一块，立板 200mm（长）× 60mm（宽）× 6mm（厚）一块，T 形接头工件尺寸及焊缝如图 2-29 所示。

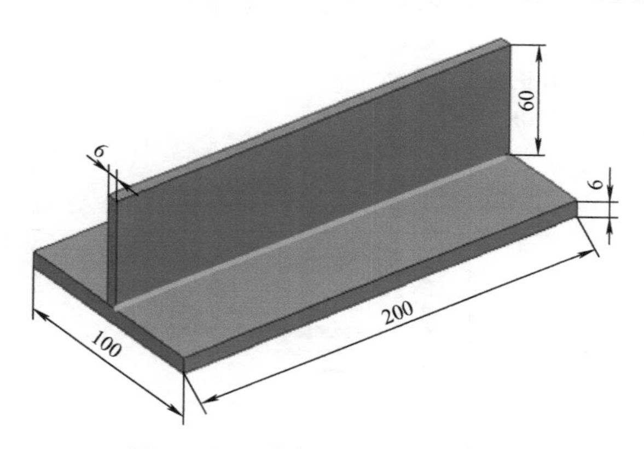

图 2-29 T 形接头工件尺寸及焊缝

【实操建议】

在 *X*、*Y*、*Z* 坐标方向平移和 *RT* 轴平移练习时，不要平移机器人原点。

【实操步骤】

X、*Y*、*Z* 坐标方向平移的操作步骤及方法见表 2-30。

表 2-30 *X*、*Y*、*Z* 坐标方向平移的操作步骤及方法

操作步骤	操作方法	操作图示	补充说明
单击编辑按钮	在菜单上单击编辑按钮，然后将光标移至 +α 上		

（续）

操作步骤	操作方法	操作图示	补充说明
选择“变换补正”选项	单击按钮 + α 后，进入平移操作界面，选择“变换补正”选项	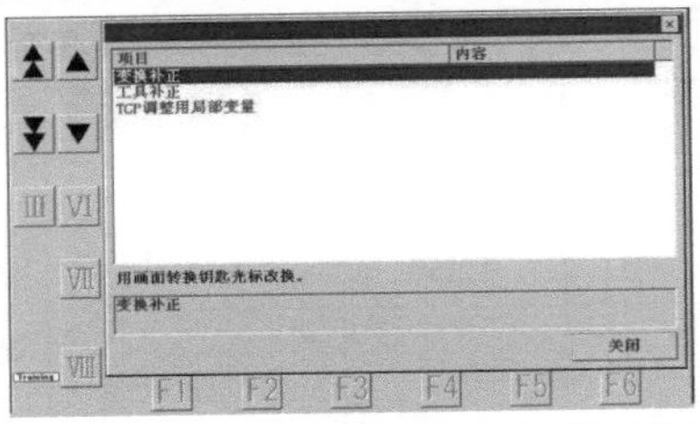 项目 内容 变换补正 工具补正 TCP调整用局部变量 用画面转换钥匙光标改换。 变换补正 关闭 F1 F2 F3 F4 F5 F6	
进入查找程序界面	进入查找程序界面，指定要进行变换补正的程序，单击“浏览”按钮	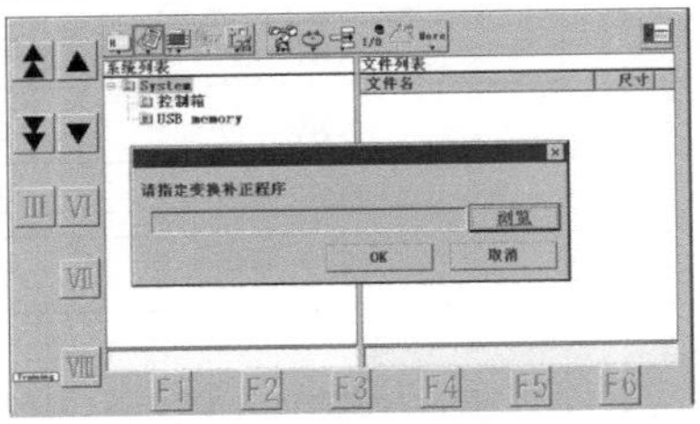 系统列表 System 控制箱 USB memory 文件列表 文件名 尺寸 请指定变换补正程序 浏览 OK 取消 F1 F2 F3 F4 F5 F6	
进入程序浏览界面	进入程序浏览界面，指定要进行变换补正的程序后，单击“OK”按钮	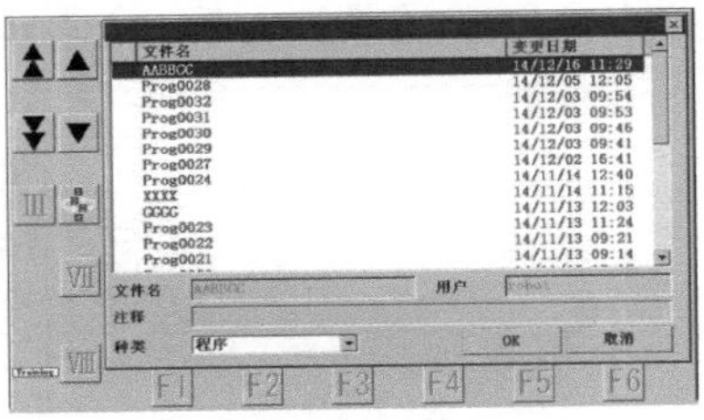 文件名 变更日期 AABBCC 14/12/16 11:29 Prog0028 14/12/05 12:05 Prog0032 14/12/03 09:54 Prog0031 14/12/03 09:53 Prog0030 14/12/03 09:46 Prog0029 14/12/03 09:41 Prog0027 14/12/02 16:41 Prog0024 14/11/14 12:40 XXXX 14/11/14 11:15 GGGG 14/11/13 12:03 Prog0023 14/11/13 11:24 Prog0022 14/11/13 09:21 Prog0021 14/11/13 09:14 文件名 AABBCC 用户 robot 注释 种类 程序 OK 取消 F1 F2 F3 F4 F5 F6	
返回查找程序界面	返回查找程序界面后，单击“OK”按钮	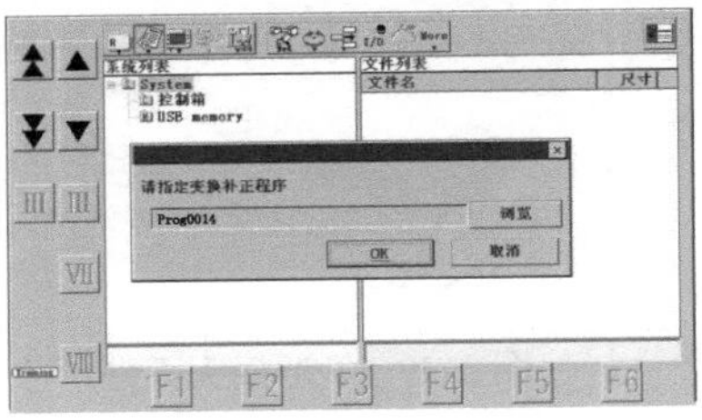 系统列表 System 控制箱 USB memory 文件列表 文件名 尺寸 请指定变换补正程序 Prog0014 浏览 OK 取消 F1 F2 F3 F4 F5 F6	
选择“平行移动”选项	在功能项目下拉列表框中选择“平行移动”选项，单击“OK”按钮	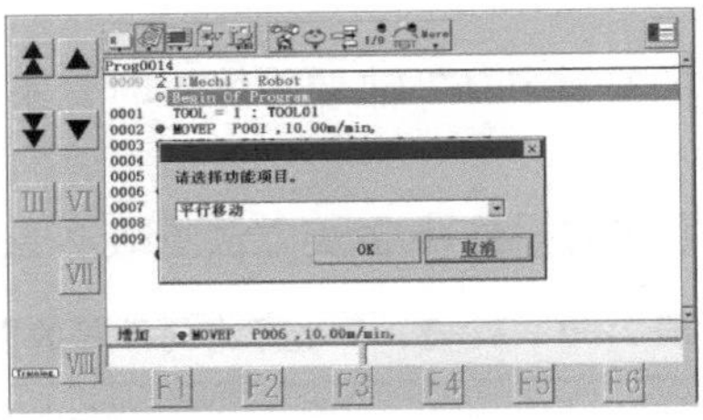 Prog0014 0009 1:Mech1 : Robot Begin Of Program 0001 TOOL = 1 : TOOL01 0002 MOVEP P001 , 10.00m/min. 0003 0004 0005 0006 0007 0008 0009 请选择功能项目。 平行移动 OK 取消 增加 MOVEP P006 , 10.00m/min. F1 F2 F3 F4 F5 F6	如果需要进行工位之间的平移，在下拉列表框中选择“*RT* 轴平移”选项
选择变换区间	选择“全部程序”区间进行平移	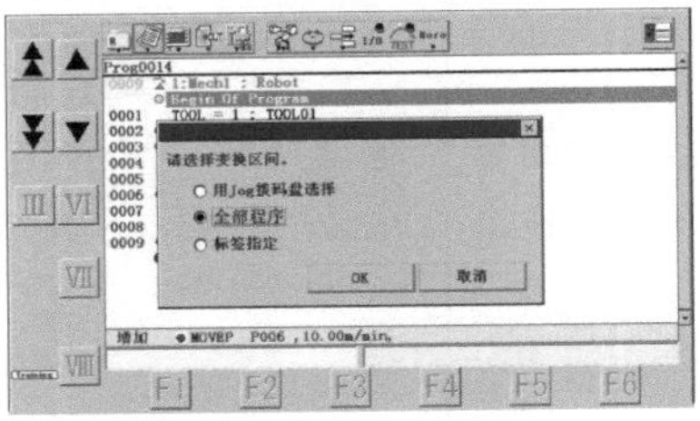 Prog0014 0009 1:Mech1 : Robot Begin Of Program 0001 TOOL = 1 : TOOL01 0002 0003 0004 0005 0006 0007 0008 0009 请选择变换区间。 用Jog拨码盘选择 全部程序 标签指定 OK 取消 增加 MOVEP P006 , 10.00m/min. F1 F2 F3 F4 F5 F6	

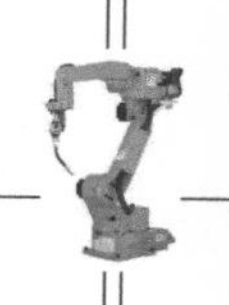

（续）

操作步骤	操作方法	操作图示	补充说明
完成设定	在 X、Y、Z 中填入要平移的数值（单位为mm），选择在已选定程序中的全区间、焊接区间或是空走区间进行焊缝平移		平移的数值为“+”或“-”，注意不要平移机器人原点
焊缝平移完成	确定设定无误后，单击“OK”按钮，变换补正完成		变换补正即焊缝平移
	退出时保存焊缝平移设定。机器人再现时，焊接起始点由 P_2 变为 P_2'		实操时，可将工件向后移20mm（$-X$ 方向），验证平移效果。左图中，P_1 为过渡点（进枪点），P_2 为焊接起始点，P_2' 为平移后的焊接起始点

【任务评价】

焊缝平移任务评价见表2-31。

表2-31 焊缝平移任务评价（100分）

任务内容	标准、规范（分数）	实际操作（得分）	合格/不合格
进入查找程序界面	10		
进入程序浏览界面，指定要进行变换补正的程序	20		
“平行移动”选项操作	20		
选择变换区间	20		
完成变换补正设定	20		
验证平移效果	10		
总成绩			

项目八 多工位机器人自动启动设置

【实操目的】

掌握多工位机器人自动启动设置的步骤及方法。

【职业素养】

劳动最美丽，工作最光荣，焊接最出彩。

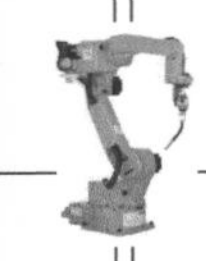

【实操内容】

多工位机器人自动启动设置。

【参考教材】

焊接机器人系列教材第一册《焊接机器人基本操作及应用》(第2版)。

【设备及工具准备】

设备及工具准备明细见表2-32。

表2-32　设备及工具准备明细

序号	名称	型号与规格	单位	数量	备注
1	弧焊机器人	臂伸长1400mm	台	1	
2	焊丝	ER50－6、ϕ1.2mm	盒	1	
3	纱手套	自定	副	1	
4	钢丝刷	自定	把	1	
5	尖嘴钳	自定	把	1	
6	扳手	自定	把	1	
7	钢直尺	自定	把	1	
8	十字螺钉旋具	自定	个	1	
9	机器人外部启动盒	自定	个	1	

【必备知识】

在实际工作中，通常需要采用外部启动，即使用外部启动盒启动机器人。这就需要对机器人进行设置。程序启动前，必须指定一个用户输入/输出端子，此端子负责接收外部发出的启动信号。在自动启动方法下，设置或编辑指定的端子。输入/输出指定对话框如图2-30和图2-31所示。

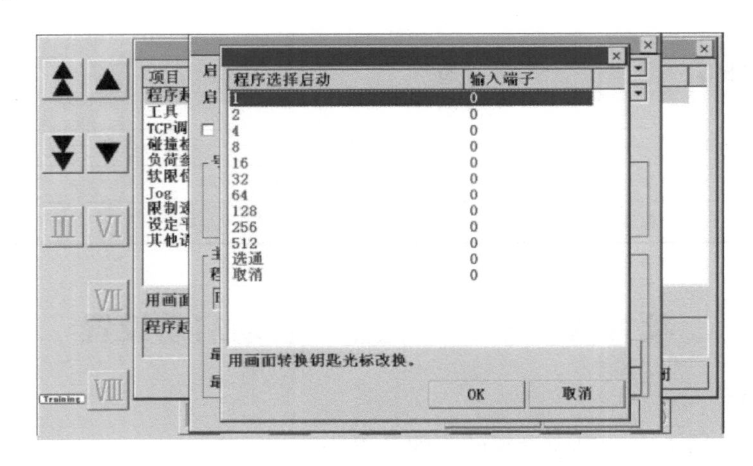

图2-30　输入指定对话框

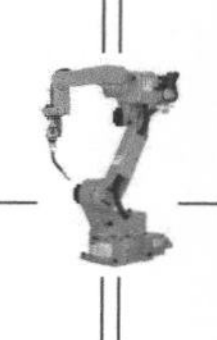

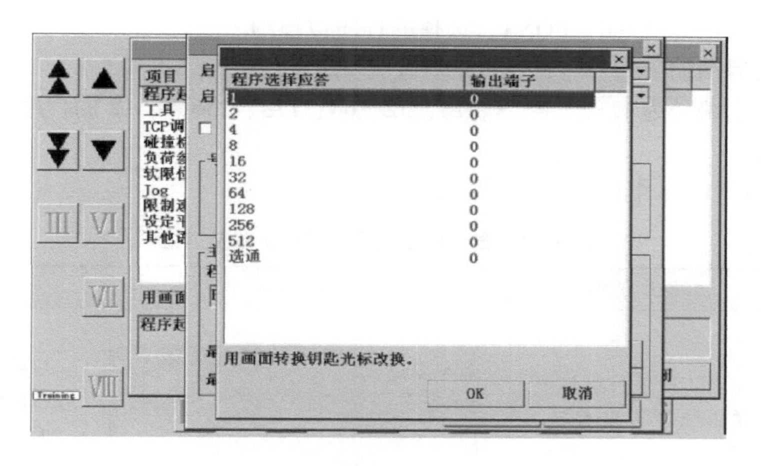

图 2-31　输出指定对话框

程序启动方法有两种，即手动和自动启动。自动启动方法又分为外部信号启动方法、主动方法和编号指定方法。程序启动方法见表 2-33。

表 2-33　程序启动方法

启动方法			描　述
手动	示教器启动方法		使用示教器上的启动按钮来运行一个程序
自动	外部信号启动方法		使用外部的信号输入来运行一个程序
	主动方法主程序启动方法		当从外部收到启动信号时运行一个主程序
	编号指定方法	信号方法	运行编号为 1、2、4、8、16、32、64、128、256 和 512 的程序
		二进制方法	运行一个程序，此程序的编号与用户所设置的数值之和相等。此种方法可运行的程序编号为 1～999
		BCD 方法	四个端子作为一组，设置所要运行程序的每一位编号。此种方法可运行的程序编号为 1～999

1. 主程序启动方法

在系统中设定要运行的主程序。示教器模式选择开关切换到“Auto”位置，则用户所指定的主程序自动处于待运行状态。当从外部接收到启动信号时，运行主程序。程序运行结束后，机器人将会自动准备再次运行主程序。在自动启动方法下，设置启动的主程序文件编号。当需要启动和运行其他程序时，可使用 CALL（程序调用指令）将程序调用到主程序文件中启动。

例如：双工位机器人系统，一工位执行 A 程序、二工位执行 B 程序，则程序选择方法是 A 程序运行时，B 程序被预约，则 A 程序运行结束后会自动运行 B 程序。

2. 编号指定方法

本书只介绍信号方法启动。

1）启动输入状态打开时（ON），选择的程序被预约。

2）接收到启动输入信号时，选择的程序开始运行。

3）可以指定编号为1、2、4、8、16、32、64、128、256和512的程序为启动文件。

【实操步骤】

自动启动设置的操作步骤及方法见表2-34。

表2-34　自动启动设置的操作步骤及方法

操作步骤	操作方法	操作图示	补充说明
打开启动方法设置对话框	在“设置”菜单上，单击“基本设置”→“程序启动方法”按钮，显示启动方法设置对话框，启动文件为Prog0001	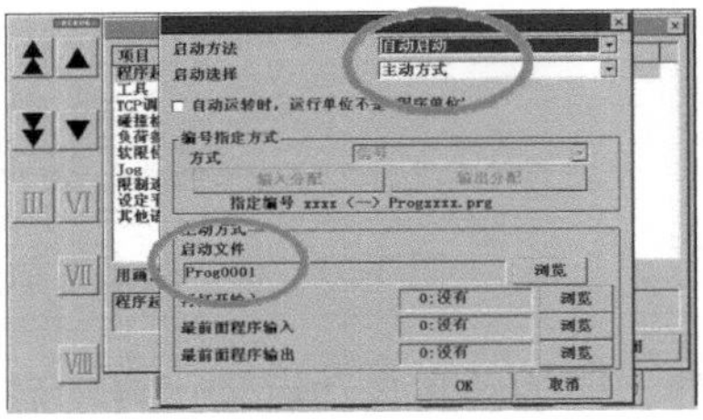 启动方法 启动选择　主动方式 编号指定方式 方式 输入分配　输出分配 指定编号 xxxx 〈—〉 Progxxxx.prg 启动文件 Prog0001　浏览 0:没有　浏览 最前面程序输入　0:没有　浏览 最前面程序输出　0:没有　浏览 OK　取消	启动方法：用于选择手动或自动启动方法 启动选择：用于选择“编号指定方式”或“主动方式”，本项目选择“编号指定方式”
流程指令组中选择CALL指令	在流程指令组中选择CALL（调用程序）指令	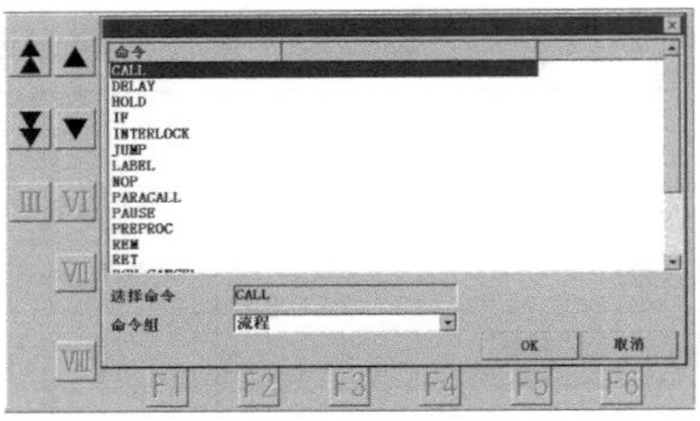 命令 CALL DELAY HOLD IF INTERLOCK JUMP LABEL NOP PARACALL PAUSE PREPROC REM RET 选择命令　CALL 命令组　流程 OK　取消 F1 F2 F3 F4 F5 F6	
调用程序QQJS	运用流程指令CALL，将程序QQJS调用到主程序Prog0001中执行	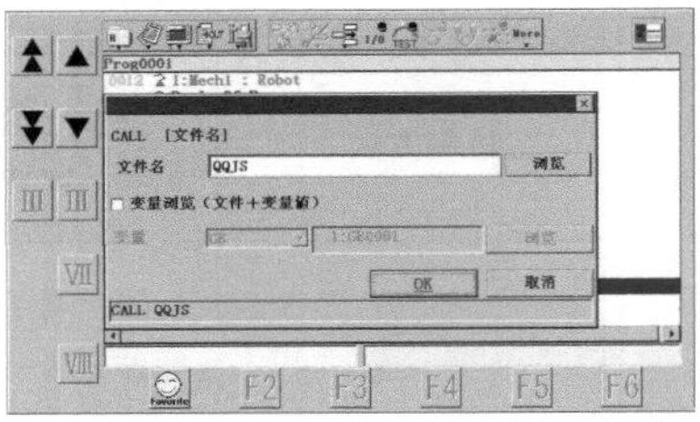 Prog0001 0012 1:Mech1 : Robot CALL [文件名] 文件名　QQJS　浏览 变量浏览（文件+变量值） OK　取消 CALL QQJS F2 F3 F4 F5 F6	
执行QQJS程序	机器人动作按照次序指令，至QQJS这一行时，执行该程序	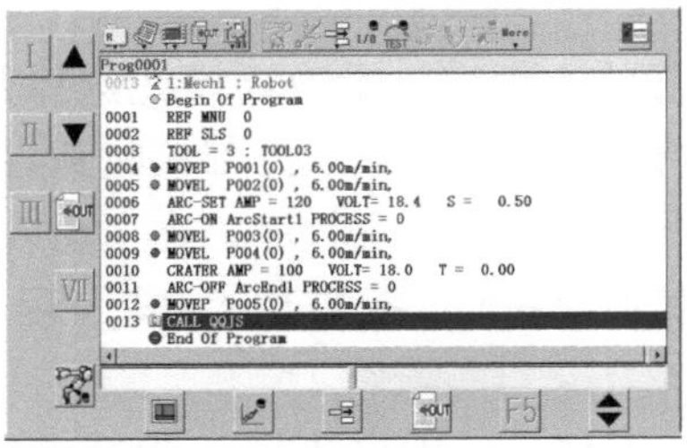 Prog0001 0013 1:Mech1 : Robot Begin Of Program 0001 REF MNU 0 0002 REF SLS 0 0003 TOOL = 3 : TOOL03 0004 MOVEP P001(0) , 6.00m/min, 0005 MOVEL P002(0) , 6.00m/min, 0006 ARC-SET AMP = 120 VOLT= 18.4 S = 0.50 0007 ARC-ON ArcStart1 PROCESS = 0 0008 MOVEL P003(0) , 6.00m/min, 0009 MOVEL P004(0) , 6.00m/min, 0010 CRATER AMP = 100 VOLT= 18.0 T = 0.00 0011 ARC-OFF ArcEnd1 PROCESS = 0 0012 MOVEP P005(0) , 6.00m/min, 0013 CALL QQJS End Of Program	

【任务评价】

多工位机器人自动启动设置任务评价见表2-35。

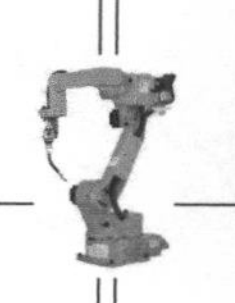

表 2-35　多工位机器人自动启动设置任务评价（100 分）

任务内容	标准、规范（分数）	实际操作（得分）	合格/不合格
进入“设置”菜单界面	10		
进入“基本设定”子菜单	10		
启动方法的选项操作	20		
启动选择的选项操作	20		
启动文件的设定	20		
调用指令 CALL 的应用	10		
外部启动验证	10		
总成绩			

第三部分

高级工

项目一　自行车三角架固定工位焊接

【实操目的】

掌握管状相贯线焊接——自行车三角架固定工位焊接的操作方法。

【职业素养】

培养精准、快速、协同、规范的机器人焊接岗位人员职业素养。

【实操内容】

自行车三角架固定工位机器人焊接。

【参考教材】

焊接机器人系列教材第一册《焊接机器人基本操作及应用》（第2版）；第五册《焊接机器人操作编程及应用》（ABB、KUKA、FANUC、安川、OTC五品牌合编）。

【设备、工具及工件准备】

设备及工具准备明细见表3-1。

表3-1　设备及工具准备明细

序号	名称	型号与规格	单位	数量	备注
1	弧焊机器人	臂伸长1400mm	台	1	
2	焊丝	ER50－6、ϕ1.0mm	盒	1	
3	混合气	80%（体积分数）Ar＋20%（体积分数）CO_2	瓶	1	
4	头戴式面罩	自定	个	1	
5	纱手套	自定	副	1	
6	钢丝刷	自定	把	1	
7	尖嘴钳	自定	把	1	
8	扳手	自定	把	1	
9	钢直尺	自定	把	1	
10	十字螺钉旋具	自定	个	1	
11	敲渣锤	自定	把	1	
12	定位块	自定	个	2	
13	焊缝测量尺	自定	把	1	
14	粉笔	自定	根	1	
15	角向磨光机	自定	台	1	
16	劳保用品	帆布工作服、工作鞋等	套	1	

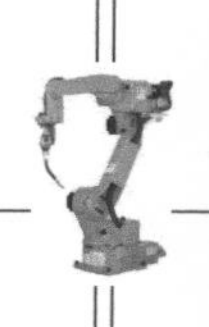

工件材料 Q235；尺寸：管 φ48mm×1.2mm（厚）×300mm（长）一根，管 φ48mm×1.2mm（厚）×400mm（长）一根，管 φ48mm×1.2mm（厚）×500mm（长）一根，管 φ48mm×1.2mm（厚）×150mm（长）一根，管 φ60mm×1.2mm（厚）×60mm（长）一根，管角接形成的相贯线焊缝八条。自行车三角架工件尺寸如图 3-1 所示。

自行车三角架工件按尺寸组对定位好，固定于工作台上。工件摆放的位置应满足焊枪的动作区间无死角。

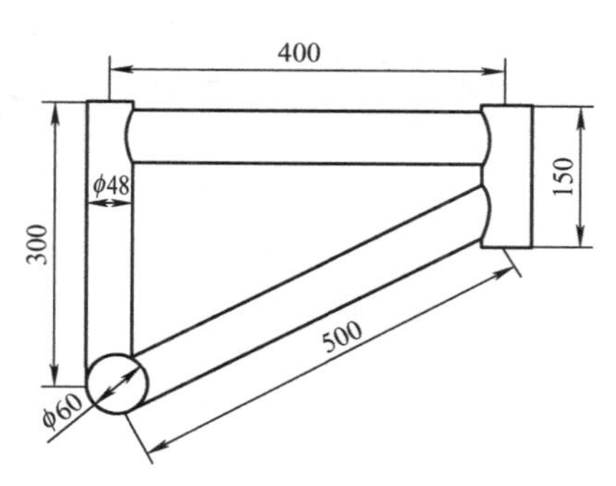

图 3-1　自行车三角架工件尺寸

【实操建议】

自行车三角架接头部位焊缝为相贯线，以某自行车生产企业的产品为例，自行车三角架采用双固定工位 MAG 焊接，接近全位置焊接，管壁薄（1.2mm），要求组合精度高，并且容易出现焊瘤、焊穿等缺陷，焊接难度较大，因此需要非常精准的示教和最佳的焊接参数。在实际工作中，机器人在第一工位焊接时，第二工位装卸，循环往复，装卸时间不占用机器人节拍。

自行车三角架焊缝轨迹规划如图 3-2 所示。

图 3-2　自行车三角架焊缝轨迹规划

在图 3-2 中，自行车三角架共有八条焊缝：正面焊缝标记为 1－2、3－4－5、6－7、8－9，背面焊缝标记为 1′－2′、3′－4′－5′、6′－7′、8′－9′。为保证工件起弧点质量，每条焊缝的起弧电流为 120A，起弧电压为 21V。自行车三角架焊接焊接参数见表 3-2。

表 3-2　自行车三角架焊接焊接参数

焊接类型	焊接电流/A	焊接电压/V	焊接速度/(m/min)	收弧电流/A	收弧电压/V	收弧时间/s	气体流量/(L/min)
所有焊缝焊接	90～95	17～18	0.5～0.6	60～65	15.2～15.5	0.2～0.3	12～15

外观要求焊缝宽 4～5mm，平滑不凸起，表面美观。焊接节拍 75～85s。同时要设定合适的过渡点，防止机器人与工件之间发生碰撞。

【实操步骤】

将工件摆放在机器人焊枪部位的正下方，固定好。焊前准备做完后，开始示教始点（原点）。自行车三角架固定工位焊接操作步骤及方法见表 3-3。

表 3-3 自行车三角架固定工位焊接操作步骤及方法

操作步骤	操作方法	操作图示	补充说明
焊缝 1－2 焊接起始点	示教焊缝 1－2 焊接起始点，此点之前，在距焊接起始点 10mm 处设过渡点（进枪点）		焊枪采用前进法，倾角 10°，对准焊缝，干伸长始终保持 15mm
焊缝 1－2 焊接中间点	示教焊缝 1－2 焊接中间点，三个圆弧示教点，做一次示教点分离，插入 MOVEL		焊枪采用前进法，倾角 10°，对准焊缝，干伸长始终保持 15mm
焊缝 1－2 焊接结束点	示教焊缝 1－2 焊接结束点。此后在距焊接结束点 10mm 处设过渡点（退枪点）	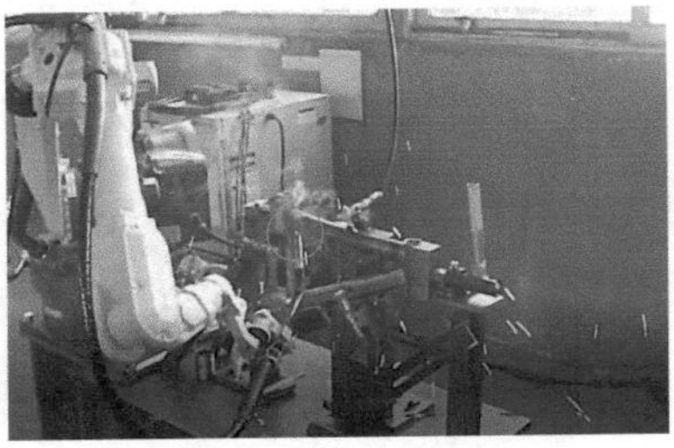	焊枪采用前进法，倾角 10°，对准焊缝，干伸长始终保持 15mm
焊缝 3－4－5 焊接起始点	示教将焊枪顺时针旋转 180°，在距焊接起始点 10mm 处设过渡点（进枪点），然后移至 3－4－5 焊缝焊接起始点		焊枪采用前进法，倾角 10°，对准焊缝，干伸长始终保持 15mm
焊缝 3－4－5 焊接中间点	示教焊缝 3－4－5 焊接中间点，三个圆弧示教点，做一次示教点分离，插入 MOVEL		焊枪采用前进法，倾角 10°，对准焊缝，干伸长始终保持 15mm

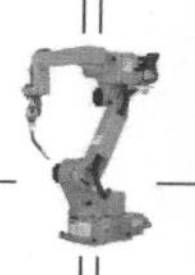

（续）

操作步骤	操作方法	操作图示	补充说明
焊缝 3－4－5 焊接结束点	示教焊缝 3－4－5 的焊接结束点，此后在距焊接结束点 10mm 处设过渡点（退枪点）		焊枪采用前进法，倾角 10°，对准焊缝，干伸长始终保持 15mm
焊缝 6－7 焊接起始点	示教焊缝 6－7 焊接起始点，将机器人焊枪绕 *TW* 轴方向顺时针旋转 180°，在距焊接起始点 10mm 处设过渡点（进枪点）		焊枪采用前进法，倾角 10°，对准焊缝，干伸长始终保持 15mm
焊缝 6－7 焊接中间点	示教焊缝 6－7 焊接中间点，三个圆弧示教点，做一次示教点分离，插入 MOVEL		焊枪采用前进法，倾角 10°，对准焊缝，干伸长始终保持 15mm
焊缝 6－7 焊接结束点	示教焊缝 6－7 焊接结束点，此后在距焊接结束点 10mm 处设过渡点（退枪点）		焊枪采用前进法，倾角 10°，对准焊缝，干伸长始终保持 15mm
焊缝 8－9 焊接起始点	示教焊缝 8－9 焊接起始点，此点之前，在距焊接起始点 10mm 处设过渡点（进枪点）		焊枪采用前进法，倾角 10°，对准焊缝，干伸长始终保持 15mm

（续）

操作步骤	操作方法	操作图示	补充说明
焊缝 8－9 焊接中间点	示教焊缝 8－9 焊接中间点，三个圆弧示教点，做一次示教点分离，插入 MOVEL	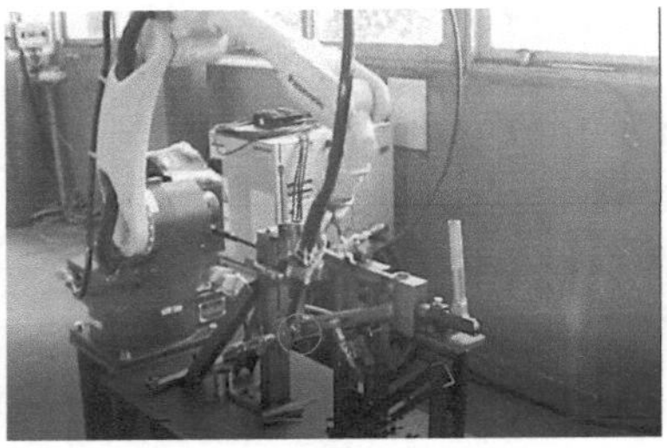	焊枪采用前进法，倾角 10°，对准焊缝，干伸长始终保持 15mm
焊缝 8－9 焊接结束点	示教焊缝 8－9 焊接结束点，此后在距焊接结束点 10mm 处设过渡点（退枪点）	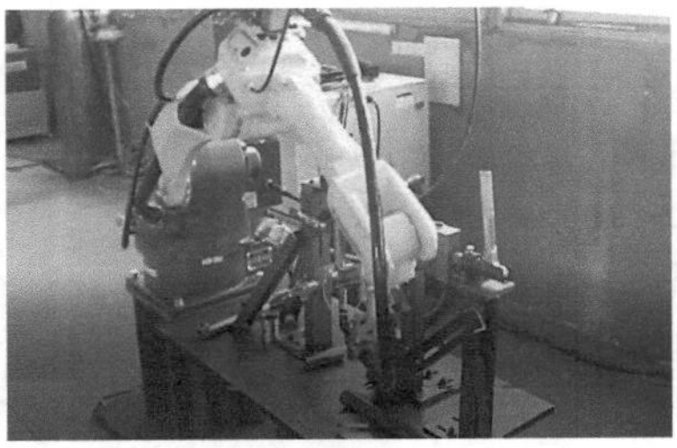	焊枪采用前进法，倾角 10°，对准焊缝，干伸长始终保持 15mm
焊缝 1′－2′焊接起始点	示教焊缝 1′－2′焊接起始点，此点之前，在距焊接起始点 10mm 处设过渡点（进枪点）		焊枪采用前进法，倾角 10°，对准焊缝，干伸长始终保持 15mm
焊缝 1′－2′焊接中间点	示教焊缝 1′－2′焊接中间点，三个圆弧示教点，做一次示教点分离，插入 MOVEL		焊枪采用前进法，倾角 10°，对准焊缝，干伸长始终保持 15mm
焊缝 1′－2′焊接结束点	示教焊缝 1′－2′焊接结束点，此后在距焊接结束点 10mm 处设过渡点（退枪点）	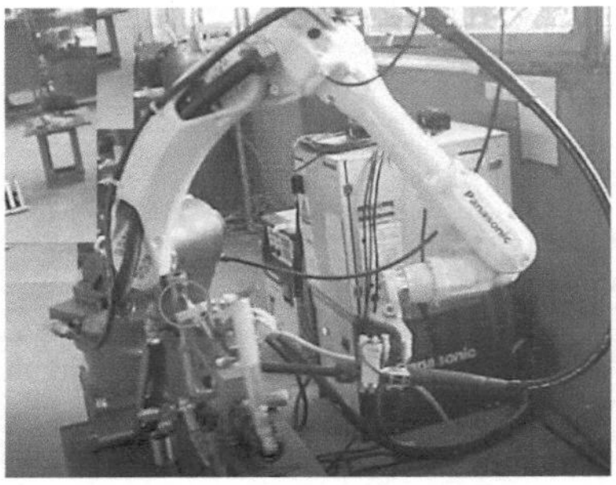	焊枪采用前进法，倾角 10°，对准焊缝，干伸长始终保持 15mm

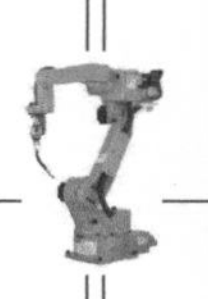

（续）

操作步骤	操作方法	操作图示	补充说明
焊缝3′-4′-5′焊接起始点	示教焊缝3′-4′-5′焊接起始点，将焊枪绕*TW*轴方向逆时针旋转180°，在距焊接起始点10mm处设过渡点（进枪点）		焊枪采用前进法，倾角10°，对准焊缝，干伸长始终保持15mm
焊缝3′-4′-5′焊接中间点	示教焊缝3′-4′-5′焊接中间点，三个圆弧示教点，做一次示教点分离，插入MOVEL		焊枪采用前进法，倾角10°，对准焊缝，干伸长始终保持15mm
焊缝3′-4′-5′焊接中间点	示教焊缝3′-4′-5′焊接中间点，三个圆弧示教点，做一次示教点分离，插入MOVEL		焊枪采用前进法，倾角10°，对准焊缝，干伸长始终保持15mm
焊缝3′-4′-5′焊接结束点	示教焊缝3′-4′-5′焊接结束点，此后在距焊接结束点10mm处设过渡点（退枪点）		焊枪采用前进法，倾角10°，对准焊缝，干伸长始终保持15mm

（续）

操作步骤	操作方法	操作图示	补充说明
焊缝6′-7′焊接起始点	示教焊缝6′-7′焊接起始点，此点之前，在距焊接点10mm处设过渡点（进枪点）		焊枪采用前进法，倾角10°，对准焊缝，干伸长始终保持15mm
焊缝6′-7′焊接中间点	示教焊缝6′-7′焊接中间点，三个圆弧示教点，做一次示教点分离，插入MOVEL		焊枪采用前进法，倾角10°，对准焊缝，干伸长始终保持15mm
焊缝6′-7′焊接结束点	示教焊缝6′-7′焊接结束点，此后在距焊接结束点10mm处设过渡点（退枪点）		焊枪采用前进法，倾角10°，对准焊缝，干伸长始终保持15mm
焊缝8′-9′焊接起始点	示教焊缝8′-9′焊接起始点，将焊枪绕*TW*轴方向逆时针旋转180°，在距焊接起始点10mm处设过渡点（进枪点）		焊枪采用前进法，倾角10°，对准焊缝，干伸长始终保持15mm
焊缝8′-9′焊接中间点	示教焊缝8′-9′焊接中间点，三个圆弧示教点，做一次示教点分离，插入MOVEL		焊枪采用前进法，倾角10°，对准焊缝，干伸长始终保持15mm

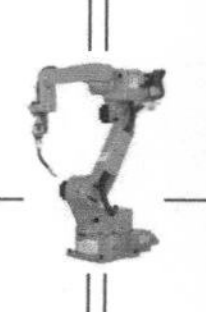

（续）

操作步骤	操作方法	操作图示	补充说明
焊缝 8′-9′焊接结束点	示教 8′-9′焊接结束点，此后在距焊接结束点 10mm 处设过渡点（退枪点）		焊枪采用前进法，倾角 10°，对准焊缝，干伸长始终保持 15mm
焊接	将示教器模式选择开关由 Teach 转到 Auto，然后按下伺服 ON 按钮，确认机器人动作区域安全后，再按下启动按钮		焊缝表面应平滑、均匀，无气孔、焊穿、未熔合等缺陷
焊后工件			也可采用 CO_2/MAG 鱼鳞纹焊接工艺。该工件对下料精度和组对要求较高，焊接过程中容易出现焊穿、焊瘤、咬边等缺陷
焊缝 3-4-5 焊接程序		TOOL = 1:TOOL01 MOVEP P001 10.00m/min MOVEP P002 10.00m/min MOVEC P003 5.00m/min ARC-SET AMP=90 VOLT=17.0 S=0.50 ARC-ON ArcStart1 PROCESS=1 MOVEC P004 0.50m/min MOVEC P005 0.50m/min MOVEL P006 0.50m/min MOVEC P007 0.50m/min MOVEC P008 0.50m/min MOVEC P009 0.50m/min MOVEL P010 0.50m/min MOVEC P002 0.50m/min MOVEC P011 0.50m/min MOVEC P012 0.50m/min MOVEL P013 0.50m/min MOVEC P014 0.50m/min MOVEC P015 0.50m/min MOVEC P016 0.50m/min MOVEC P017 0.50m/min CRATER AMP=60 VOLT=15.2 T=0.20 ARC-OFF ArcEnd1 PROCESS=1 MOVEL P018 5.00m/min MOVEP P019 10.00m/min	为保证运行轨迹的准确性，三个圆弧点设一个断点（MOVEL）

【任务评价】

自行车三角架固定工位焊接任务评价见表 3-4。

表 3-4　自行车三角架固定工位焊接任务评价（100 分）

检查项目	标准、分数	评价等级				实际得分
焊缝宽度	标准/mm	>4.5~5.5	>5.5，≤4.5	>6，≤4	>6.5，≤3.5	
	分数	20	14	8	0	
焊缝余高	标准/mm	≤1	>1~2	>2~3	>3	
	分数	10	7	4	0	
咬边	标准/mm	0	深度≤0.5		深度>0.5	
	分数	10	长度每 2mm 减 1 分		0	
焊穿	标准	无	1 处	2 处	3 处及以上	
	分数	20	14	8	0	
未焊透	标准/mm	≤2	>2~4	>4~6	>6	
	分数	20	14	8	0	
焊缝表面成形	标准	优	良	一般	差	
		成形美观，焊纹均匀细密，高低宽窄一致，焊脚尺寸合格	成形较好，焊纹均匀，焊缝平整，焊脚尺寸合格	成形尚可，焊缝平直，焊脚尺寸合格	焊缝弯曲，高低宽窄明显，有表面焊接缺陷，焊脚尺寸不合格	
	分数	20	14	8	0	
焊缝表面如有修补，该工件为 0 分 焊缝表面有裂纹、夹渣、未熔合、气孔、焊瘤等缺陷之一的，该工件为 0 分					总分	

项目二　薄板密封组合件焊接

【实操目的】

掌握薄板密封组合件焊接的操作方法。

【职业素养】

焊接是实践性很强的工作，知易行难。

【实操内容】

薄板密封组合件机器人焊接工艺。

【参考教材】

焊接机器人系列教材第一册《焊接机器人基本操作及应用》（第 2 版）；第五册《焊接机器人操作编程及应用》（ABB、KUKA、FANUC、安川、OTC 五品牌合编）。

【设备、工具及工件准备】

设备及工具准备明细见表 3-5。

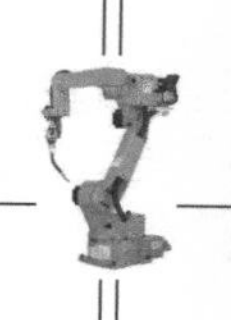

表 3-5　设备及工具准备明细

序号	名称	型号与规格	单位	数量	备注
1	弧焊机器人	臂伸长 1400mm	台	1	
2	焊丝	ER50－6、φ1.0mm	盒	1	
3	混合气	80%（体积分数）Ar＋20%（体积分数）CO_2	瓶	1	
4	头戴式面罩	自定	个	1	
5	纱手套	自定	副	1	
6	钢丝刷	自定	把	1	
7	尖嘴钳	自定	把	1	
8	扳手	自定	把	1	
9	钢直尺	自定	把	1	
10	十字螺钉旋具	自定	个	1	
11	敲渣锤	自定	把	1	
12	定位块	自定	个	2	
13	焊缝测量尺	自定	把	1	
14	粉笔	自定	根	1	
15	角向磨光机	自定	台	1	
16	劳保用品	帆布工作服、工作鞋等	套	1	

薄板密封组合件视图如图 3-3 所示。

图 3-3f 中数字标注的工件尺寸要求如下。

1—管：φ43mm（外径）×2.5mm（厚）×70mm（高），一根。

2—上盖板：97mm（长）×97mm（宽）×3mm（厚），（板中心开 φ45mm 的孔），一块。

3—大立板：100mm（长）×50mm（高）×3mm（厚），一块。

4—小立板：100mm（长）×25mm（宽）×3mm（厚），一块。

5—两侧立板：100mm（长）×50mm（高侧）×25（低侧）×3mm（厚），二块。

6—加立板：100mm（长）×30mm（高）×3mm（厚），一块。

7—底板：150mm（长）×150mm（宽）×3mm（厚），一块。

8—障碍挡块：30mm×10mm×10mm，二块。

9—等边梯形障碍板：33mm（下底长）×15mm（上底长）×9mm（高）×3mm（厚），二块。

10—底板对接板：150mm（长）×40mm（宽）×3mm（厚），一块。

【实操建议】

1）板对接平焊，要求单面焊双面成形。板对接平焊焊接参数见表 3-6。

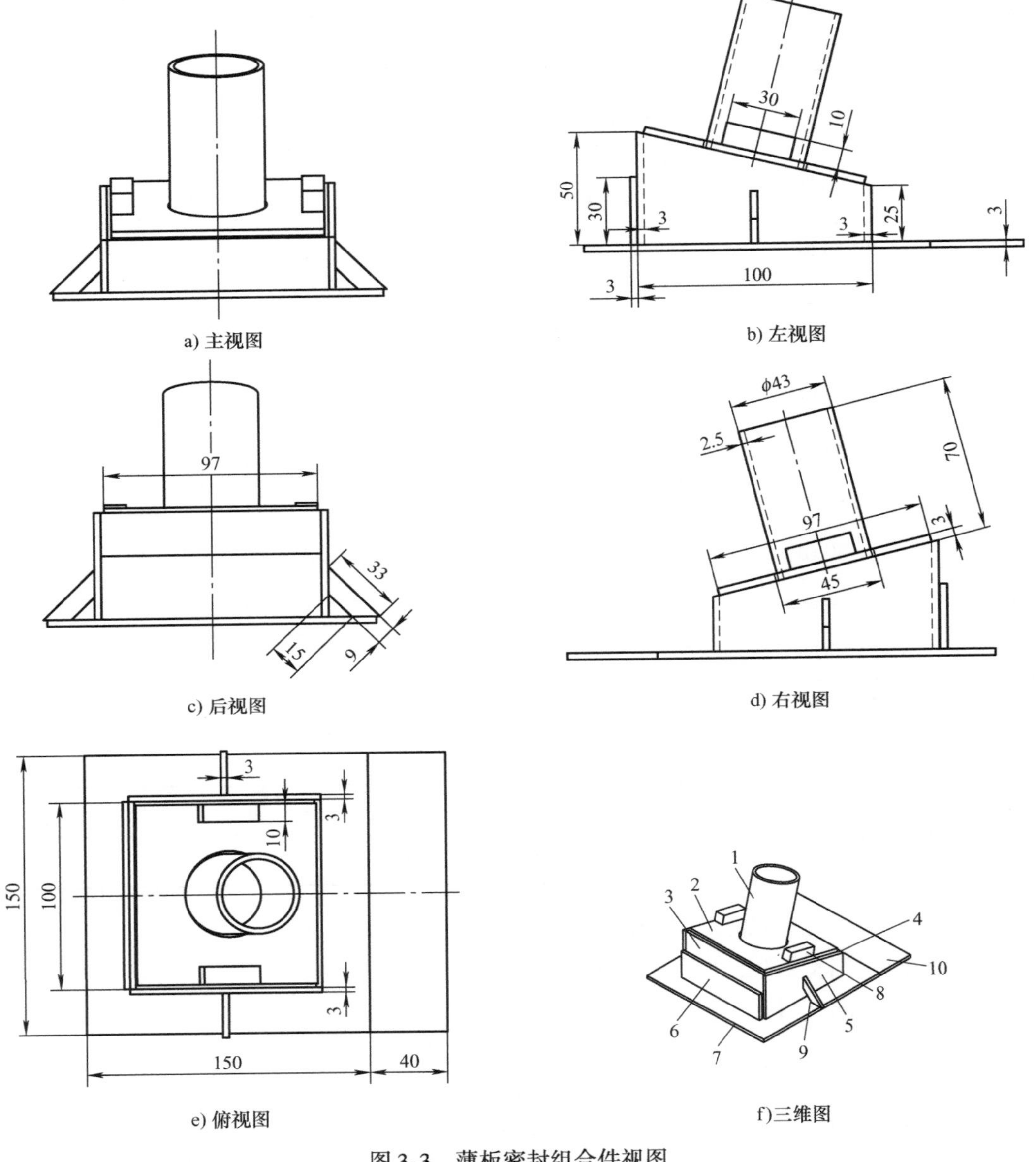

图 3-3 薄板密封组合件视图

表 3-6 板对接平焊焊接参数

焊接类型	焊接电流 /A	焊接电压 /V	气体流量 /(L/min)	焊接速度 /(m/min)	收弧电流 /A	收弧电压 /V	收弧时间 /s
板对接平焊	130 ~ 140	19 ~ 20	12 ~ 15	0. 4 ~ 0. 5	80 ~ 90	16 ~ 17	0. 0 ~ 0. 1

2）小立板立角焊，采用向下立焊，收弧位置改变焊枪角度，焊接参数见表 3-7。

表 3-7　小立板立角焊焊接参数

焊接类型	焊接电流/A	焊接电压/V	气体流量/(L/min)	焊接速度/(m/min)	收弧电流/A	收弧电压/V	收弧时间/s
立角焊	120～130	18～19	12～15	0.5～0.6	80～90	16～17	0.0～0.1

3）大立板立角焊焊接参数见表 3-8。

表 3-8　大立板立角焊焊接参数

焊接类型	焊接电流/A	焊接电压/V	气体流量/(L/min)	焊接速度/(m/min)	收弧电流/A	收弧电压/V	收弧时间/s
立角焊	120～130	18～19	12～15	0.5～0.6	80～90	16～16.5	0.0～0.1

4）两侧立板立角焊焊接参数见表 3-9。

表 3-9　两侧立板立角焊焊接参数

焊接类型	焊接电流/A	焊接电压/V	气体流量/(L/min)	焊接速度/(m/min)	收弧电流/A	收弧电压/V	收弧时间/s
立角焊	120～130	18～19	12～15	0.5～0.6	80～90	16～16.5	0.0～0.1

5）加立板角接焊缝焊接参数见表 3-10。

表 3-10　加立板角接焊缝焊接参数

焊接类型	焊接电流/A	焊接电压/V	气体流量/(L/min)	焊接速度/(m/min)	收弧电流/A	收弧电压/V	收弧时间/s
加立板角接焊缝焊接	130～140	19～20	12～15	0.4～0.5	90～100	16～17	0.0～0.1

6）管和上盖板角焊缝。将焊枪逆时针旋转 180°至焊接起始点位置，从起始点开始保持枪姿状态，逐点沿端接角焊缝示教点顺时针旋转焊枪，实现连续焊接。管和上盖板角焊缝焊接参数见表 3-11。

表 3-11　管和上盖板角焊缝焊接参数

焊接类型	焊接电流/A	焊接电压/V	气体流量/(L/min)	焊接速度/(m/min)	收弧电流/A	收弧电压/V	收弧时间/s
管和上盖板角焊缝焊接	130～140	19～20	12～15	0.4～0.5	90～100	16～17	0.0～0.1

7）上盖板外角焊缝。将焊枪逆时针旋转 180°至焊接起始点位置，从起始点开始保持枪姿状态，逐点沿外角焊缝示教点逆时针旋转焊枪，实现连续焊接。上盖板外角焊缝焊接参数见表 3-12。

表 3-12　上盖板外角焊缝焊接参数

焊接类型	焊接电流/A	焊接电压/V	气体流量/(L/min)	焊接速度/(m/min)	收弧电流/A	收弧电压/V	收弧时间/s
上盖板外角焊缝焊接	120～130	18～19	12～15	0.5～0.6	80～90	16～16.5	0.0～0.1

8）底板平角焊缝。将焊枪逆时针旋转180°至焊接起始点位置，从起始点开始保持枪姿状态，逐点沿平角位示教点顺时针旋转焊枪，实现连续焊接。底板平角焊缝焊接参数见表3-13。

表3-13　底板平角焊缝焊接参数

焊接类型	焊接电流 /A	焊接电压 /V	气体流量 /(L/min)	焊接速度 /(m/min)	收弧电流 /A	收弧电压 /V	收弧时间 /s
平角焊	140～150	20～21	12～15	0.35～0.4	95～100	16～17	0.2～0.3

【实操步骤】

薄板密封组合件焊接的操作步骤及方法见表3-14。

表3-14　薄板密封组合件焊接的操作步骤及方法

操作步骤	操作方法	操作图示	补充说明
过渡点	将工件定位焊组对好，放在焊枪位置的正下方并固定好，设置过渡点		注意装夹位置
板对接平焊起弧点	示教板对接平焊起弧点		
板对接平焊收弧点	示教板对接平焊收弧点		

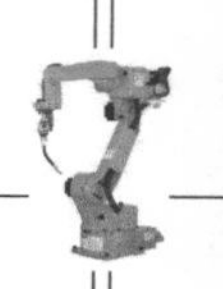

（续）

操作步骤	操作方法	操作图示	补充说明
加立板起弧点	示教加立板起弧点		
加立板收弧点	示教加立板收弧点		
大立板和两侧立板起弧点（右侧）	示教大立板和两侧立板起弧点（右侧）		
加立板和两侧立板中间点（右侧）	示教加立板和两侧立板中间点（右侧）		
加立板和两侧立板收弧点（右侧）	示教加立板和两侧立板收弧点（右侧）		

（续）

操作步骤	操作方法	操作图示	补充说明
大立板和两侧立板起弧点（左侧）	示教大立板和两侧立板起弧点（左侧）		
加立板和两侧立板收弧点（左侧）	示教加立板和两侧立板收弧点（左侧）	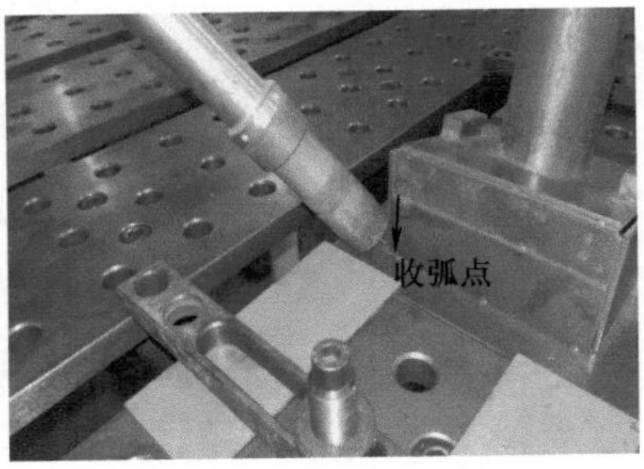	
小立板和两侧立板起弧点（左侧）	示教小立板和两侧立板起弧点（左侧）	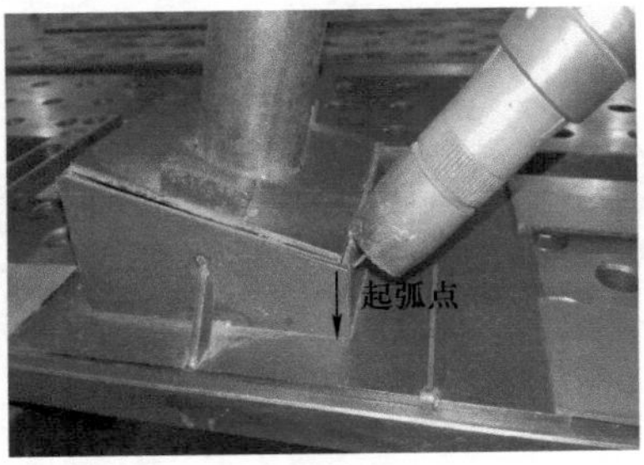	
小立板和两侧立板收弧点（左侧）	示教小立板和两侧立板收弧点（左侧）	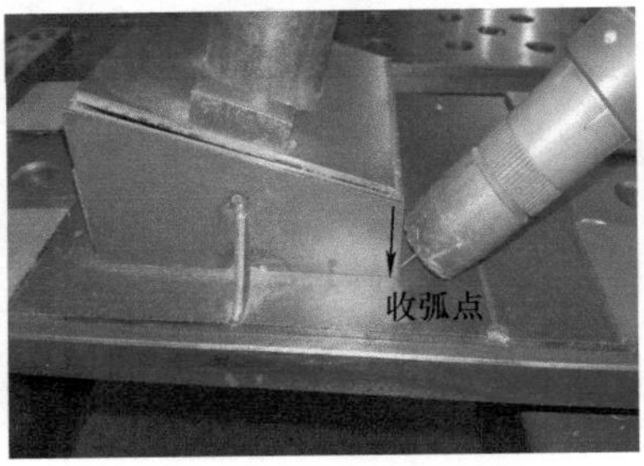	
小立板和两侧立板起弧点（右侧）	示教小立板和两侧立板起弧点（右侧）		

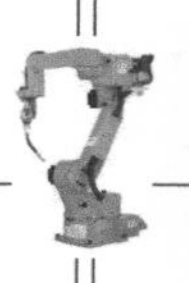

（续）

操作步骤	操作方法	操作图示	补充说明
小立板和两侧立板收弧点（右侧）	示教小立板和两侧立板收弧点（右侧）		
管和上盖板起弧点	示教管和上盖板起弧点		前进法焊接，焊枪工作角45°，行进角90°
管和上盖板中间点	示教管和上盖板中间点		前进法焊接，焊枪工作角45°，行进角90°
管和上盖板中间点	示教管和上盖板中间点		前进法焊接，焊枪工作角45°，行进角90°
管和上盖板中间点	示教管和上盖板中间点		前进法焊接，焊枪工作角45°，行进角90°

（续）

操作步骤	操作方法	操作图示	补充说明
管和上盖板收弧点	示教管和上盖板收弧点	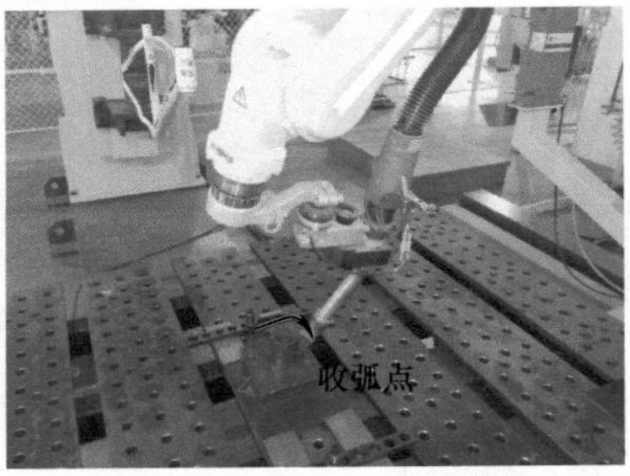	前进法焊接，焊枪工作角45°，行进角90°
上盖板外角焊缝起弧点	示教上盖板外角焊缝起弧点	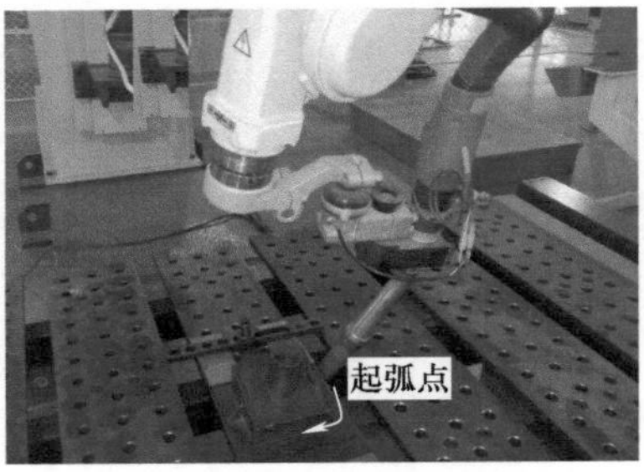	前进法焊接，焊枪工作角45°，行进角90°
上盖板外角焊缝中间点	示教上盖板外角焊缝中间点	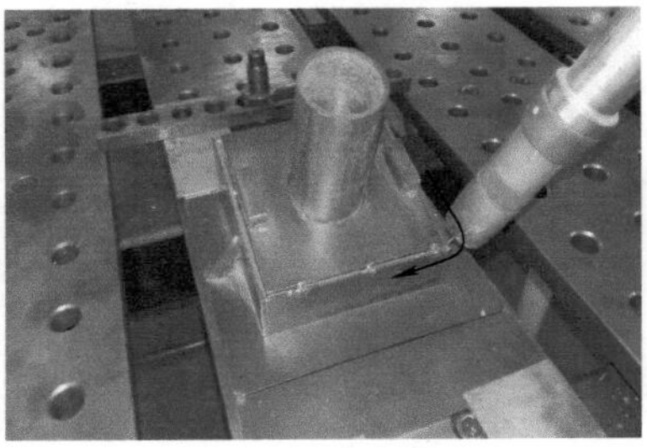	前进法焊接，焊枪工作角45°，行进角90°
上盖板外角焊缝中间点	示教上盖板外角焊缝中间点		前进法焊接，焊枪工作角45°，行进角90°
上盖板外角焊缝中间点	示教上盖板外角焊缝中间点		前进法焊接，焊枪工作角45°，行进角90°

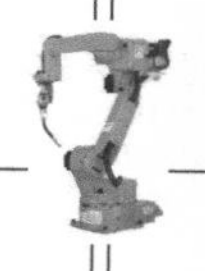

（续）

操作步骤	操作方法	操作图示	补充说明
上盖板外角焊缝中间点	示教上盖板外角焊缝中间点		前进法焊接，焊枪工作角 45°，行进角 90°
上盖板外角焊缝中间点	示教上盖板外角焊缝中间点		前进法焊接，焊枪工作角 45°，行进角 90°
上盖板外角焊缝中间点	示教上盖板外角焊缝中间点		前进法焊接，焊枪工作角 45°，行进角 90°
上盖板外角焊缝中间点	示教上盖板外角焊缝中间点		前进法焊接，焊枪工作角 45°，行进角 90°
上盖板外角焊缝收弧点	示教上盖板外角焊缝收弧点	收弧点	前进法焊接，焊枪工作角 45°，行进角 90°

（续）

操作步骤	操作方法	操作图示	补充说明
底板平角焊缝（右侧）起弧点	示教底板平角焊缝（右侧）起弧点	 起弧点	
底板平角焊缝（右侧）中间点	示教底板平角焊缝（右侧）中间点		
底板平角焊缝（右侧）中间点	示教底板平角焊缝（右侧）中间点		
底板平角焊缝（右侧）中间点	示教底板平角焊缝（右侧）中间点		
底板平角焊缝（右侧）收弧点	示教底板平角焊缝（右侧）收弧点	 收弧点	

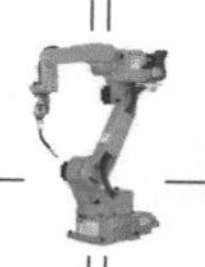

（续）

操作步骤	操作方法	操作图示	补充说明
底板平角焊缝（左侧）起弧点	示教底板平角焊缝（左侧）起弧点	起弧点	
底板平角焊缝（左侧）中间点	示教底板平角焊缝（左侧）中间点		
底板平角焊缝（左侧）中间点	示教底板平角焊缝（左侧）中间点		
底板平角焊缝（左侧）中间点	示教底板平角焊缝（左侧）中间点		
底板平角焊缝（左侧）中间点	示教底板平角焊缝（左侧）中间点		

（续）

操作步骤	操作方法	操作图示	补充说明
底板平角焊缝（左侧）收弧点	示教底板平角焊缝（左侧）收弧点		
	底板平角焊缝（左侧）收弧点机器人姿态		

【任务评价】

1）定位焊方法为TIG焊，装配定位焊时间为30min，示教编程时间+焊接时间，每人120min，每超时2min减1分。

2）总成绩：外观检查成绩+密闭性气压检测成绩。

3）气压检测：用0.25MPa空气充入容器内，以检测有无泄漏为准。无泄漏为30分；每1处泄漏减10分。

4）外观检查：对接接头的正反面焊缝成形质量和全部角接接头的焊缝成形质量。

薄板密封组合件任务评价见表3-15。

表3-15　薄板密封组合件任务评价（100分）

检查项目	标准、分数	评价等级				实际得分
焊脚尺寸	标准/mm	>2.6～3.3	>3.3，≤2.6	>3.7，≤2.3	>4.0，≤2.0	
	分数	10	7	4	0	
焊缝余高	标准/mm	≤1	>1～2	>2～3	>3	
	分数	10	7	4	0	
咬边	标准/mm	0	深度≤0.5		深度>0.5	
	分数	10	长度每2mm减1分		0	
板对接正面成形	标准	优	良	一般	差	
	分数	10	7	4	0	
板对接背面成形	标准	优	良	一般	差	
	分数	10	7	4	0	

（续）

检查项目	标准、分数	评价等级				实际得分
未焊透	标准/mm	≤2	>2~4	>4~6	>6	
	分数	10	7	4	0	
焊缝表面成形	标准	优	良	一般	差	
		成形美观，焊纹均匀细密，高低宽窄一致，焊脚尺寸合格	成形较好，焊纹均匀，焊缝平整，焊脚尺寸合格	成形尚可，焊缝平直，焊脚尺寸合格	焊缝弯曲，高低宽窄明显，有表面焊接缺陷，焊脚尺寸不合格	
	分数	10	7	4	0	
焊缝表面如有修补，该工件为0分 焊缝表面有裂纹、夹渣、未熔合、气孔、焊瘤等缺陷之一的，则该工件为0分						
		外观检查分		气压检测		
分数		70		30		
总分						

项目三　厚板密封容器焊接

【实操目的】

掌握厚板密封容器焊接的操作方法。

【职业素养】

理论联系实际，不断积累、不断思考、不断总结。

【实操内容】

厚板密封容器 MAG 焊。

【参考教材】

焊接机器人系列教材第一册《焊接机器人基本操作及应用》（第 2 版）；第五册《焊接机器人操作编程及应用》（ABB、KUKA、FANUC、安川、OTC 五品牌合编）。

【设备、工具及工件准备】

设备及工具准备明细见表 3-16。

表 3-16　设备及工具准备明细

序号	名称	型号与规格	单位	数量	备注
1	弧焊机器人	臂伸长 1400mm	台	1	
2	焊丝	ER50-6、ϕ1.2mm	盒	1	
3	混合气	80%（体积分数）Ar+20%（体积分数）CO_2	瓶	1	
4	头戴式面罩	自定	个	1	
5	纱手套	自定	副	1	
6	钢丝刷	自定	把	1	

（续）

序号	名称	型号与规格	单位	数量	备注
7	尖嘴钳	自定	把	1	
8	扳手	自定	把	1	
9	钢直尺	自定	把	1	
10	十字螺钉旋具	自定	个	1	
11	敲渣锤	自定	把	1	
12	定位块	自定	个	2	
13	焊缝测量尺	自定	把	1	
14	粉笔	自定	根	1	
15	角向磨光机	自定	台	1	
16	劳保用品	帆布工作服、工作鞋等	套	1	

厚板密封容器如图 3-4 所示。

图 3-4 中数字标注的工件尺寸要求如下。

1—底板：200mm（长）×200mm（宽）×12mm（厚），一块。

2—侧板 1：120mm（长）×80mm（宽）×10mm（厚），四块。

3—盖板 1：120mm（长）×120mm（宽）×10mm（厚），中间开 ϕ50mm 的孔，一块。

4—侧板 2：80mm（长）×50mm（宽）×3mm（厚），四块。

5—盖板 2：80mm（长）×80mm（宽）×3mm（厚），中间开 ϕ44mm 的孔，一块。

6—管：ϕ42mm（外径）×3mm（厚）×50mm（长），一根。

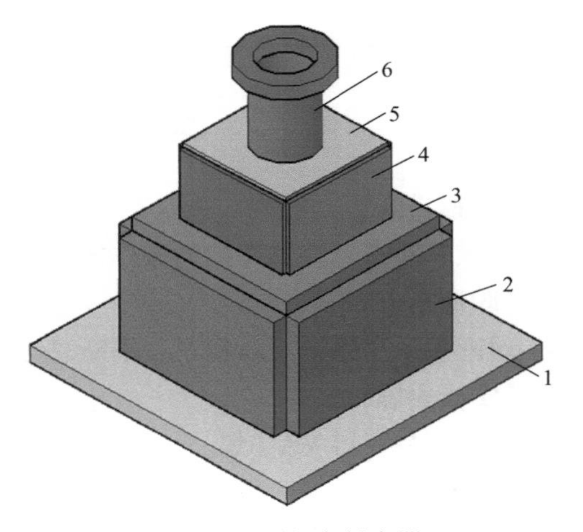

图 3-4　厚板密封容器

【实操建议】

1）盖板 2 管–板平角焊缝。将焊枪逆时针旋转 180°至焊接起始点位置，从起始点开始保持枪姿状态，逐点沿圆周平角位示教点顺时针旋转焊枪，实现连续焊接。盖板 2 管–板平角焊缝焊接参数见表 3-17。

表 3-17　盖板 2 管–板平角焊缝焊接参数

焊接类型	焊接电流/A	焊接电压/V	焊接速度/(m/min)	收弧电流/A	收弧电压/V	收弧时间/s	气体流量/(L/min)
盖板 2 管–板平角焊缝焊接	140～150	20～21	0.35～0.40	95～100	16～17	0.2～0.3	12～15

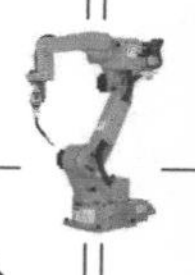

2）侧板 2 立角接焊缝。采用向下立焊，小电流慢速焊接，收弧位置改变焊枪角度，小电流填满，焊接参数见表 3-18。

表 3-18　侧板 2 立角接焊缝焊接参数

焊接类型	焊接电流/A	焊接电压/V	焊接速度/(m/min)	收弧电流/A	收弧电压/V	收弧时间/s	气体流量/(L/min)
侧板 2 立角接焊缝焊接	120～130	17～18	0.5～0.6	85～90	16.3～16.5	0.0～0.1	12～15

3）侧板 2 角接焊缝。

① 难点。焊缝为空间斜向角度焊缝，容易焊穿。

② 解决方案。将焊枪逆时针旋转 180°至焊接起始点位置，从起始点开始保持枪姿状态，逐点沿平角位示教点顺时针旋转焊枪，实现连续焊接（小电流焊接）。侧板 2 角接焊缝焊接参数见表 3-19。

表 3-19　侧板 2 角接焊缝焊接参数

焊接类型	焊接电流/A	焊接电压/V	焊接速度/(m/min)	收弧电流/A	收弧电压/V	收弧时间/s	气体流量/(L/min)
侧板 2 角接焊缝焊接	140～150	18～19	0.4～0.5	100～105	16.9～17.2	0.2～0.3	12～15

4）侧板 1 立角接焊缝。

① 难点。焊缝为空间斜向角度焊缝，存在振幅点设置问题；焊缝下塌。

② 解决方案。摆幅点连线垂直于焊缝，小电流盖面焊。侧板 1 立角接焊缝焊接参数见表 3-20。

表 3-20　侧板 1 立角接焊缝焊接参数

焊接类型	焊接电流/A	焊接电压/V	焊接速度/(m/min)	摆幅/mm	频率/Hz	摆幅点停留时间/s	收弧时间/s
打底直焊道（向下立焊）	150～160	20～21	0.3～0.4	—	—	—	—
打底焊收弧	105～112	18～19	—	—	—	—	0.2～0.3
盖面直焊道（向上立摆焊）	100～110	16～17	0.07～0.08	6.0～7.0	0.6～0.7	0.2～0.3	—
盖面焊收弧	80～90	15.5～16.5	—	—	—	—	0.2～0.3

5）盖板 1 角接焊缝。

① 难点。盖板侧坡口面熔化后，铁液无支承，焊缝下塌。

② 解决方案。大电流打底焊，小电流盖面焊。盖板 1 角接焊缝焊接参数见表 3-21。

表 3-21　盖板 1 角接焊缝焊接参数

焊接类型	焊接电流/A	焊接电压/V	焊接速度/(m/min)	摆幅/mm	频率/Hz	摆幅点停留时间/s	收弧时间/s
外角接打底焊道	170～180	21～22	0.3～0.4	—	—	—	—
外角接打底焊收弧	120～130	17～18	—	—	—	—	0.1～0.2
外角接盖面焊道	90～100	16～17	0.07～0.08	7.0～8.0	0.6～0.7	上 0.3～0.4 下 0.1～0.2	—
外角接盖面焊收弧	65～70	15～16	—	—	—	—	0.2～0.3

6）底板上平角焊缝。

① 难点。焊缝下塌，立板侧容易出现咬边。

② 解决方案。大电流打底焊，小电流盖面焊。底板上平角焊缝焊接参数见表 3-22。

表 3-22　底板上平角焊缝焊接参数

焊接类型	焊接电流/A	焊接电压/V	焊接速度/(m/min)	摆幅/mm	频率/Hz	摆幅点停留时间/s	收弧时间/s
打底直焊道	170～180	21～22	0.3～0.4	—	—	—	—
打底焊收弧	120～130	17～18	—	—	—	—	0.1～0.2
盖面直焊道	120～130	17～18	0.07～0.08	8.0～9.0	0.6～0.7	上 0.3～0.4 下 0.1～0.2	—
盖面焊收弧	65～70	15～16	—	—	—	—	0.2～0.3

【实操步骤】

该工件共 13 条焊缝，焊接顺序如图 3-5 所示。

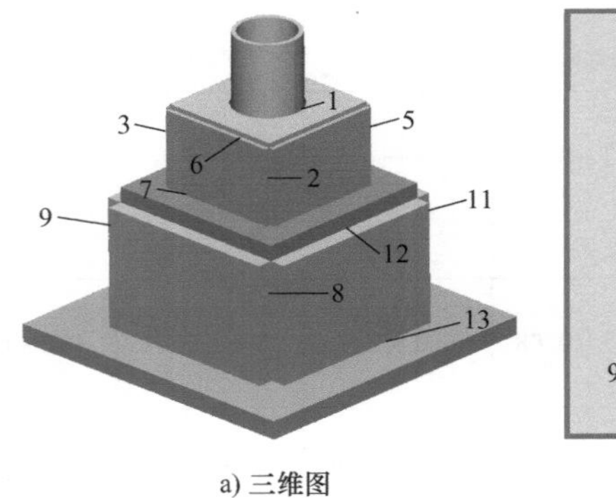

a) 三维图

b) 俯视图

图 3-5　工件焊缝焊接顺序

将工件摆放在机器人焊枪位置的正下方，固定好。焊前准备做完后，开始示教。厚板密封容器焊接的操作步骤及方法见表 3-23。

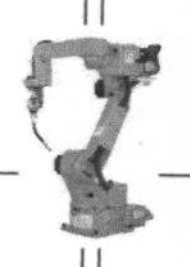

表 3-23　厚板密封容器焊接的操作步骤及方法

操作步骤	操作方法	操作图示	补充说明
原点	将工件定位焊组对好，放在焊枪位置的正下方并固定好，设置原点	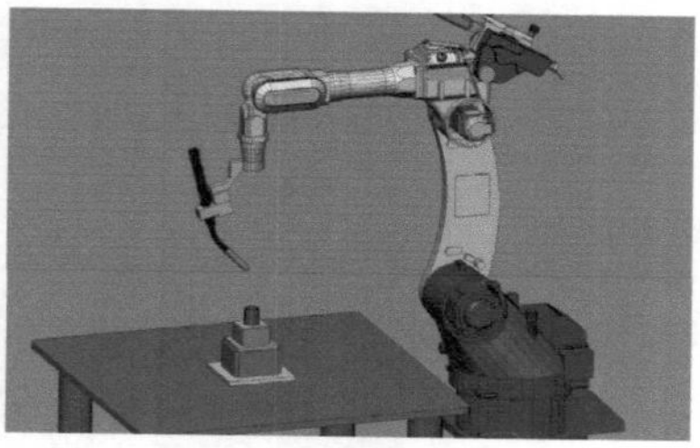	注意装夹位置
焊缝 1 进枪点	对于圆周焊缝，通常以近机器人点开始焊接。首先，将机器人焊枪绕 *TW* 轴方向逆时针旋转 180°，在距焊接点 50mm 处设过渡点（进枪点）	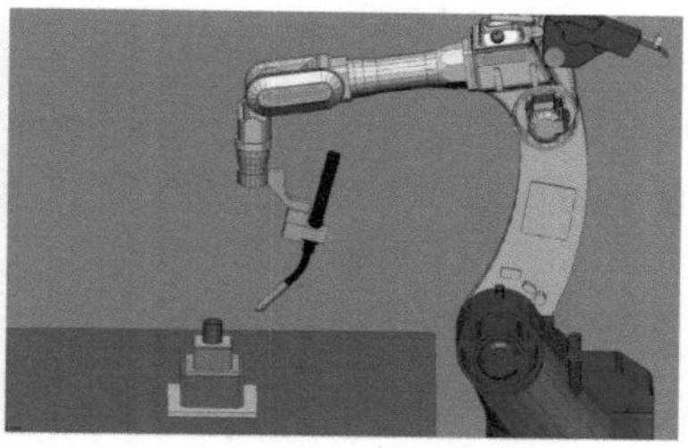	盖板 2 管–板平角焊缝
焊缝 1 起弧点	示教焊缝 1 起弧点，使焊枪的焊丝伸出端对准焊缝起始位置。焊枪工作角为 45°，焊枪行进角为 80°，焊丝伸出长度为 15mm	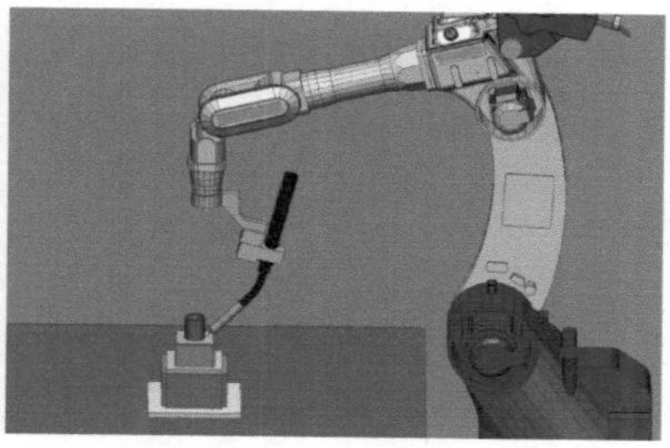	盖板 2 管–板平角焊缝
焊缝 1 中间点	在示教各个点的过程中，应始终保持焊枪工作角、行进角和焊丝伸出长度不变，示教焊缝 1 中间点	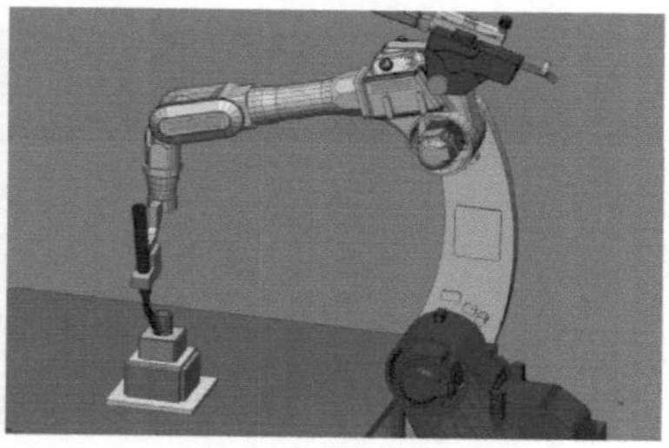	盖板 2 管–板平角焊缝 将机器人焊枪绕 *TW* 轴方向顺时针旋转 90°
焊缝 1 中间点	示教焊缝 1 中间点	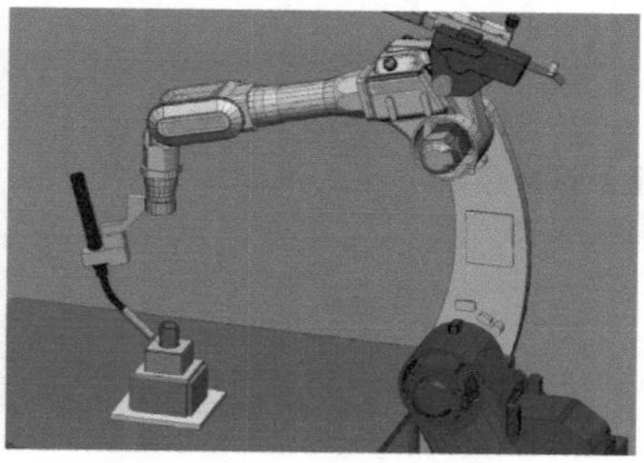	盖板 2 管–板平角焊缝 将机器人焊枪绕 *TW* 轴方向顺时针旋转 90°

（续）

操作步骤	操作方法	操作图示	补充说明
焊缝 1 中间点	示教焊缝 1 中间点		盖板 2 管-板平角焊缝 将机器人焊枪绕 *TW* 轴方向顺时针旋转 90°
焊缝 1 焊接结束点	示教焊缝 1 焊接结束点		盖板 2 管-板平角焊缝 将机器人焊枪绕 *TW* 轴方向顺时针旋转 90°
退避点	示教退避点		
焊缝 2～5，向下立焊进枪点	示教焊缝 2～5，向下立焊进枪点		侧板 2 立角接焊缝
焊缝 2 焊接起始点	示教焊缝 2 焊接起始点（采用向下立焊，单道焊）		侧板 2 立角接焊缝

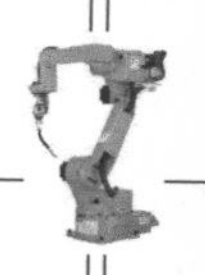

（续）

操作步骤	操作方法	操作图示	补充说明
焊缝 2 焊接中间点	示教焊缝 2 焊接中间点，开始变化枪姿	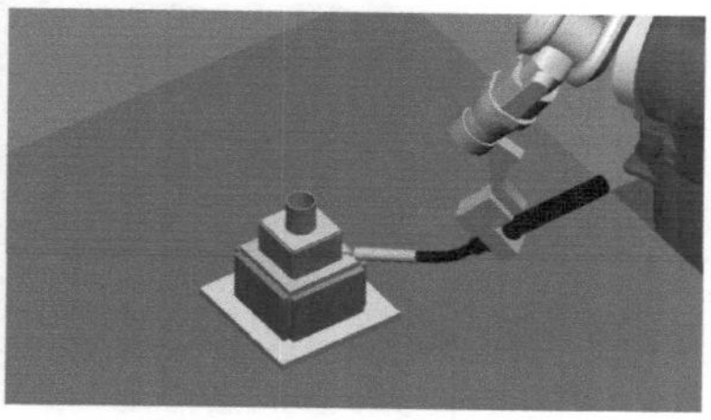	侧板 2 立角接焊缝
焊缝 2 焊接结束点	示教焊缝 2 焊接结束点。焊缝 2～5，向下立焊，行进角 0°转为 20°，避免焊枪碰到工件	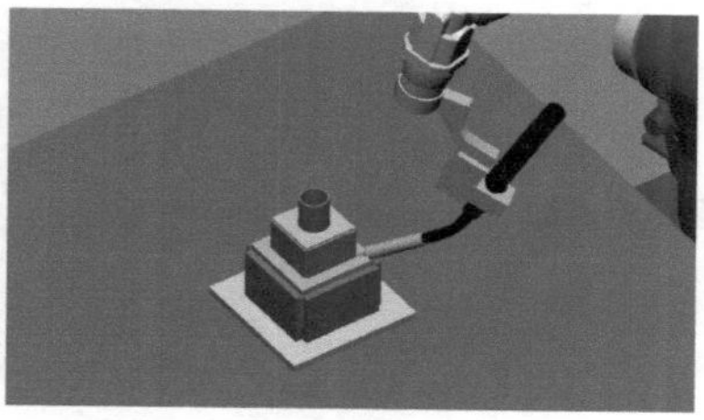	侧板 2 立角接焊缝
退避点	设置退避点		
焊缝 3 进枪点	示教焊缝 3 进枪点，焊缝 3～5 示教从略	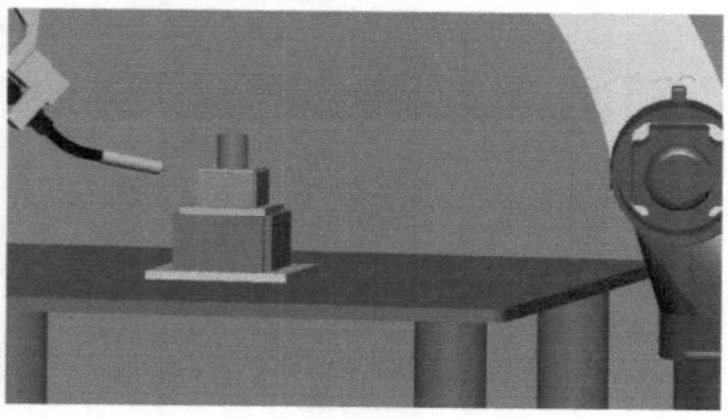	
焊缝 6	示教焊缝 6 行进角为 80°		

（续）

操作步骤	操作方法	操作图示	补充说明
焊缝 7	示教焊缝 7	 焊接方向	
焊缝 12 打底层	示教焊缝 12 打底层	 焊接方向	
焊缝 8 ~ 11 打底层	示教焊缝 8 ~ 11 焊接起始点	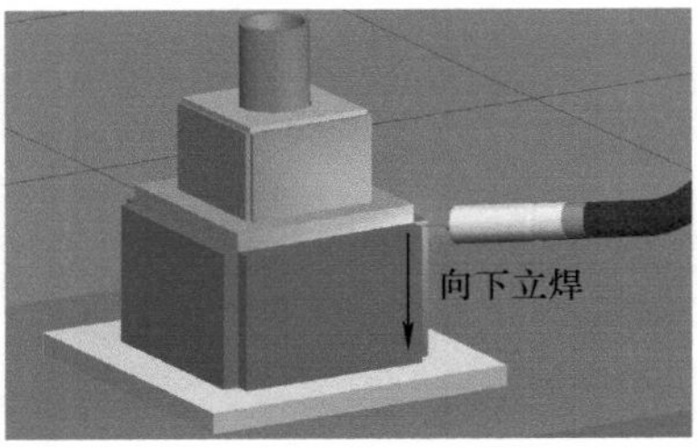 向下立焊	侧板 1 立角接焊缝
	示教焊接结束点	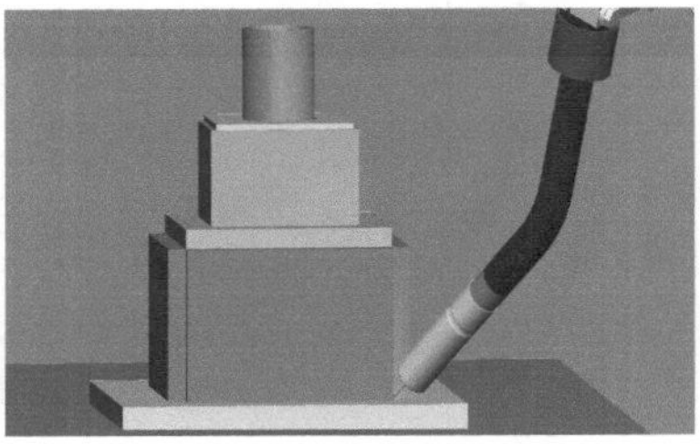	侧板 1 立角接焊缝
焊缝 8 ~ 11 盖面层	四条立焊缝（焊两层，打底层采用向下立焊，盖面层采用向上立摆焊）	 盖面层采用摆动向上立焊	侧板 1 立角接焊缝

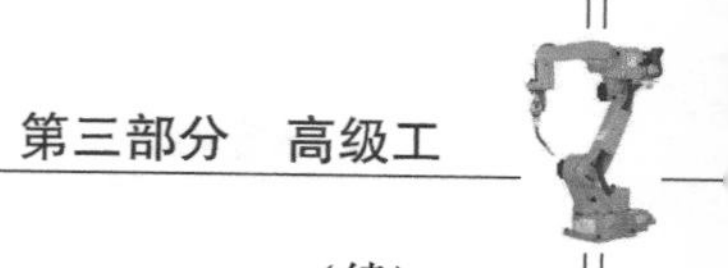

（续）

操作步骤	操作方法	操作图示	补充说明
焊缝 8～11 盖面层	在摆动结束点，焊枪处于水平位置，便于上部熔合面填平，利于上面的盖面转角位成形		侧板 1 立角接焊缝
焊缝 12 盖面层	示教焊缝 12 盖面层	盖面层焊枪沿45°角做倾斜摆动 第一道打底层 第二道盖面层 焊接方向 焊枪摆动方向	盖板 1 角接焊缝
焊缝 13 盖面层	示教焊缝 13 盖面层	盖面层焊枪沿45°角做倾斜摆动 第二道盖面层 第一道打底层	底板上平角焊缝
	底板上平角位盖面层采用倾斜摆动焊接	焊接方向 K K_1	底板上平角焊缝

（续）

操作步骤	操作方法	操作图示	补充说明
焊缝 2～5 向下立焊程序		● MOVEL P003 20.00m/min ARC-SET AMP=120 VOLT=17.0 S=0.50 ARC-ON ArcStart1 PROCESS=0 ● MOVEL P004 0.30m/min ● MOVEL P005 0.30m/min CRATER AMP=85 VOLT=16.3 T=0.10 ARC-OFF ArcEnd1 PROCESS=0	
焊缝 8～11 盖面层程序		● MOVELW P085 20.00m/min Ptn=1 F=0.6 ARC-SET AMP=100 VOLT=16.0 S=0.07 ARC-ON ArcStart1 PROCESS=0 ○ WEAVEP P086 0.30m/min T=0.2 ○ WEAVEP P087 0.30m/min T=0.2 ● MOVELW P088 0.30m/min Ptn=1 F=0.6 CRATER AMP=80 VOLT=15.5 T=0.20 ARC-OFF ArcEnd1 PROCESS=0	
焊缝 12 盖面层摆焊程序		● MOVELW P097 20.00m/min Ptn=1 F=0.6 ARC-SET AMP= 90 VOLT=16.0 S=0.07 ARC-ON ArcStart1 PROCESS=0 ○ WEAVEP P098 0.30m/min T=0.3 ○ WEAVEP P099 0.30m/min T=0.1 ● MOVECW P100 0.30m/min ● MOVECW P101 0.30m/min ● MOVECW P102 0.30m/min ● MOVELW P103 0.30m/min ● MOVECW P104 0.30m/min ● MOVECW P105 0.30m/min ● MOVECW P106 0.30m/min ● MOVELW P107 0.30m/min ● MOVECW P108 0.30m/min ● MOVECW P109 0.30m/min ● MOVECW P110 0.30m/min ● MOVELW P111 0.30m/min ● MOVECW P112 0.30m/min ● MOVECW P113 0.30m/min ● MOVECW P114 0.30m/min ● MOVELW P115 0.30m/min Ptn=1 F=0.6 CRATER AMP=65 VOLT=15.0 T=0.20 ARC-OFF ArcEnd1 PROCESS=0	

由机器人示教编程及工件焊接完成为考核全过程；考核成绩为工件外观检查和水压检测两部分组成。

1）工件定位焊方法为钨极氩弧焊（TIG 焊）；装配定位焊时间为 30min。

2）示教编程及焊接时间：示教编程时间＋焊接时间为 120min。

3）厚板容器所有焊缝，外观检查项目评分占 75%，水压检测项目评分占 25%。

【任务评价】

厚板密封容器 $\delta=10\text{mm}$ 平角焊缝任务评价见表 3-24。

表 3-24　厚板密封容器 $\delta=10\text{mm}$ 平角焊缝任务评价

检查项目	标准、分数	评价等级				实际得分
焊脚尺寸 K_1	标准/mm	8~9	7~10	6~11	>11，<6	
	分数	5	4	3	2	
焊脚尺寸 K	标准/mm	8~9	7~10	6~11	>11，<6	
	分数	5	4	3	2	
焊缝高低差	标准/mm	≤0.5	>0.5~1	>1~2	>2	
	分数	5	4	3	2	
咬边	标准/mm	0	深度≤0.5 长度≤15	深度≤0.5 长度>15~30	深度>0.5 长度>30	
	分数	5	4	3	2	
焊缝表面成形	标准	优	良	一般	差	
		成形美观，焊纹均匀细密，高低宽窄一致	成形较好，焊纹均匀，焊缝平整	成形尚可，焊缝平直	焊缝弯曲，高低宽窄明显，有表面焊接缺陷	
	分数	5	4	3	2	
分数		25	20	15	10	

厚板密封容器 $\delta=10\text{mm}$ 角对接焊缝任务评价见表 3-25。

表 3-25　厚板密封容器 $\delta=10\text{mm}$ 角对接焊缝任务评价

检查项目	标准、分数	评价等级				实际得分
焊缝高度	标准/mm	9~11	8~12	7~13	>13，<7	
	分数	4	3	2	1	
焊缝宽度	标准/mm	14~15	13~16	12~17	>17，<12	
	分数	4	3	2	1	
焊缝高低差	标准/mm	≤0.5	>0.5~1	>1~2	>2	
	分数	4	3	2	1	
焊缝宽窄差	标准/mm	≤0.5	>0.5~1	>1~1.5	>1.5	
	分数	4	3	2	1	
咬边	标准/mm	0	深度≤0.5 长度≤15	深度≤0.5 长度>15~30	深度>0.5 长度>30	
	分数	5	3	2	1	
焊缝表面成形	标准	优	良	一般	差	
		成形美观，焊纹均匀细密，高低宽窄一致	成形较好，焊纹均匀，焊缝平整	成形尚可，焊缝平直	焊缝弯曲，高低宽窄明显，有表面焊接缺陷	
	分数	4	3	2	1	
分数		25	18	12	6	

厚板密封容器 $\delta = 3$mm 平角焊缝任务评价见表 3-26。

表 3-26　厚板密封容器 $\delta = 3$mm 平角焊缝任务评价

检查项目	标准、分数	评价等级				实际得分
焊脚尺寸 K_1	标准/mm	3～4	2.5～5	2～6	>6，<2	
	分数	5	4	3	2	
焊脚尺寸 K	标准/mm	3～4	2.5～5	2～6	>6，<2	
	分数	5	4	3	2	
焊缝高低差	标准/mm	≤0.5	>0.5～1	>1～2	>2	
	分数	5	4	3	2	
咬边	标准/mm	0	深度≤0.5 长度≤15	深度≤0.5 长度>15～30	深度>0.5 长度>30	
	分数	5	4	3	2	
焊缝表面成形	标准	优	良	一般	差	
		成形美观，焊纹均匀细密，高低宽窄一致	成形较好，焊纹均匀，焊缝平整	成形尚可，焊缝平直	焊缝弯曲，高低宽窄明显，有表面焊接缺陷	
	分数	5	4	3	2	
分数		25	20	15	10	

厚板密封容器 $\delta = 3$mm 角对接焊缝任务评价见表 3-27。

表 3-27　厚板密封容器 $\delta = 3$mm 角对接焊缝任务评价

检查项目	标准、分数	评价等级				实际得分
焊缝高度	标准/mm	3～4	2～5	1～6	>6，<1	
	分数	4	3	2	1	
焊缝宽度	标准/mm	6～7	5～8	4～9	>9，<4	
	分数	4	3	2	1	
焊缝高低差	标准/mm	≤0.5	>0.5～1	>1～2	>2	
	分数	4	3	2	1	
焊缝宽窄差	标准/mm	≤0.5	>0.5～1	>1～1.5	>1.5	
	分数	4	3	2	1	
咬边	标准/mm	0	深度≤0.5 长度≤15	深度≤0.5 长度>15～30	深度>0.5 长度>30	
	分数	5	3	2	1	

（续）

检查项目	标准、分数	评价等级				实际得分
焊缝表面成形		优	良	一般	差	
	标准	成形美观，焊纹均匀细密，高低宽窄一致	成形较好，焊纹均匀，焊缝平整	成形尚可，焊缝平直	焊缝弯曲，高低宽窄明显，有表面焊接缺陷	
	分数	4	3	2	1	
分数		25	18	12	6	

注：1. 焊缝表面如有修补，该工件为0分。

2. 焊缝表面有裂纹、夹渣、未熔合、气孔、焊瘤等缺陷之一的，该工件为0分。

3. 水压检测。用0.3MPa压力水充入容器内，检测有无泄漏点；无泄漏为25分；每发现1处泄漏减5分，25分减完为止。

4. 总成绩。外观检查成绩（75分）+水压检测成绩（25分）=总成绩（100分）。

项目四　厚板异形容器焊接

【实操目的】

掌握厚板异形容器焊接的操作方法。

【职业素养】

做好机器人日常维护保养工作，保证设备正常运行。

【实操内容】

厚板异形容器机器人焊接。

【参考教材】

焊接机器人系列教材第一册《焊接机器人基本操作及应用》（第2版）、第五册《焊接机器人操作编程及应用》（ABB、KUKA、FANUC、安川、OTC五品牌合编）。

【设备、工具及工件准备】

设备及工具准备明细见表3-28。

表3-28　设备及工具准备明细

序号	名称	型号与规格	单位	数量	备注
1	弧焊机器人	臂伸长1400mm	台	1	
2	焊丝	ER50-6、ϕ1.2mm	盒	1	
3	混合气	80%（体积分数）Ar+20%（体积分数）CO_2	瓶	1	
4	头戴式面罩	自定	个	1	
5	纱手套	自定	副	1	
6	钢丝刷	自定	把	1	
7	尖嘴钳	自定	把	1	
8	扳手	自定	把	1	
9	钢直尺	自定	把	1	

（续）

序号	名称	型号与规格	单位	数量	备注
10	十字螺钉旋具	自定	个	1	
11	敲渣锤	自定	把	1	
12	定位块	自定	个	2	
13	焊缝测量尺	自定	把	1	
14	粉笔	自定	根	1	
15	角向磨光机	自定	台	1	
16	劳保用品	帆布工作服、工作鞋等	套	1	

厚板异形容器如图3-6所示。

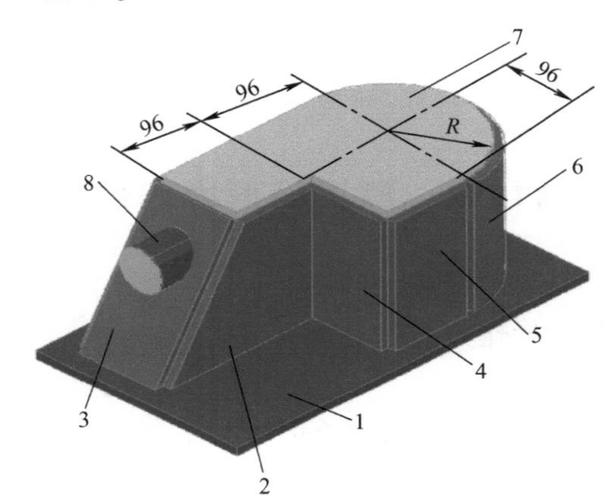

图3-6　厚板异形容器

图3-6中数字标注的工件尺寸要求如下。

1—底板：380mm（长）×280mm（宽）×12mm（厚），一块。

2—侧板：96mm（上宽）×211mm（下宽）×200mm（高）×10mm（厚），二块。

3—侧板：230mm（长）×96mm（宽）×10mm（厚），一块。

4—侧板：200mm（长）×96mm（宽）×10mm（厚），一块。

5—侧板：200mm（长）×96mm（宽）×10mm（厚），二块。

6—侧板：603mm（内弧长）×200mm（高）×10mm（厚），一块（用ϕ219mm×10mm的管子切分）。

7—盖板：一块。

8—管：ϕ60mm（外径）×5mm（厚）×60mm（长），一根（定位于距上板平面95mm位置处）。

焊前准备内容如下。

1）表面处理。将工件焊缝两侧20~30mm范围内的内外表面上的油、污物、铁锈等清理干净，使其露出金属光泽。

2）定位焊组装。在定位焊工作台上用CO_2气体保护焊焊机先将管与板定位焊，定位焊缝2~4条为宜。定位焊时注意动作要迅速，防止焊接变形而产生位置偏差造成焊缝位置变动。

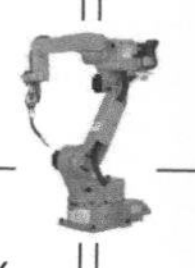

3）焊接要求。焊接电流为 110～160A；焊接电压为 17.5～22V；焊接速度为 300mm/min；保护气体为 CO_2（体积分数为 99.99%）；保护气体流量为 15L/min，必须一次焊接完成。

考核由工件外观检查和水压检测两部分组成。

1）外观检查。所有焊缝外观成形质量详见评分表。

2）水压检测。0.3MPa 水压试验，以检测有无泄漏为准。

3）总成绩。外观检查成绩 + 水压检测成绩。

4）该工件共 11 条焊缝，每条焊缝只能进行一次起、收弧，如图 3-7 所示。

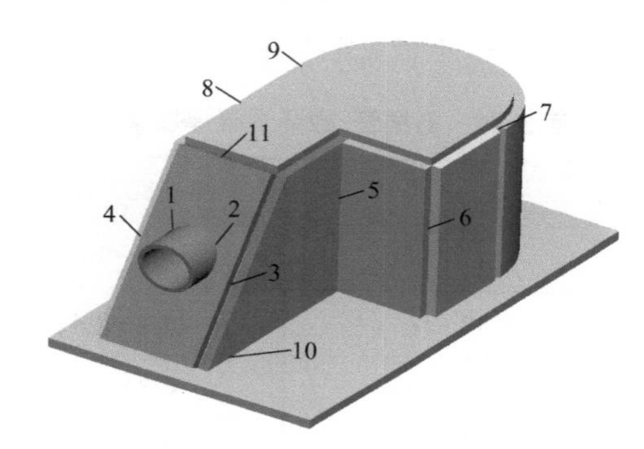

图 3-7　厚板异形容器焊缝

5）定位焊及操作时间。

① 工件定位焊时间。工件定位焊时间 30min。

② 示教及焊接时间。示教编程时间 + 焊接时间，每人每次为 240min。

【实操建议】

1. 工艺分析

1）容易在拐角位置产生未熔合、未焊透缺陷。

2）充分考虑机器人焊接可达性，将工件放在合适位置。

厚板异形容器组合件焊接顺序为先立焊，再进行上部外角焊和底部平角焊。

2. 焊接工艺与编程要点

1）焊接顺序和方向（立转平、左往右）。

2）焊接参数（拐角焊接参数的变化）。

3）程序点的设置与焊枪的姿态（向下立焊焊枪角度的控制，立转平焊缝宽度的变化以及焊枪大幅度的转变）。

4）厚板异形容器焊缝尺寸大，采用直线摆动焊接。由于熔化金属受重力作用，因此，上下振幅点的停留时间设置不同。

3. 各位置焊接参数

1）斜插式管–板环焊缝（焊缝 1、2）。

① 难点。机器人示教姿态受本体限制，编程难度较高。

② 解决方案。采用两条焊缝完成管焊缝焊接。斜插式管–板环焊缝示意图如图 3-8 所示。各示教点焊枪角度为管与斜板角度的一半。

斜插式管–板环焊缝焊接参数见表 3-29。

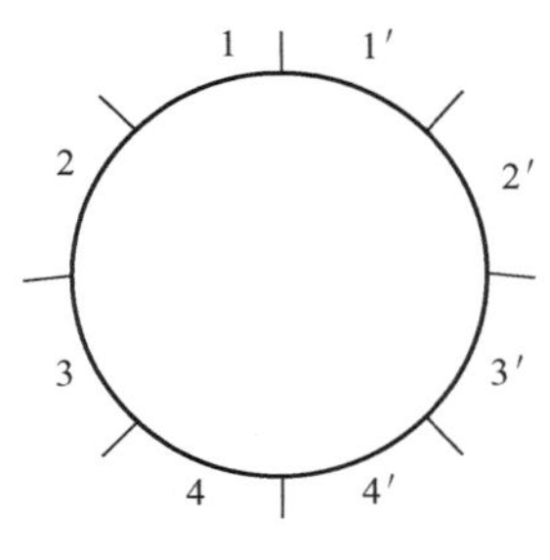

a) 示教点位置图

b) 运行轨迹

c) 焊接效果

图 3-8　斜插式管-板环焊缝示意图

表 3-29　斜插管-板环焊缝焊接参数

焊接位置	焊接电流/A	焊接电压/V	焊接速度/(m/min)	收弧时间/s
1（1′）	130～140	17～18	0.3～0.4	—
2（2′）	130～140	17～18	0.3～0.4	—
3（3′）	140～150	18～19	0.3～0.4	—
4（4′）	140～150	18～19	0.3～0.4	0.3～0.4

注：1－1′和4－4′结合部位应有搭接3～4mm。

2）立对接焊缝（焊缝7、8、9）。

① 难点。焊接位置为立焊，受重力影响，焊缝成形后表面出现中间凸起，而焊趾处内凹容易咬边；通常收弧位置出现下塌，低于母材。

② 解决方案。打底焊后，盖面焊采用小电流慢速焊接，收弧位置改变焊枪角度，小电流填满，焊接参数见表3-30。

表 3-30　立对接焊缝焊接参数

焊接类型	焊接电流/A	焊接电压/V	焊接速度/(m/min)	摆幅/mm	收弧时间/s	摆幅点停留时间/s	频率/Hz
打底焊（向下立焊）	150～160	20～21	0.18	—	—	—	—
打底焊收弧	105～110	16～17	—	—	0.1～0.2	—	—
盖面焊（向上立焊）	85～90	15～16	0.07～0.08	5～6	—	0.2～0.3	0.6～0.7
盖面焊收弧	60～70	14～15	—	—	0.3～0.4	—	—

3）立角接焊缝（焊缝5、6）。

① 难点。立角接焊缝两侧坡口容易出现咬边；收弧位置下塌。

② 解决方案。打底焊后，盖面焊采用小电流慢速焊接，收弧位置改变焊枪角度，小电流填满，焊接参数见表3-31。

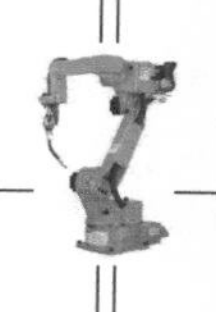

表 3-31　立角接焊缝焊接参数

焊接类型	焊接电流/A	焊接电压/V	焊接速度/(m/min)	摆幅/mm	收弧时间/s	摆幅点停留时间/s	频率/Hz
打底焊(向下立焊)	140～150	20～21	0.4～0.5	—	—	—	—
打底焊收弧	105～110	16～17	—	—	0.1～0.2	—	—
盖面焊(向上立焊)	85～95	15～16	0.07～0.08	7.5～8.0	—	0.3～0.4	0.6～0.7
盖面焊收弧	70～75	14～15	—	—	0.3～0.4	—	—

4）斜立角接焊缝（焊缝3、4）。

① 难点。焊缝为空间斜向角度焊缝，存在摆幅点设置问题；焊缝下塌。

② 解决方案。摆幅点连线垂直于焊缝，小电流盖面焊。斜立角接焊缝焊接参数见表3-32。

表 3-32　斜立角接焊缝焊接参数

焊接类型	焊接电流/A	焊接电压/V	焊接速度/(m/min)	摆幅/mm	收弧时间/s	摆幅点停留时间/s	频率/Hz
打底焊(向下立焊)	140～150	20～21	0.4～0.5	—	—	—	—
打底焊收弧	105～110	16～17	—	—	0.1～0.2	—	—
盖面焊(向上立焊)	100～110	16～17	0.07～0.08	7.5～8.0	—	0.3～0.4	0.6～0.7
盖面焊收弧	70～75	14～15	—	—	0.3～0.4	—	—

5）上盖板搭接角接焊缝（焊缝11）。

① 难点。盖板侧坡口面熔化后，铁液无支承，焊缝下塌。

② 解决方案。大电流打底焊，小电流盖面焊；上盖板搭接角接焊缝焊接参数见表3-33。

表 3-33　上盖板搭接角接焊缝焊接参数

焊接类型	焊接电流/A	焊接电压/V	焊接速度/(m/min)	摆幅/mm	摆幅点停留时间/s	频率/Hz
打底直焊道	170～180	21～22	0.3～0.4	—	—	—
打底拐角	160～170	20～21	0.4～0.5	—	—	—
斜板处打底焊	160～170	20～21	0.4～0.5	—	—	—
盖面直焊道	90～100	16～17	0.07～0.08	7.8～8.8	上0.3～0.4 下0.1～0.2	0.6～0.7
盖面拐角	80～90	16～17	0.10～0.13	7.8～8.8	上0.3～0.4 下0.2～0.3	0.6～0.7
斜板处盖面焊	80～90	16～17	0.08～0.10	7.8～8.8	上0.3～0.4 下0.3～0.4	0.6～0.7

6）底板上平角焊缝（焊缝 10）。

① 难点。焊缝下塌，立板侧容易出现咬边。

② 解决方案。大电流打底焊，小电流盖面焊；底板上平角焊缝焊接参数见表 3-34。

表 3-34　底板上平角焊缝焊接参数

焊接类型	焊接电流 /A	焊接电压 /V	焊接速度 /(m/min)	摆幅 /mm	摆幅点停留时间/s	频率 /Hz
打底直焊道	170～180	21～22	0.3～0.4	—	—	—
打底拐角	160～170	20～21	0.4～0.5	—	—	—
盖面直焊道	110～120	16～17	0.07～0.08	8.5～9.0	上 0.3～0.4 下 0.1～0.2	0.6～0.7
盖面拐角	110～120	16～17	0.10～0.13	8.5～9.0	上 0.3～0.4 下 0.1～0.2	0.6～0.7

【实操步骤】

厚板异形容器焊接的操作步骤及方法见表 3-35。

表 3-35　厚板异形容器焊接的操作步骤及方法

操作步骤	操作方法	操作图示	补充说明
原点	将工件定位焊组对好，放在焊枪位置的正下方并固定好，设置原点		装夹位置应考虑机器人手臂的可达性
焊缝 1 焊接起始点（第 1 段）	使用工具坐标系将焊枪轴向移至焊接起始点，使用圆弧焊接指令		焊缝 1 进枪姿态与焊接姿态轴向一致。注意焊丝干伸长始终为 15mm，焊枪工作角始终为 45°，焊枪行进角始终为 90°
焊缝 1 焊接中间点（第 2 段）	使用工具坐标系将焊枪移动到下一点并轴向顺时针旋转 10°，使用圆弧焊接指令		焊缝 1

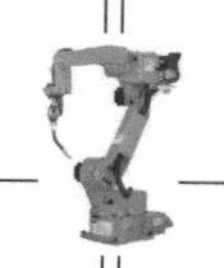

（续）

操作步骤	操作方法	操作图示	补充说明
焊缝 1 焊接中间点（第 3 段）	继续使用工具坐标系将焊枪移动到下一点并轴向顺时针旋转 10°，使用圆弧焊接指令	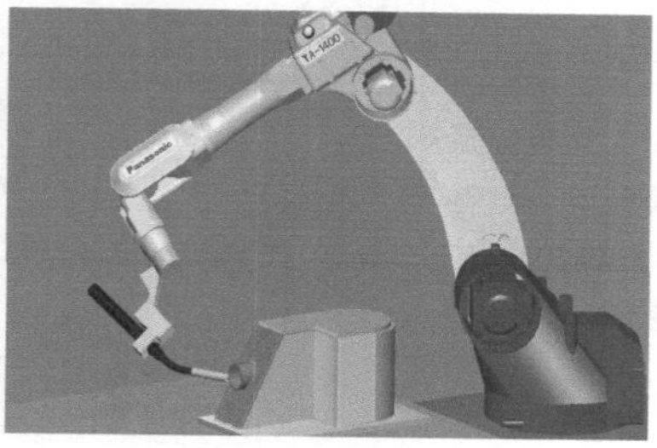	焊缝 1
焊缝 1 焊接结束点（第 4 段）	继续使用工具坐标系将焊枪移动到下一点并轴向顺时针旋转 10°，使用圆弧焊接指令	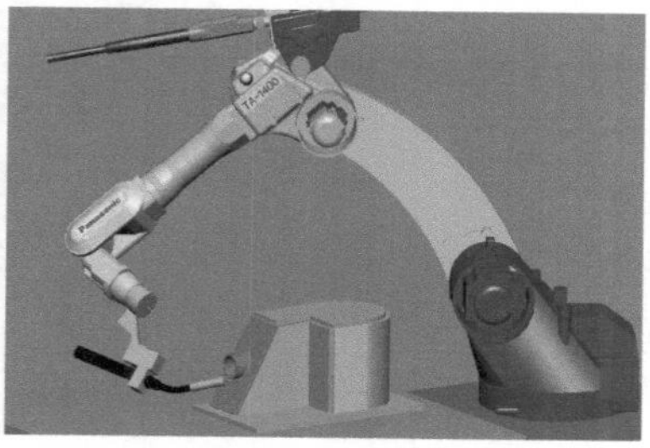	焊缝 1
焊缝 2 焊接起始点（第 1′段）	使用工具坐标系将焊枪轴向移至焊接起始点，圆弧焊接指令	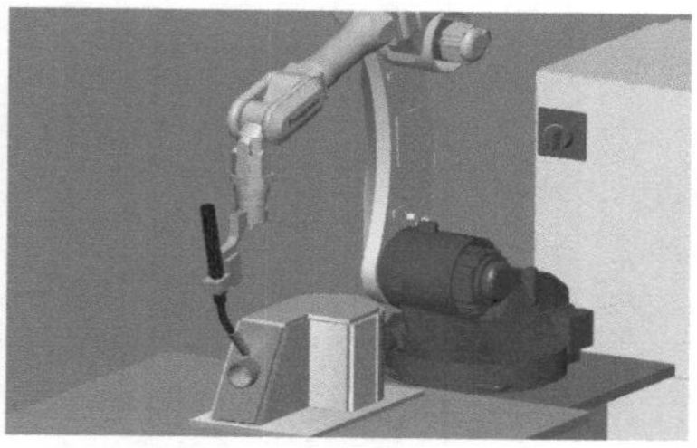	焊缝 2，注意焊丝干伸长为 15mm，焊枪工作角始终为 45°，焊枪行进角始终为 90°
焊缝 2 焊接中间点（第 2′段）	继续使用工具坐标系将焊枪移动到下一点并轴向逆时针旋转 10°，使用圆弧焊接指令	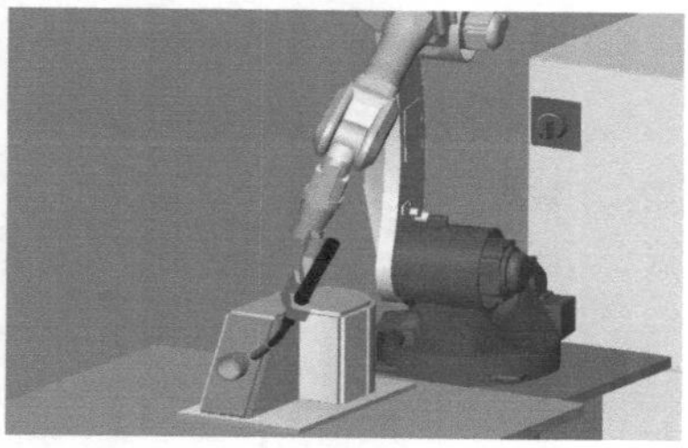	焊缝 2
焊缝 2 焊接中间点（第 3′段）	继续使用工具坐标系将焊枪移动到下一点并轴向逆时针旋转 10°，使用圆弧焊接指令		焊缝 2

（续）

操作步骤	操作方法	操作图示	补充说明
焊缝 2 焊接结束点（第 4′段）	继续使用工具坐标系将焊枪移动到下一点并轴向逆时针旋转 10°，使用圆弧焊接指令	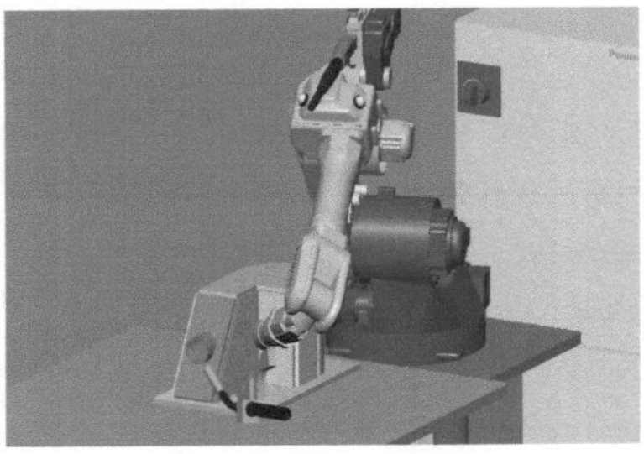	焊缝 2
焊缝 3 焊接起始点	直线示教点，下坡焊，接圆弧示教点	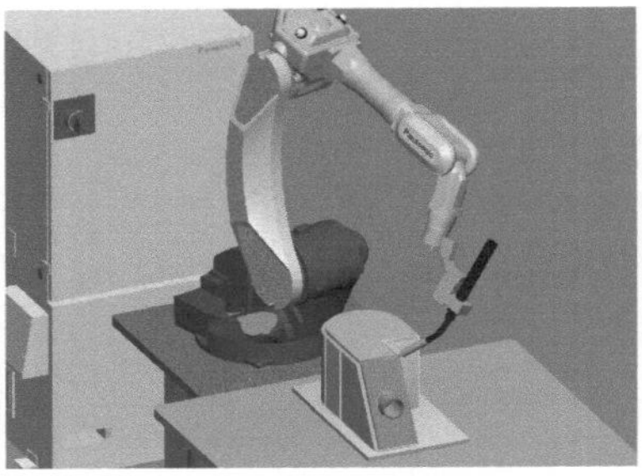	焊缝 3，调整焊枪角度，焊枪工作角始终为 45°，焊枪行进角始终为 80°
焊缝 3 焊接结束点	直线示教点，下坡焊，接圆弧示教点	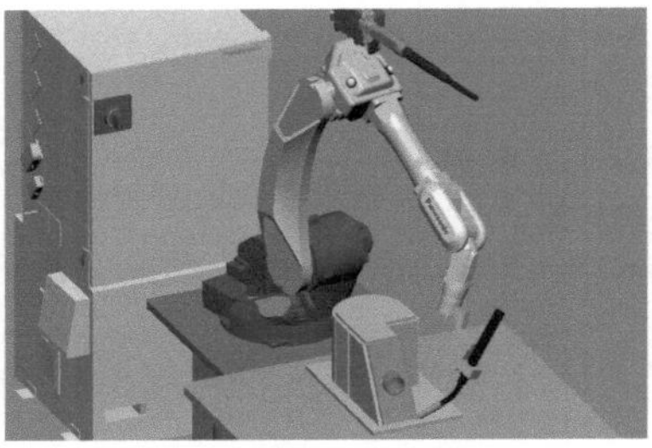	焊缝 3
焊缝 4 焊接起始点	直线示教点，下坡焊，接圆弧示教点	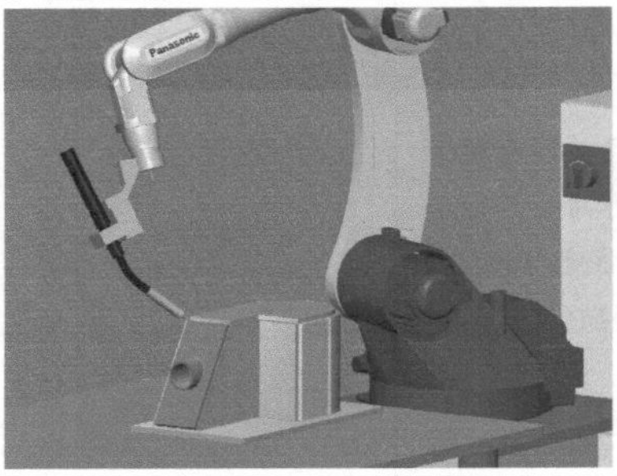	焊缝 4，调整焊枪角度，焊枪工作角始终为 45°，焊枪行进角始终为 80°
焊缝 4 焊接结束点	直线示教点，下坡焊，接圆弧示教点	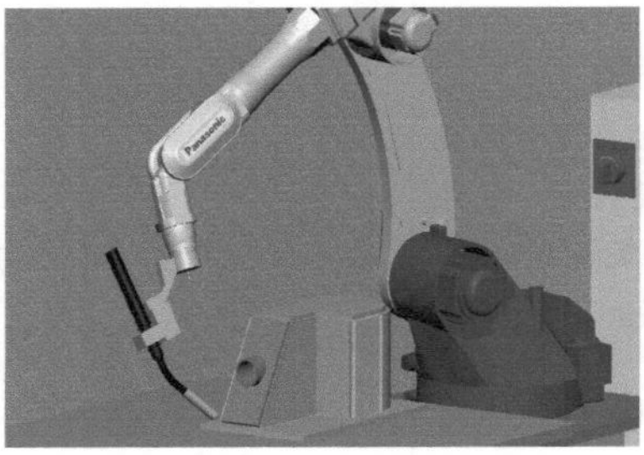	焊缝 4

（续）

操作步骤	操作方法	操作图示	补充说明
焊缝 5 焊接起始点	直线示教点，向下立焊，接圆弧示教点		焊缝 5，调整焊枪角度，焊枪工作角始终为 45°，焊枪行进角始终为 80°
焊缝 5 焊接结束点	直线示教点，向下立焊，接圆弧示教点		焊缝 5
焊缝 6 焊接起始点	直线示教点，向下立焊，接圆弧示教点		焊缝 6，调整焊枪角度，焊枪工作角始终为 45°，焊枪行进角始终为 80°
焊缝 6 焊接结束点	直线示教点，向下立焊，接圆弧示教点		焊缝 6
焊缝 7 焊接起始点	直线示教点，向下立焊，接圆弧示教点		焊缝 7，调整焊枪角度，焊枪工作角始终为 45°，焊枪行进角始终为 80°

（续）

操作步骤	操作方法	操作图示	补充说明
焊缝 7 焊接结束点	直线示教点，向下立焊，接圆弧示教点	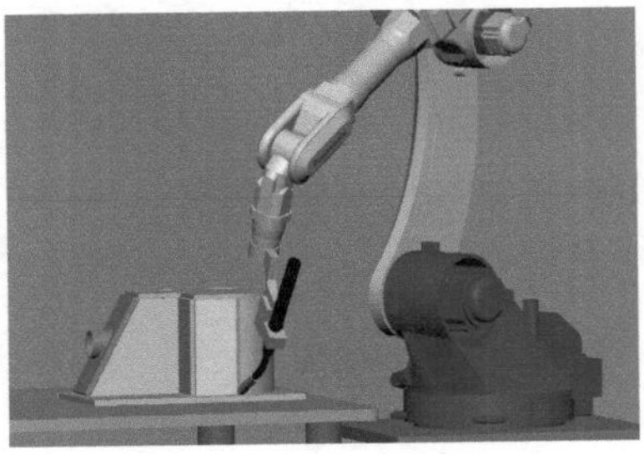	焊缝 7
焊缝 8 焊接起始点	直线示教点，向下立焊，接圆弧示教点	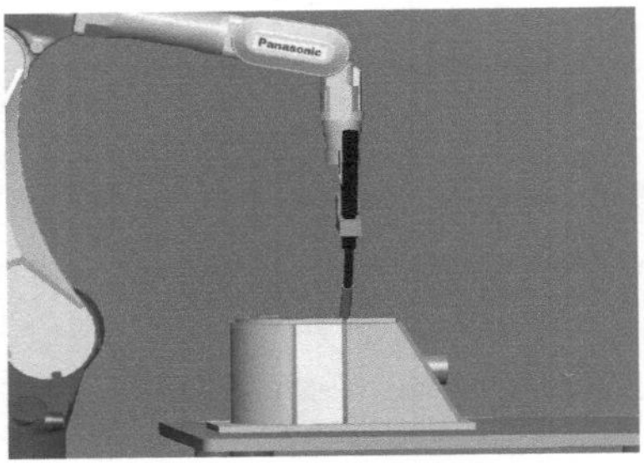	焊缝 8，调整焊枪角度，焊枪工作角始终为 45°，焊枪行进角始终为 80°
焊缝 8 焊接结束点	直线示教点，向下立焊，接圆弧示教点	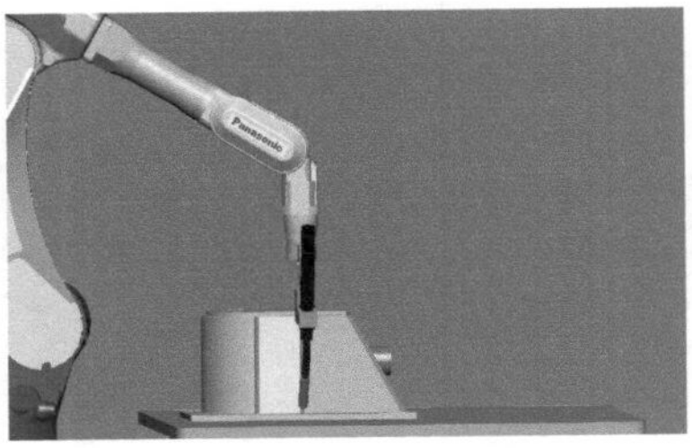	焊缝 8
焊缝 9 焊接起始点	直线示教点，向下立焊，接圆弧示教点	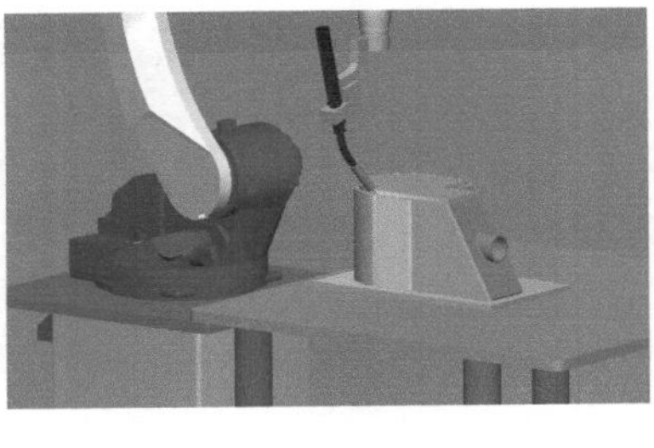	焊缝 9，调整焊枪角度，焊枪工作角始终为 45°，焊枪行进角始终为 80°
焊缝 9 焊接结束点	直线示教点，向下立焊，接圆弧示教点	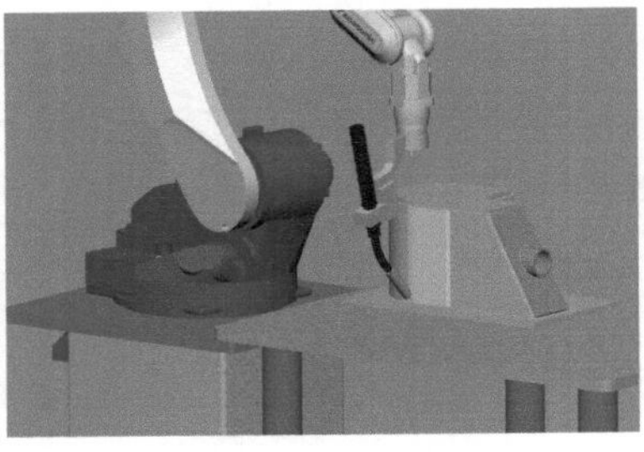	焊缝 9

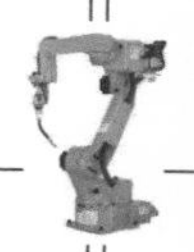

（续）

操作步骤	操作方法	操作图示	补充说明
退避点	示教焊缝 9 退避点	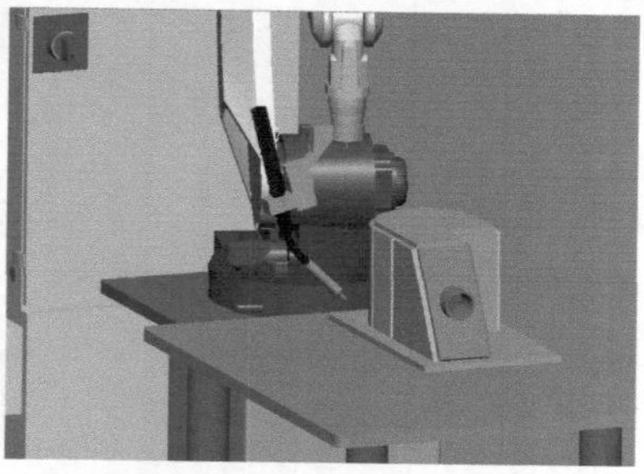	
进枪点	示教焊缝 10 进枪点	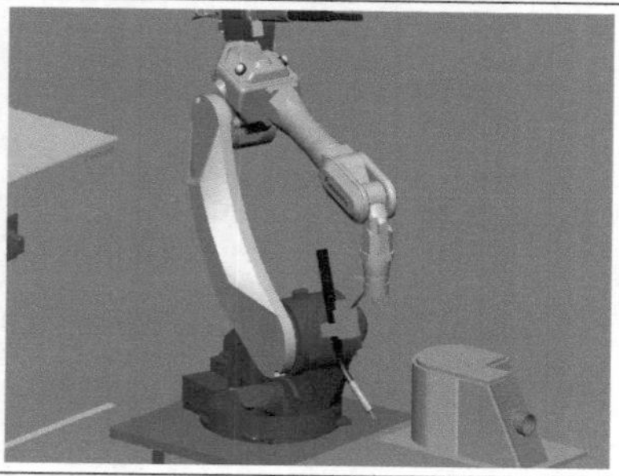	
焊缝 10 焊接起始点	直线示教点，接圆弧示教点	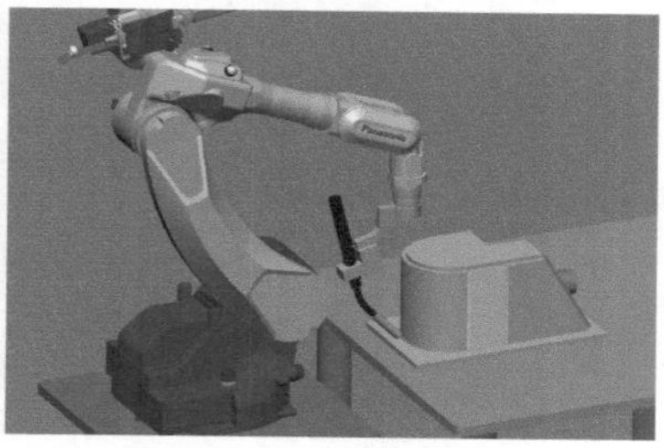	焊缝 10，调整焊枪角度，焊枪工作角始终为 45°，焊枪行进角始终为 80°
焊缝 10 焊接中间点	圆弧示教点，绕 Z 轴逆时针转动	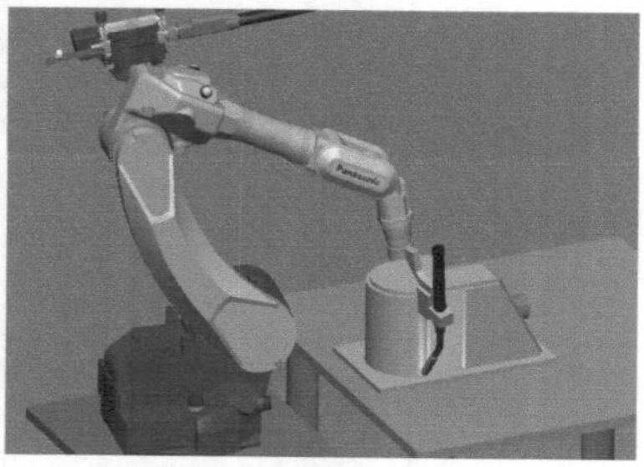	焊缝 10
焊缝 10 焊接中间点	圆弧示教点，接直线示教点，绕 Z 轴逆时针转动	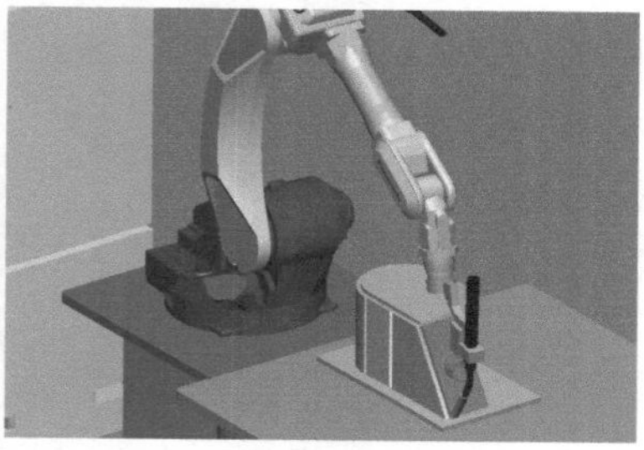	焊缝 10

（续）

操作步骤	操作方法	操作图示	补充说明
焊缝 10 焊接中间点	直线示教点，接圆弧示教点	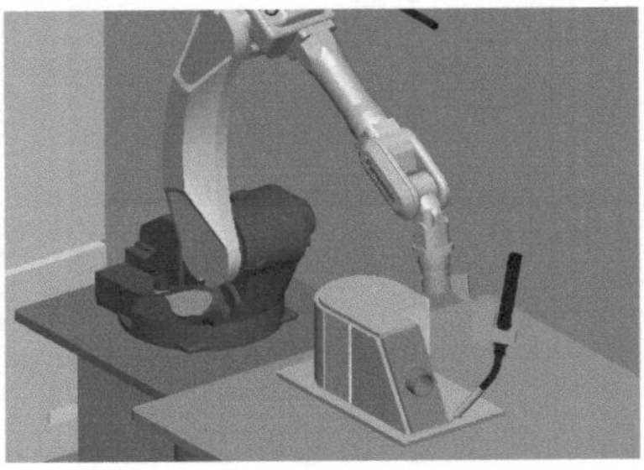	焊缝 10
焊缝 10 焊接中间点	圆弧示教点，绕 Z 轴逆时针转动	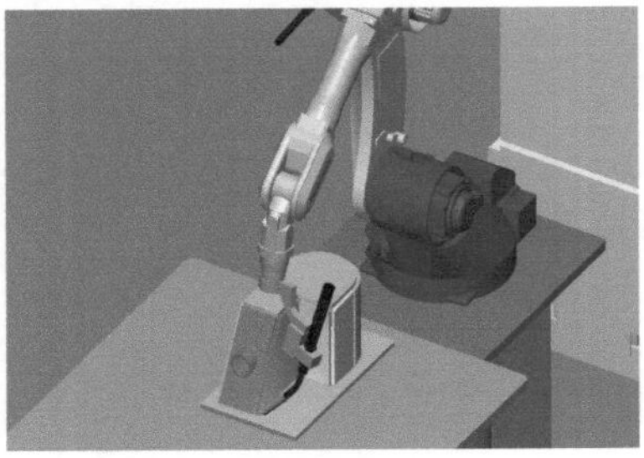	焊缝 10
焊缝 10 焊接中间点	直线示教点，接圆弧示教点	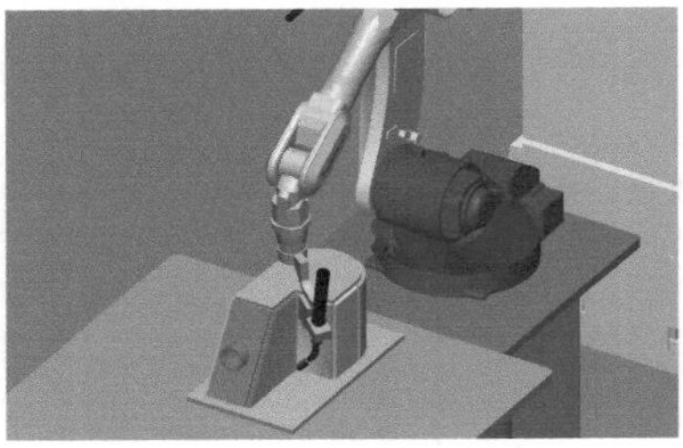	焊缝 10
焊缝 10 焊接中间点	圆弧示教点，绕 Z 轴逆时针转动	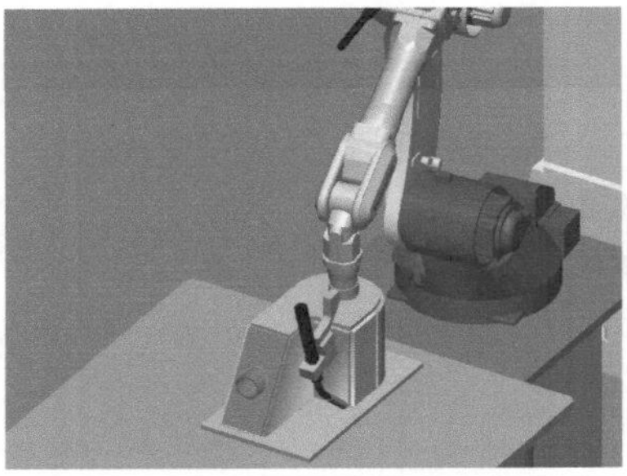	焊缝 10
焊缝 10 焊接中间点	圆弧示教点，绕 Z 轴逆时针转动	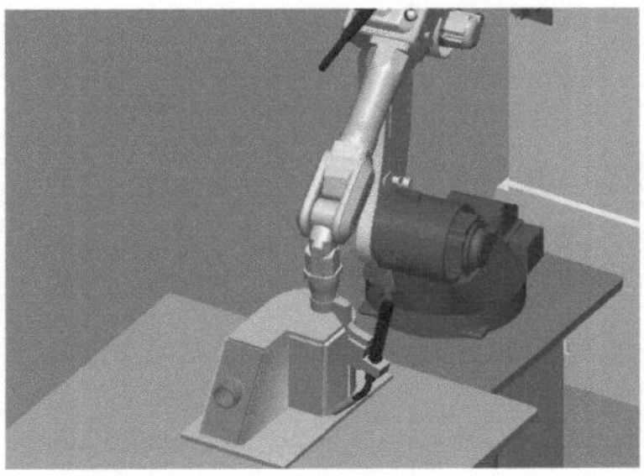	焊缝 10

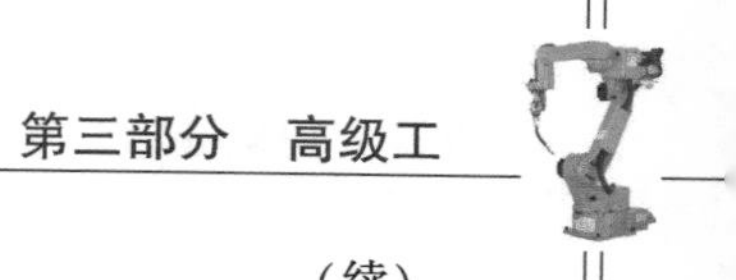

（续）

操作步骤	操作方法	操作图示	补充说明
焊缝 10 焊接结束点	圆弧示教点，接直线示教点，绕 *Z* 轴逆时针转动	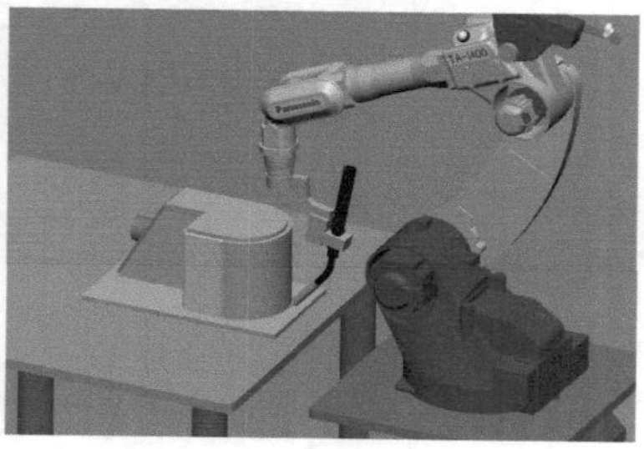	焊缝 10
焊缝 11 焊接起始点	直线示教点，接圆弧示教点	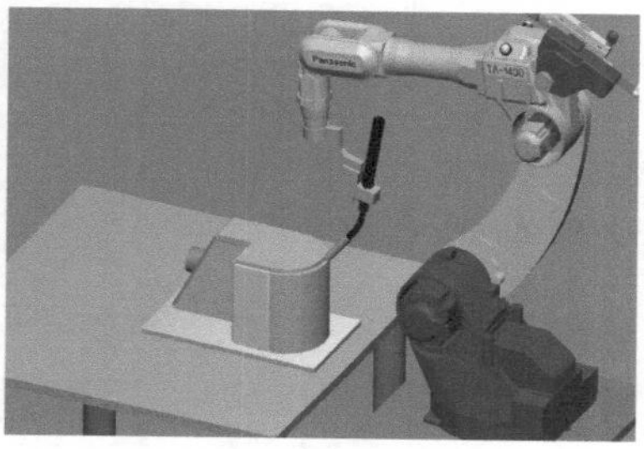	焊缝 11，调整焊枪角度，焊枪工作角始终为 45°，焊枪行进角始终为 80°
焊缝 11 焊接中间点	圆弧示教点，绕 *Z* 轴顺时针转动	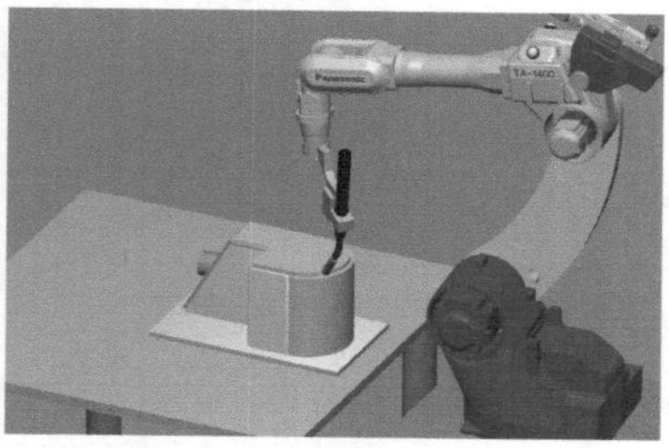	焊缝 11
焊缝 11 焊接中间点	直线示教点，接圆弧示教点	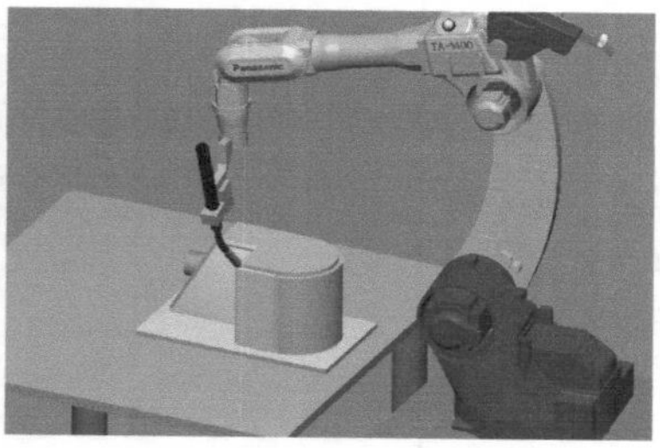	焊缝 11
焊缝 11 焊接中间点	圆弧示教点，绕 *Z* 轴顺时针转动	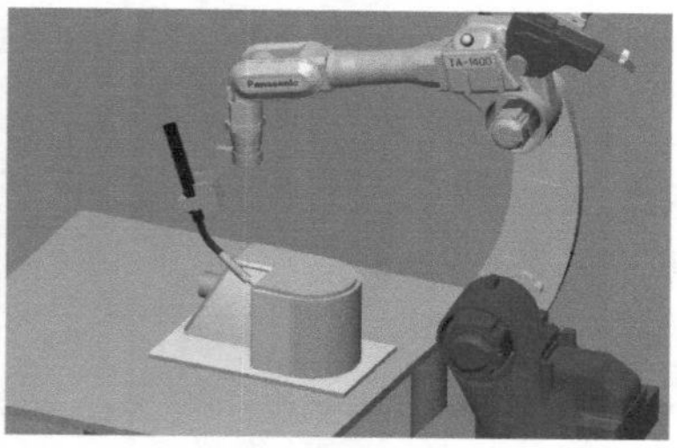	焊缝 11

（续）

操作步骤	操作方法	操作图示	补充说明
焊缝 11 焊接中间点	圆弧示教点，绕 Z 轴顺时针转动	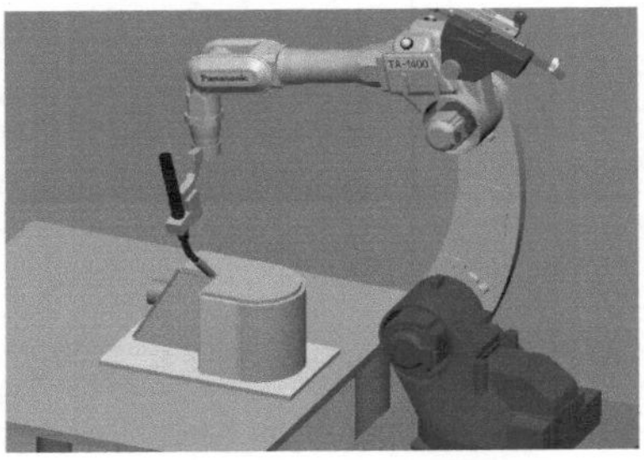	焊缝 11
焊缝 11 焊接中间点	圆弧示教点，接直线示教点，绕 Z 轴顺时针转动	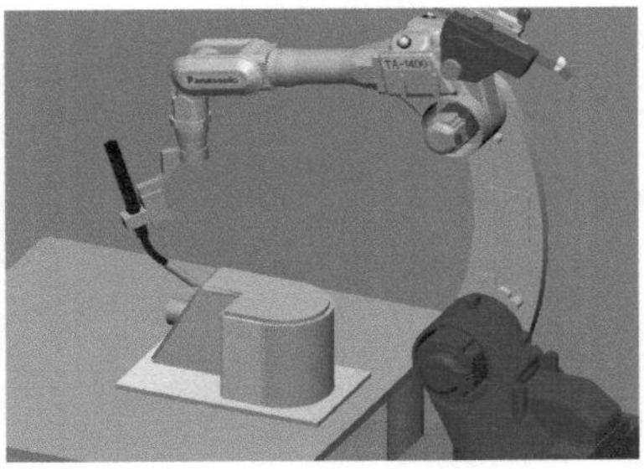	焊缝 11
焊缝 11 焊接中间点	圆弧示教点，绕 Z 轴顺时针转动	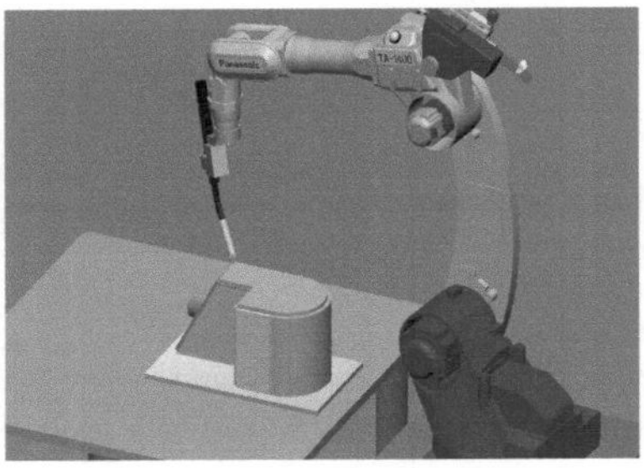	焊缝 11
焊缝 11 焊接中间点	圆弧示教点，绕 Z 轴顺时针转动	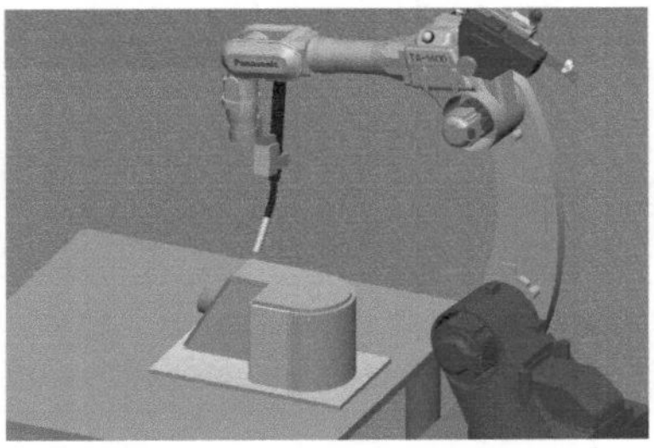	焊缝 11
焊缝 11 焊接中间点	圆弧示教点，绕 Z 轴顺时针转动	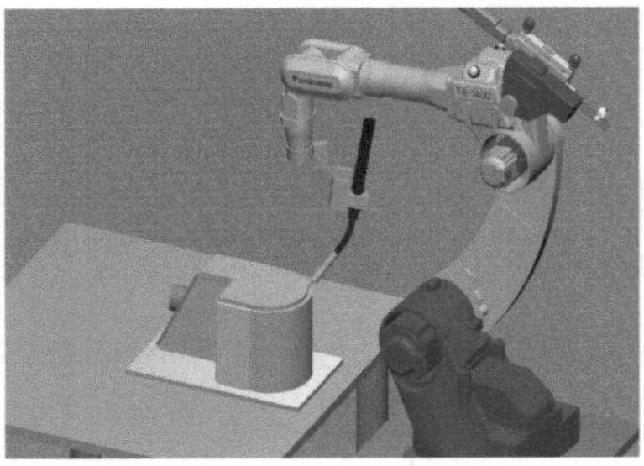	焊缝 11

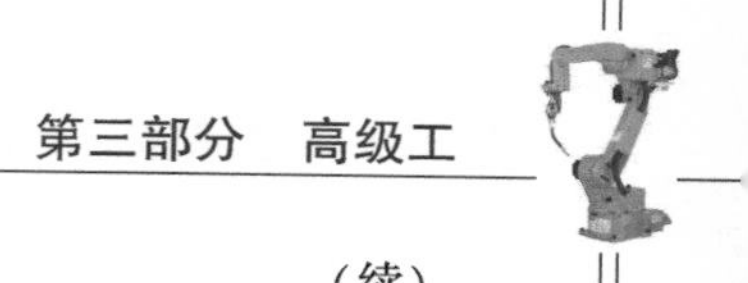

（续）

操作步骤	操作方法	操作图示	补充说明
焊缝 11 焊接结束点	圆弧示教点，绕 Z 轴顺时针转动	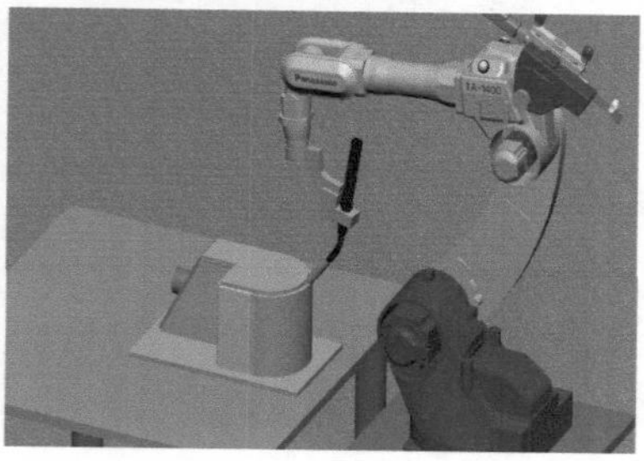	焊缝 11
焊缝 3 盖面焊	焊缝 3 盖面层斜向上摆动焊接	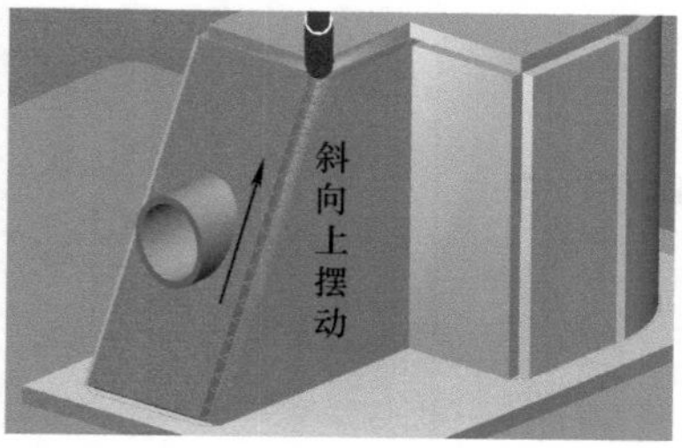 斜向上摆动	焊缝 3，由下至上运枪，焊枪工作角 45°，焊枪与焊缝间夹角由 60°变为 90°
焊缝 4 盖面焊	焊缝 4 盖面层斜向上摆动焊接	 斜向上摆动	焊缝 4，由下至上运枪，焊枪工作角 45°，焊枪与焊缝间夹角由 60°变为 90°
焊缝 5 盖面焊	焊缝 5 盖面层立向上摆动焊接	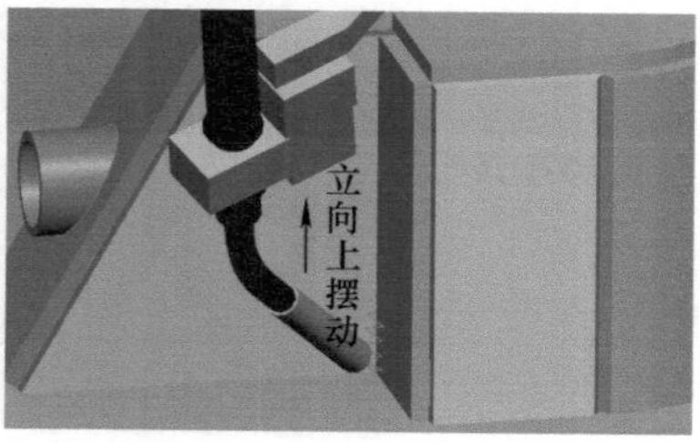 立向上摆动	焊缝 5，由下至上运枪，焊枪工作角 45°，焊枪与焊缝间夹角由 60°变为 90°
焊缝 6 盖面焊	焊缝 6 盖面层立向上摆动焊接	 立向上摆动	焊缝 6，由下至上运枪，焊枪工作角 45°，焊枪与焊缝间夹角由 60°变为 90°

（续）

操作步骤	操作方法	操作图示	补充说明
焊缝 7 盖面焊	焊缝 7 盖面层立向上摆动焊接	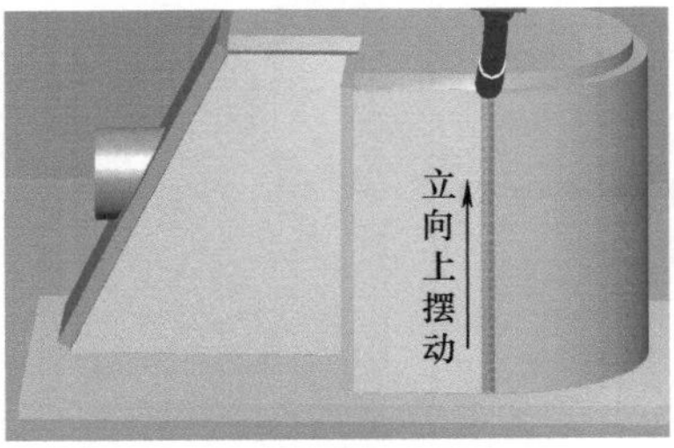	焊缝 7，由下至上运枪，焊枪工作角 45°，焊枪与焊缝间夹角由 60°变为 90°
焊缝 8 盖面焊	焊缝 8 盖面层立向上摆动焊接		焊缝 8，由下至上运枪，焊枪工作角 45°，焊枪与焊缝间夹角由 60°变为 90°
焊缝 9 盖面焊	焊缝 9 盖面层立向上摆动焊接	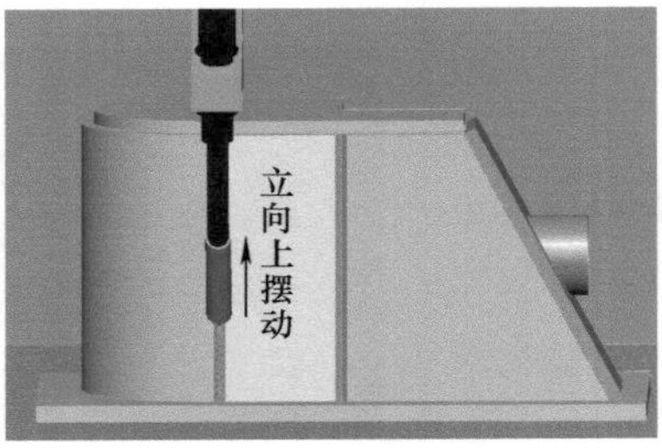	焊缝 9，由下至上运枪，焊枪工作角 45°，焊枪与焊缝间夹角由 60°变为 90°
焊缝 10 盖面焊	焊缝 10 盖面层摆动焊接		焊缝 10，焊枪工作角 45°，焊枪行进角 80°，沿逆时针方向摆动焊接
焊缝 11 盖面焊	焊缝 11 顶部盖面层摆动焊接	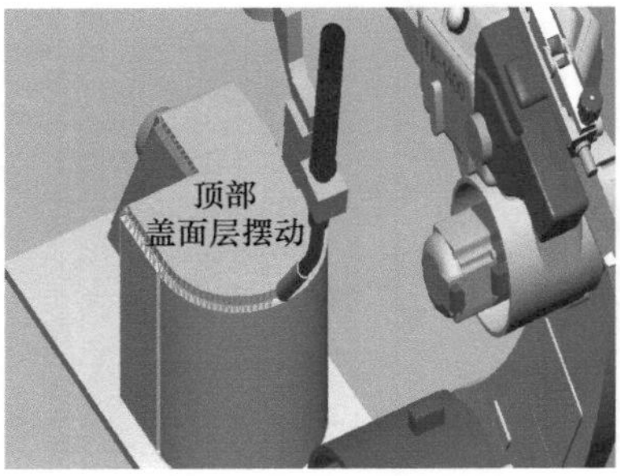	焊缝 11，焊枪工作角 45°，焊枪行进角 80°，沿顺时针方向摆动焊接

（续）

操作步骤	操作方法	操作图示	补充说明
斜插式管-板环焊缝程序		● MOVEP P001 10.00m/min ● MOVEP P002 10.00m/min ● MOVEC P003 30.00m/min ARC-SET AMP=140 VOLT=18.0 S=0.40 ARC-ON ArcStart1 PROCESS=1 ● MOVEC P004 10.00m/min ARC-SET AMP=140 VOLT=18.0 S=0.40 ● MOVEC P005 10.00m/min ARC-SET AMP=150 VOLT=19.0 S=0.40 ● MOVEC P006 10.00m/min ARC-SET AMP=150 VOLT=19.0 S=0.40 ● MOVEC P007 10.00m/min CRATER AMP=105 VOLT=16.0 T=0.40 ARC-OFF ArcEnd1 PROCESS=1 ● MOVEP P008 10.00m/min	
斜立角接焊缝（盖面层）程序		● MOVEP P087 10.00m/min ● MOVELW P088 10.00m/min Ptn=1 F=0.6 ARC-SET AMP=110 VOLT=17.0 S=0.08 ARC-ON ArcStart1 PROCESS=1 ○ WEAVEP P089 10.00m/min T=0.4 ○ WEAVEP P090 10.00m/min T=0.3 ● MOVELW P091 10.00m/min Ptn=1 F=0.6 CRATER AMP=70 VOLT=14.6 T=0.30 ARC-OFF ArcEnd1 PROCESS=1 ● MOVEP P092 10.00m/min	
上盖板搭接角接焊缝（打底层）程序		● MOVEC P043 30.00m/min ARC-SET AMP=170 VOLT=21.0 S=0.30 ARC-ON ArcStart1 PROCESS=1 ● MOVEC P044 10.00m/min ● MOVEC P045 10.00m/min ● MOVEL P046 10.00m/min ● MOVEC P047 10.00m/min ● MOVEC P048 10.00m/min ● MOVEC P049 10.00m/min ● MOVEL P050 10.00m/min ● MOVEC P051 10.00m/min ● MOVEC P052 10.00m/min ● MOVEC P053 10.00m/min ● MOVEL P054 10.00m/min ● MOVEC P055 10.00m/min ● MOVEC P056 10.00m/min ● MOVEC P057 10.00m/min ● MOVEL P058 10.00m/min ● MOVEC P059 10.00m/min ● MOVEC P060 10.00m/min ● MOVEC P061 10.00m/min ● MOVEL P062 10.00m/min ● MOVEC P063 10.00m/min ● MOVEC P064 10.00m/min ● MOVEC P065 10.00m/min CRATER AMP=100 VOLT=17.0 T=0.30 ARC-OFF ArcEnd1 PROCESS=1 ● MOVEP P066 10.00m/min	

【任务评价】

1）厚板异形容器所有焊缝任务评价占75%。

厚板异形容器 $\delta=10\text{mm}$ 平角焊缝任务评价见表3-36。

表3-36　厚板异形容器 $\delta=10\text{mm}$ 平角焊缝任务评价

检查项目	标准、分数	评价等级				实际得分
焊脚尺寸 K_1	标准/mm	8~9	7~10	6~11	>11，<6	
	分数	10	8	6	2	
焊脚尺寸 K	标准/mm	8~9	7~10	6~11	>11，<6	
	分数	10	8	6	2	
焊缝宽窄差	标准/mm	≤0.5	>0.5~1	>1~2	>2	
	分数	5	4	3	1	
焊缝脱节	标准/mm	≤1	>1~2	>2~3	>3	
	分数	5	4	3	1	
咬边	标准/mm	0	深度≤0.5 长度≤15	深度≤0.5 长度>15~30	深度>0.5 长度>30	
	分数	10	8	6	2	
焊缝表面成形	标准	优	良	一般	差	
		成形美观，焊纹均匀细密，高低宽窄一致	成形较好，焊纹均匀，焊缝平整	成形尚可，焊缝平直	焊缝弯曲，高低宽窄明显，有表面焊接缺陷	
	分数	10	8	6	2	
分数		50	40	30	10	

厚板异形容器 $\delta=10\text{mm}$ 角端接焊缝任务评价见表3-37。

表3-37　厚板异形容器 $\delta=10\text{mm}$ 角端接焊缝任务评价

检查项目	标准、分数	评价等级				实际得分
焊缝高度	标准/mm	9~11	8~12	7~13	>13，<7	
	分数	10	8	6	2	
焊缝宽度	标准/mm	14~15	13~16	12~17	>17，<12	
	分数	10	8	6	2	
焊缝宽窄差	标准/mm	≤0.5	>0.5~1	>1~1.5	>1.5	
	分数	5	4	3	1	
焊缝脱节	标准/mm	≤1	>1~2	>2~3	>3	
	分数	5	4	3	1	
咬边	标准/mm	0	深度≤0.5 长度≤15	深度≤0.5 长度>15~30	深度>0.5 长度>30	
	分数	10	8	6	2	

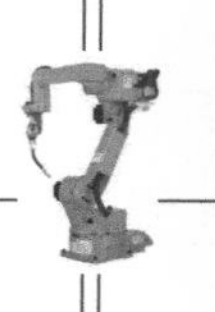

（续）

检查项目	标准、分数	评价等级				实际得分
焊缝表面成形		优	良	一般	差	
	标准	成形美观，焊纹均匀细密，高低宽窄一致	成形较好，焊纹均匀，焊缝平整	成形尚可，焊缝平直	焊缝弯曲，高低宽窄明显，有表面焊接缺陷	
	分数	10	8	6	2	
分数		50	40	30	10	

厚板异形容器 $\phi60mm \times 5mm$ 管与 $\delta = 10mm$ 板环焊缝任务评价见表 3-38。

表 3-38　厚板异形容器 $\phi60mm \times 5mm$ 管与 $\delta = 10mm$ 板环焊缝任务评价

检查项目	标准、分数	评价等级				实际得分
焊脚尺寸 K_1	标准/mm	5 ~6	4.5 ~6.5	4 ~7	>7，<4	
	分数	10	8	6	2	
焊脚尺寸 K	标准/mm	5 ~6	4.5 ~6.5	4 ~7	>7，<4	
	分数	10	8	6	2	
焊缝宽窄差	标准/mm	≤0.5	>0.5 ~1	>1 ~2	>2	
	分数	5	4	3	1	
焊缝脱节	标准/mm	≤1	>1 ~2	>2 ~3	>3	
	分数	5	4	3	1	
咬边	标准/mm	0	深度≤0.5 长度≤15	深度≤0.5 长度>15 ~30	深度>0.5 长度>30	
	分数	10	8	6	2	
焊缝表面成形		优	良	一般	差	
	标准	成形美观，焊纹均匀细密，高低宽窄一致	成形较好，焊纹均匀，焊缝平整	成形尚可，焊缝平直	焊缝弯曲，高低宽窄明显，有表面焊接缺陷	
	分数	10	8	6	2	
分数		50	40	30	10	

2）容器水压检测。用 0.3MPa 压力水充入容器内，检测有无泄漏点；无泄漏为 25 分；发现每 1 处泄漏减 5 分，25 分减完为止。

3）其他要求。

① 焊缝表面如有修补，该工件为 0 分。

② 焊缝表面有裂纹、夹渣、未熔合、气孔、焊瘤等缺陷之一的，该工件为 0 分。

4）总成绩。外观检查（75 分）+ 水压检测成绩（25 分）= 总成绩（100 分）。

项目五　三棱锥体密闭件焊接

【实操目的】

掌握三棱锥体密闭件的全位置机器人焊接操作技能，机器人位姿变化大导致的机器人超限问题处理，通过平、横、立、仰全方位焊接作业；培养操控机器人能力和焊接工艺应用能力。

【职业素养】

反复总结，反复实践；借鉴经验，开拓创新。

【实操内容】

三棱锥体密闭件的机器人示教及焊接。

【参考教材】

焊接机器人系列教材第一册《焊接机器人基本操作及应用》（第2版）；第五册《焊接机器人操作编程及应用》（ABB、KUKA、FANUC、安川、OTC五品牌合编）。

【设备、工具及工件准备】

设备及工具准备明细见表3-39。

表3-39　设备及工具准备明细

序号	名称	型号与规格	单位	数量	备注
1	弧焊机器人	臂伸长1400mm	台	1	
2	焊丝	ER50－6、ϕ1.0mm	盒	1	
3	混合气	80%（体积分数）Ar＋20%（体积分数）CO_2	瓶	1	
4	头戴式面罩	自定	个	1	
5	纱手套	自定	副	1	
6	钢丝刷	自定	把	1	
7	尖嘴钳	自定	把	1	
8	扳手	自定	把	1	
9	钢直尺	自定	把	1	
10	十字螺钉旋具	自定	个	1	
11	敲渣锤	自定	把	1	
12	定位块	自定	个	2	
13	焊缝测量尺	自定	把	1	
14	粉笔	自定	根	1	
15	角向磨光机	自定	台	1	
16	劳保用品	帆布工作服、工作鞋等	套	1	

工件是由三块梯形板组成的三棱锥体结构，如图3-9所示。

工件尺寸要求见表3-40。

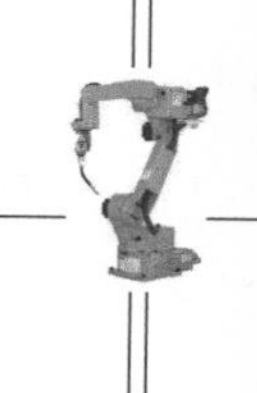

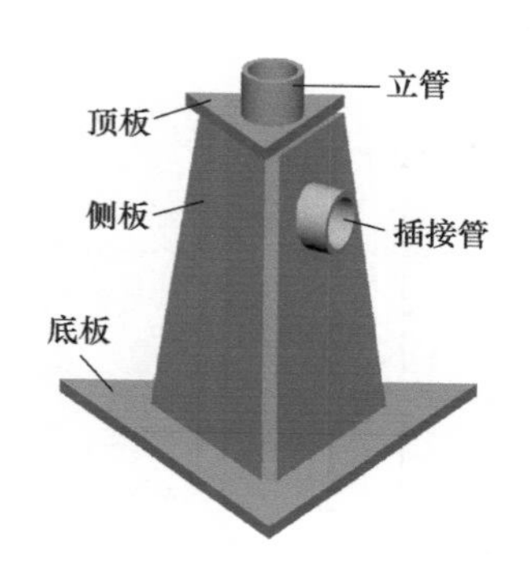

图 3-9　三棱锥体密闭件

表 3-40　工件尺寸要求

序号	名称类型	尺寸/mm	板厚/mm	数量
1	底板	等边三角形，边长 200	6	1 块
2	顶板	等边三角形，边长 95（中心打孔，孔径 ϕ32）	4	1 块
3	侧板	等腰梯形，上边长 76，下边长 106，高 140 （其中一块板距下边 110 处中线位置打孔，孔径 ϕ32）	4	3 块
4	立管、插接管	ϕ32（外径），高 20	4	2 根

工件装配（组对）要求如下。

1）做好焊前清理工作，清除焊接坡口及正反面两侧各 20mm 范围内的油、锈、水分及其他污物，并用角向磨光机打磨出金属光泽。

2）底板定位允许在外侧定位焊，其他均在工件内部定位焊。

3）定位焊焊点的长度控制在 10～15mm。

4）所有拐点处 10mm 范围内禁止定位焊。

三棱锥体密闭件装配尺寸三视图如图 3-10 所示。

工件装配（组对）后的图片如图 3-11 所示。

该工件为全位置焊接，机器人动作幅度大，关节轴容易超限，使工件的焊缝位置处于动作区域内，机器人与工件相对位置尺寸如图 3-12 所示。

【实操建议】

三棱锥体密闭件共有六种焊缝类型，工件一经固定，禁止二次移动。焊接顺序及焊缝名称如图 3-13 所示。

1）管-板角端接焊缝（2 段）焊接参数见表 3-41。

表 3-41　管-板角端接焊缝（2 段）焊接参数

焊接类型	焊接电流 /A	焊接电压 /V	收弧电流 /A	收弧电压 /V	焊接速度 /(m/min)	气体流量 /(L/min)
管-板角端接焊缝焊接	120～130	18～19	80～90	16～17	0.4～0.5	12～15

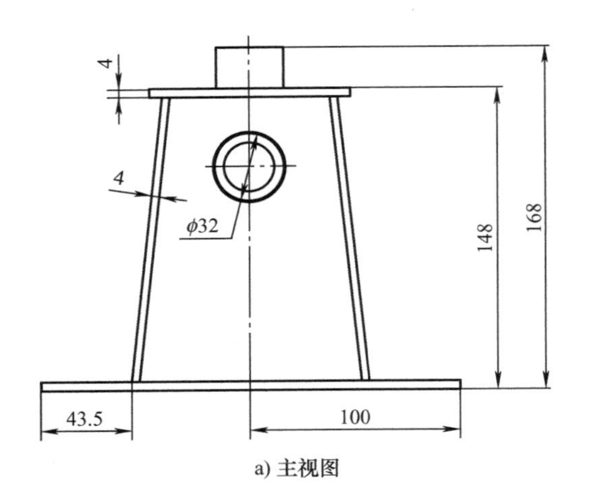

a) 主视图

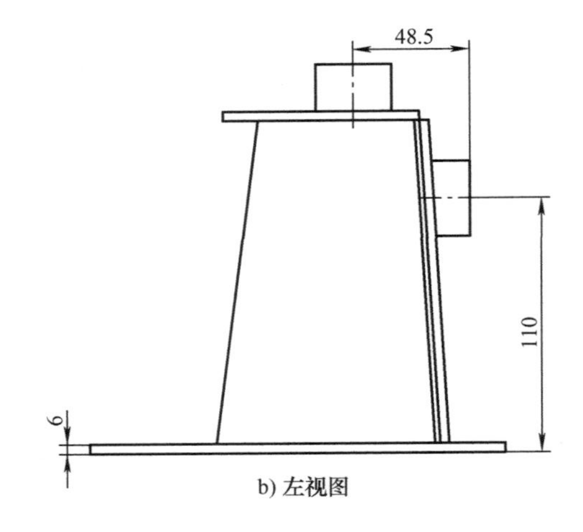

b) 左视图

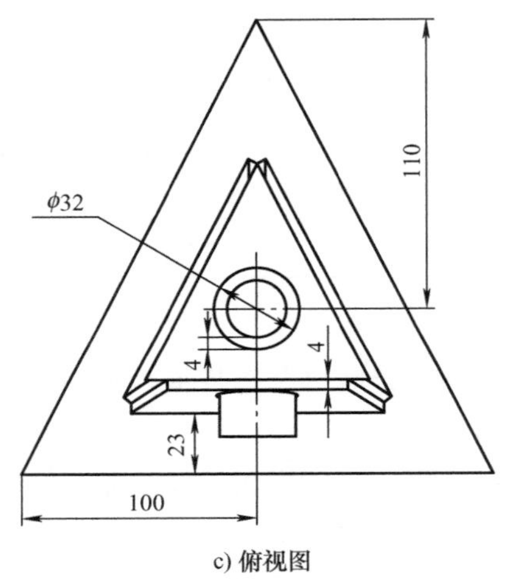

c) 俯视图

图 3-10　三棱锥体密闭件装配尺寸三视图

图 3-11　工件装配（组对）后的图片

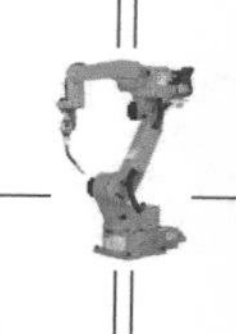

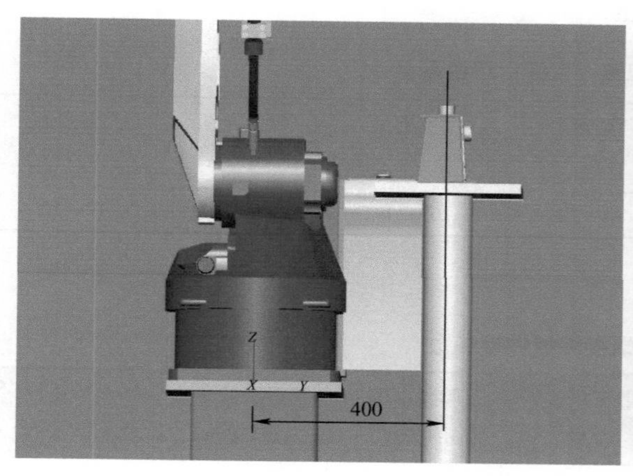

a) 正向

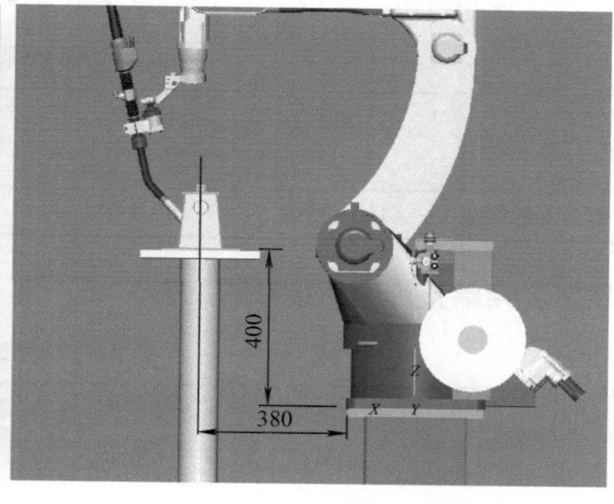

b) 侧向

图 3-12 机器人与工件相对位置尺寸

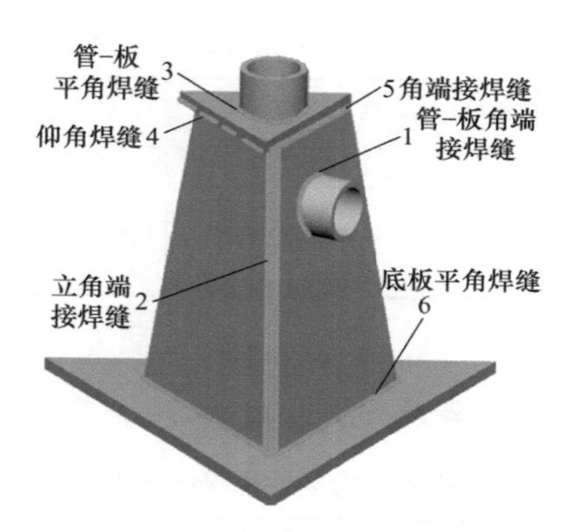

图 3-13 焊接顺序及焊缝名称

2）立角端接焊缝（3 条）焊接参数见表 3-42。

表 3-42 立角端接焊缝（3 条）焊接参数

焊接类型	焊接电流 /A	焊接电压 /V	收弧电流 /A	收弧电压 /V	焊接速度 /(m/min)	气体流量 /(L/min)
立角端接焊缝焊接	130 ~ 140	18 ~ 19	80 ~ 90	16 ~ 17	0. 4 ~ 0. 5	12 ~ 15

3）管−板平角焊缝焊接参数见表 3-43。

表 3-43 管−板平角焊缝焊接参数

焊接类型	焊接电流 /A	焊接电压 /V	收弧电流 /A	收弧电压 /V	焊接速度 /(m/min)	气体流量 /(L/min)
管−板平角焊缝焊接	125 ~ 135	18 ~ 19	80 ~ 90	16 ~ 17	0. 4 ~ 0. 5	12 ~ 15

4）仰角焊缝（2段）焊接参数见表3-44。

表3-44　仰角焊缝（2段）焊接参数

焊接类型	焊接电流/A	焊接电压/V	收弧电流/A	收弧电压/V	焊接速度/(m/min)	气体流量/(L/min)
仰角焊缝焊接	120～130	18～19	80～90	16～17	0.45～0.55	12～15

5）角端接焊缝焊接参数见表3-45。

表3-45　角端接焊缝焊接参数

焊接类型	焊接电流/A	焊接电压/V	收弧电流/A	收弧电压/V	焊接速度/(m/min)	气体流量/(L/min)
角端接焊缝焊接	120～125	17～18	—	—	0.4～0.5	12～15

6）底板平角焊缝焊接参数见表3-46。

表3-46　底板平角焊缝焊接参数

焊接类型	焊接电流/A	焊接电压/V	收弧电流/A	收弧电压/V	焊接速度/(m/min)	气体流量/(L/min)
底板平角焊缝焊接	150～160	20～21	100～110	17～18	0.4～0.5	12～15

【实操步骤】

三棱锥体密闭件焊接的操作步骤及方法见表3-47。

表3-47　三棱锥体密闭件焊接的操作步骤及方法

操作步骤	操作方法	操作图示	补充说明
原点	将工件定位焊组对好，放在焊枪位置的正下方并固定好，设置原点，指令为MOVEP（空走）		
过渡点	将焊枪移动至管-板角端接焊缝，设斜上方示教过渡点MOVEP（空走），此时焊枪在起弧点轴线方向约50mm位置，应与焊接时的角度一致		在工具坐标系中移动焊枪，设置过渡点

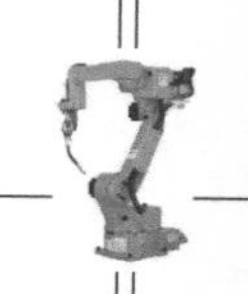

（续）

操作步骤	操作方法	操作图示	补充说明
管-板角端接焊缝（第1段）焊接起始点	焊接起始点，设为MOVEC（焊接），采用前进法焊接，使焊枪工作角为45°，行进角为80°	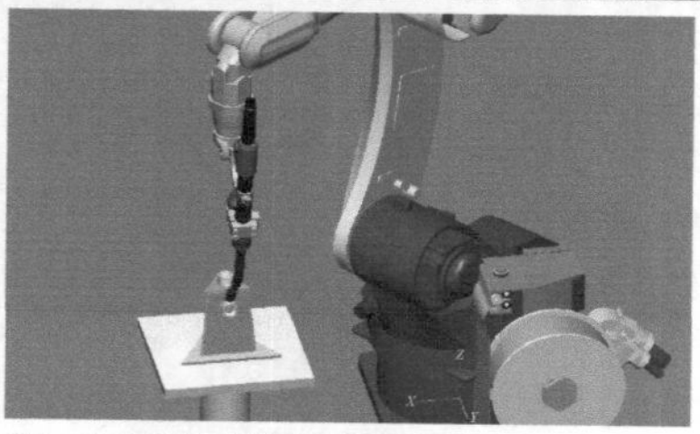	
管-板角端接焊缝（第1段）焊接中间点	焊接中间点设为MOVEC（焊接）	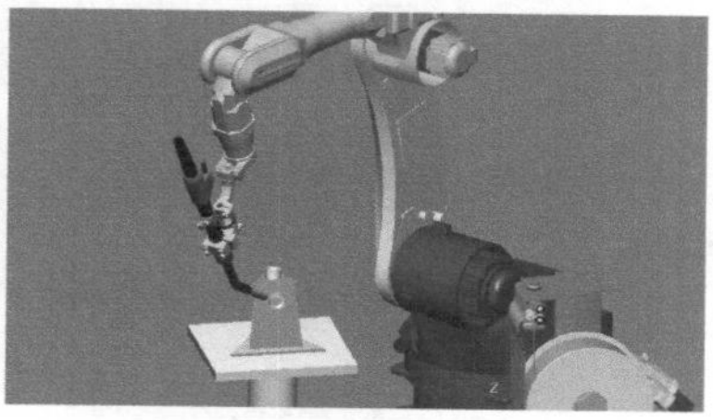	
管-板角端接焊缝（第1段）焊接中间点	焊接中间点设为MOVEC（焊接）	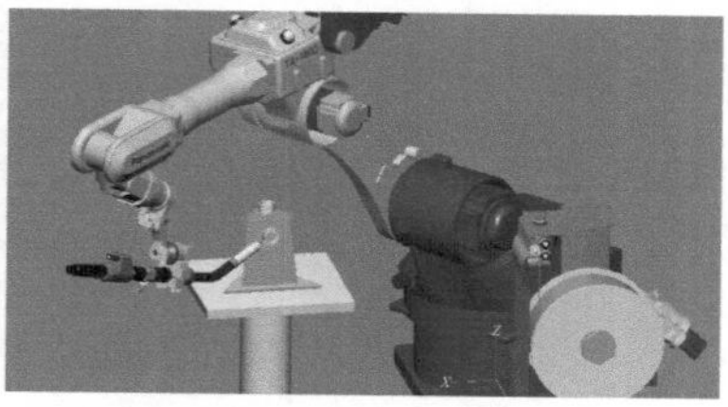	
管-板角端接焊缝（第1段）焊接结束点	焊接结束点设为MOVEC（空走）	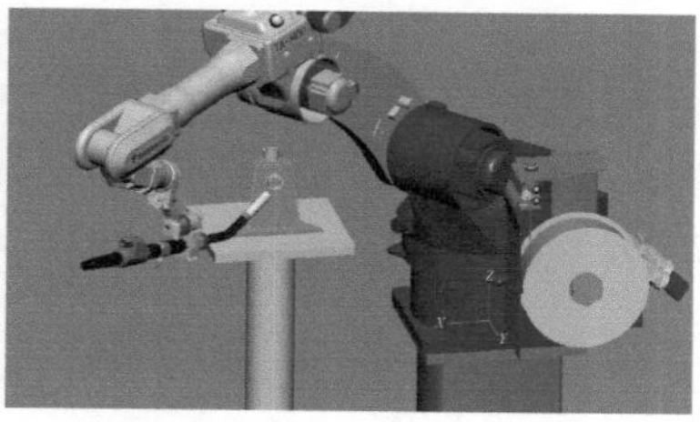	
管-板角端接焊缝（第1段）过渡点	收弧后沿轴向方向约20mm位置设置过渡点MOVEP（空走）	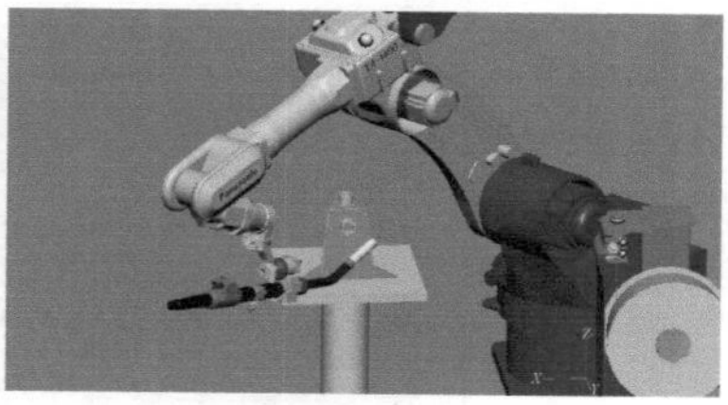	在工具坐标系中移动焊枪，设置过渡点
管-板角端接焊缝（第2段）过渡点	管-板角端接焊缝（第2段）过渡点设为MOVEP（空走）	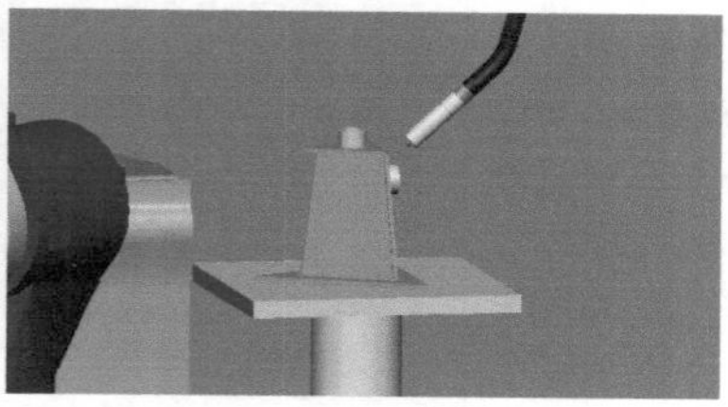	在工具坐标系中移动焊枪，设置过渡点

（续）

操作步骤	操作方法	操作图示	补充说明
管–板角端接焊缝（第2段）焊接起始点	焊接起始点设为MOVEC（焊接），采用前进法焊接，使焊枪工作角为45°，行进角为80°	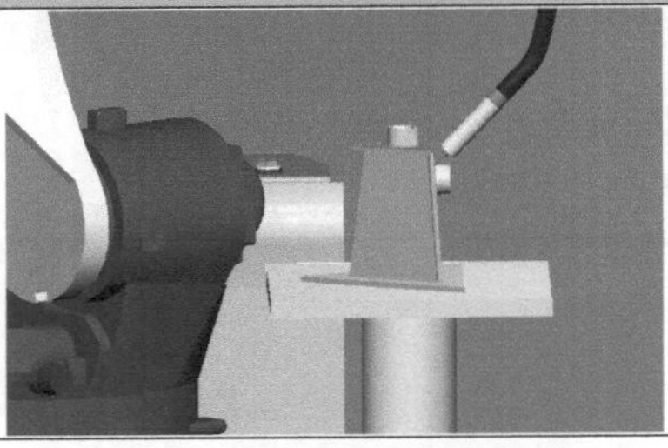	
管–板角端接焊缝（第2段）焊接中间点	焊接中间点设为MOVEC（焊接）		
管–板角端接焊缝（第2段）焊接中间点	焊接中间点设为MOVEC（焊接）		
管–板角端接焊缝（第2段）焊接结束点	焊接结束点设为MOVEC（空走）		
管–板角端接焊缝（第2段）过渡点	收弧后沿轴向方向约20mm位置设置过渡点MOVEP（空走）		在工具坐标系中移动焊枪，设置过渡点
立角端接焊缝（第1段）过渡点	示教立角端接焊缝（第1段）过渡点，使焊枪工作角为45°，行进角为80°在开始点的前方约50mm处设为MOVEP（空走）	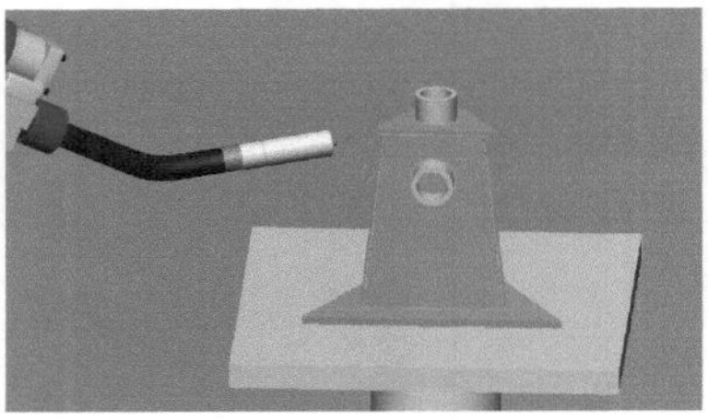	在工具坐标系中移动焊枪，设置过渡点

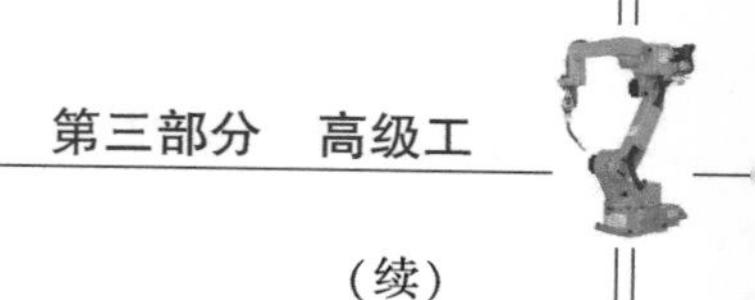

（续）

操作步骤	操作方法	操作图示	补充说明
立角端接焊缝（第 1 段）焊接起始点	焊接起始点设为 MOVEL（焊接）采用前进法焊接，使焊枪工作角为 45°，行进角为 80°	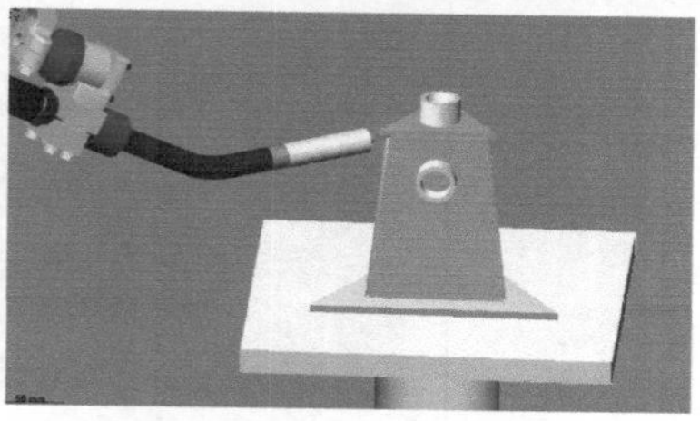	
立角端接焊缝（第 1 段）焊接结束点	焊接结束点设为 MOVEL（空走），焊枪工作角为 45°，行进角为 60°	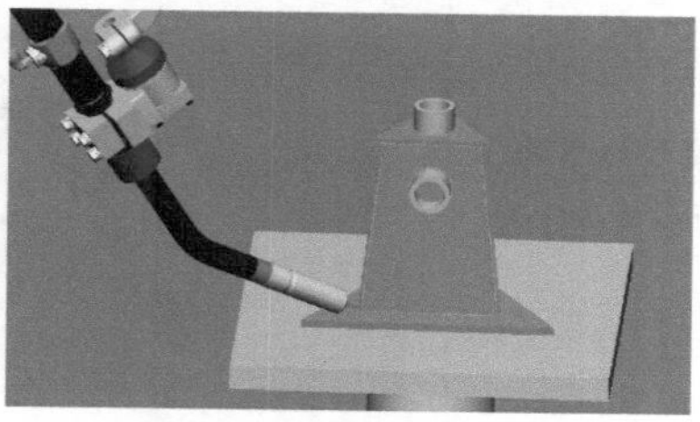	
立角端接焊缝（第 1 段）过渡点	收弧后沿轴向方向约 20mm 位置设置过渡点 MOVEP（空走）	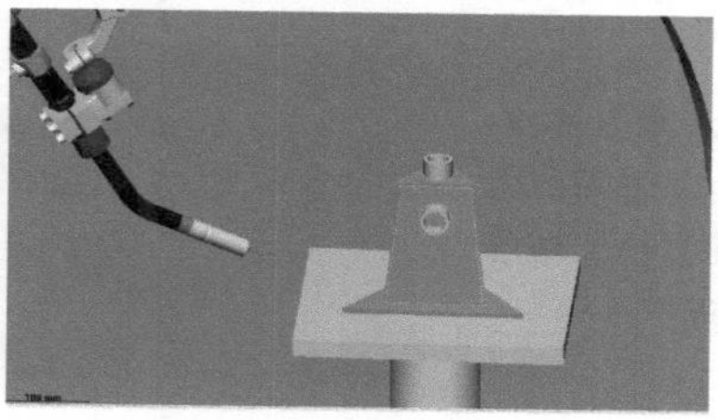	在工具坐标系中移动焊枪，设置过渡点
立角端接焊缝（第 2 段）过渡点	立角端接焊缝（第 2 段）过渡点，设为 MOVEP（空走）	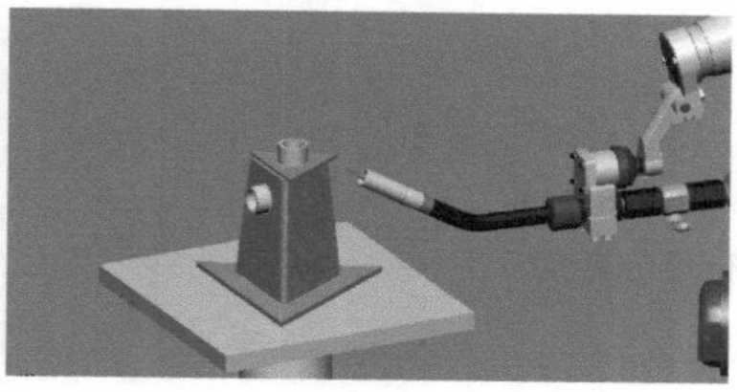	在工具坐标系中移动焊枪，设置过渡点
立角端接焊缝（第 2 段）焊接起始点	焊接起始点设为 MOVEL（焊接）采用前进法焊接，使焊枪工作角为 45°，行进角为 80°	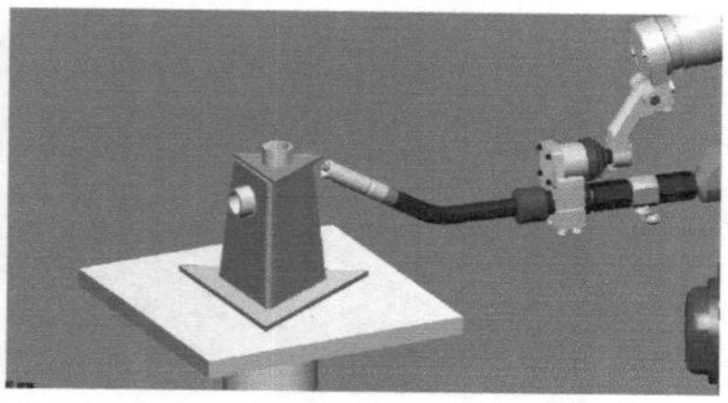	
立角端接焊缝（第 2 段）焊接结束点	焊接结束点设为 MOVEL（空走），焊枪工作角为 45°，行进角为 60°	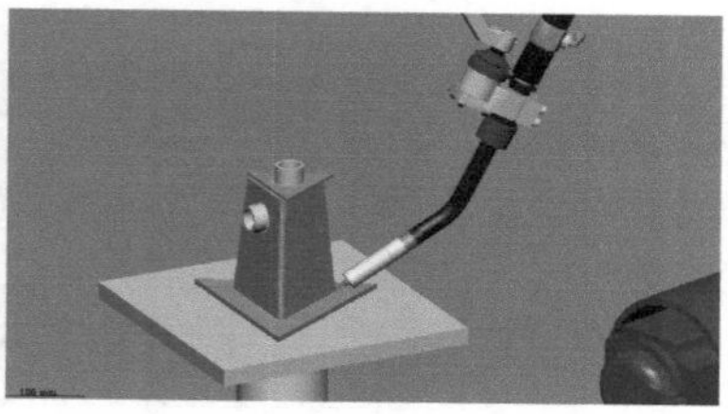	

（续）

操作步骤	操作方法	操作图示	补充说明
立角端接焊缝（第 2 段）过渡点	收弧后沿轴向方向约 20mm 位置设置过渡点 MOVEP（空走）	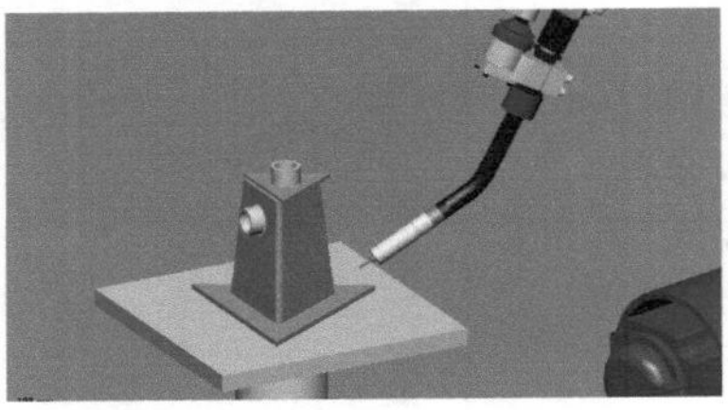	在工具坐标系中移动焊枪，设置过渡点
立角端接焊缝（第 3 段）过渡点	立角端接焊缝（第 3 段）过渡点设为 MOVEP（空走）		在工具坐标系中移动焊枪，设置过渡点
立角端接焊缝（第 3 段）焊接起始点	焊接起始点设为 MOVEL（焊接），采用前进法焊接，使焊枪工作角为 45°，行进角为 80°	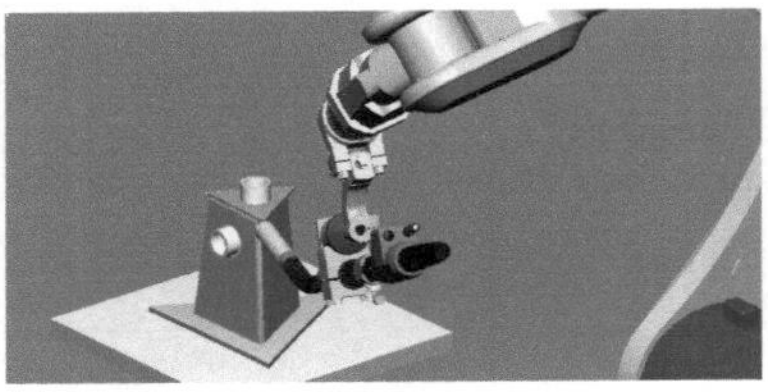	
立角端接焊缝（第 3 段）焊接结束点	焊接结束点设为 MOVEL（空走），焊枪工作角为 45°，行进角为 60°	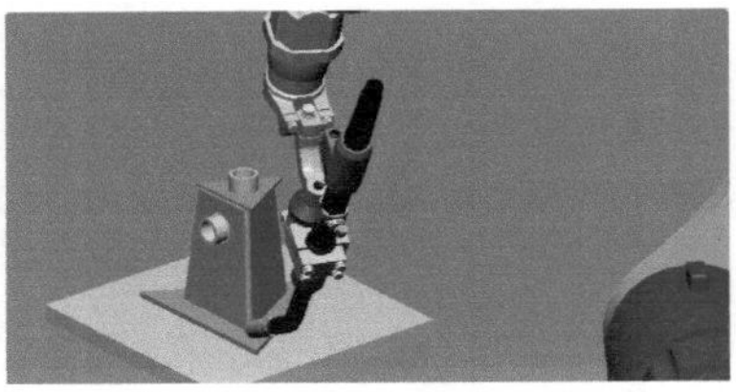	
立角端接焊缝过渡点	收弧后沿轴向方向向约 20mm 位置设置过渡点 MOVEL	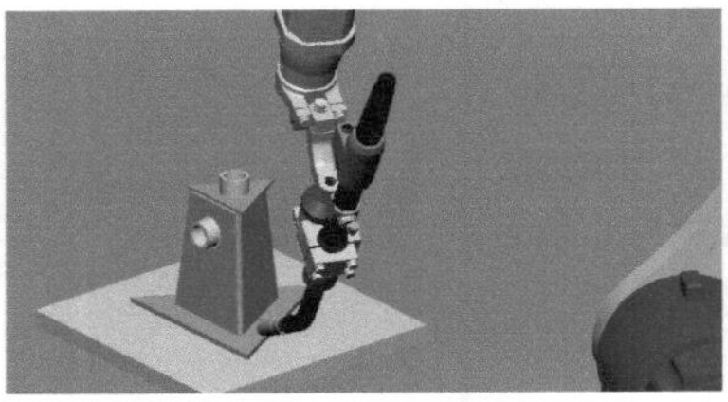	在工具坐标系中移动焊枪，设置过渡点
管-板平角焊缝过渡点	焊枪沿 Z 轴顺时针旋转 180°，在焊接起始点斜上方设置过渡点	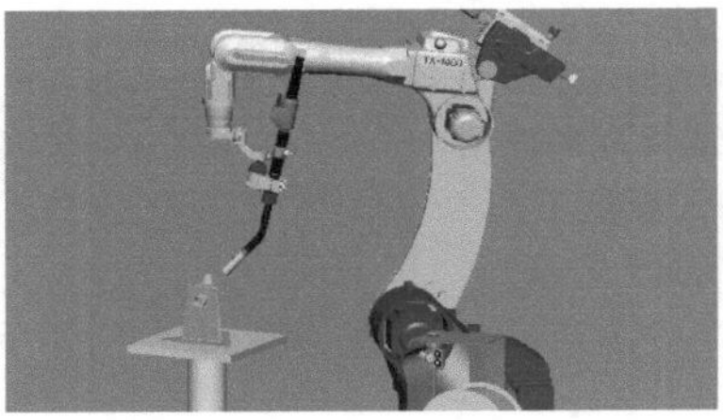	在工具坐标系中移动焊枪，设置过渡点

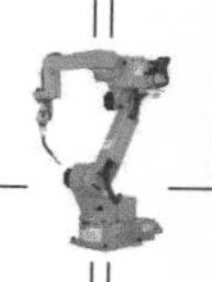

（续）

操作步骤	操作方法	操作图示	补充说明
管-板平角焊缝焊接起始点	焊接起始点设为MOVEC（焊接）采用前进法焊接，使焊枪工作角为45°，行进角为80°		
管-板平角焊缝焊接中间点	管-板平角焊缝焊接中间点设为MOVEC（焊接）		焊枪绕 Z 轴逆时针旋转90°
管-板平角焊缝焊接中间点	管-板平角焊缝焊接中间点设为MOVEC（焊接）		焊枪绕 Z 轴逆时针旋转90°
管-板平角焊缝焊接中间点	管-板平角焊缝焊接中间点设为MOVEC（焊接）		焊枪绕 Z 轴逆时针旋转90°
管-板平角焊缝焊接结束点	焊接结束点设为MOVEC（空走）		焊枪绕 Z 轴逆时针旋转90°
管-板平角焊缝过渡点	收弧后沿轴向方向约20mm位置设置过渡点MOVEP		在工具坐标系中移动焊枪，设置过渡点

（续）

操作步骤	操作方法	操作图示	补充说明
仰角焊缝（第1段）过渡点	仰角焊缝（第1段）过渡点设为MOVEP（空走）		焊枪绕*TW*轴顺时针旋转180°，在工具坐标系中移动焊枪，设置过渡点
仰角焊缝（第1段）焊接起始点	焊接起始点设为MOVEL（焊接极）采用前进法焊接，使焊枪工作角为45°，行进角为80°		
仰角焊缝（第1段）焊接中间点	仰角焊缝（第1段）焊接中间点设为MOVEC（焊接）		焊枪绕*TW*轴逆时针旋转30°~40°
仰角焊缝（第1段）焊接中间点	仰角焊缝（第1段）焊接中间点设为MOVEC（焊接）		焊枪绕*TW*轴逆时针旋转30°~40°
仰角焊缝（第1段）焊接中间点	圆弧转弯处设为MOVEC（焊接）		焊枪绕*TW*轴逆时针旋转30°~40°
仰角焊缝（第1段）焊接中间点	圆弧转弯处设为MOVEC（焊接）		焊枪绕*TW*轴逆时针旋转30°~40°

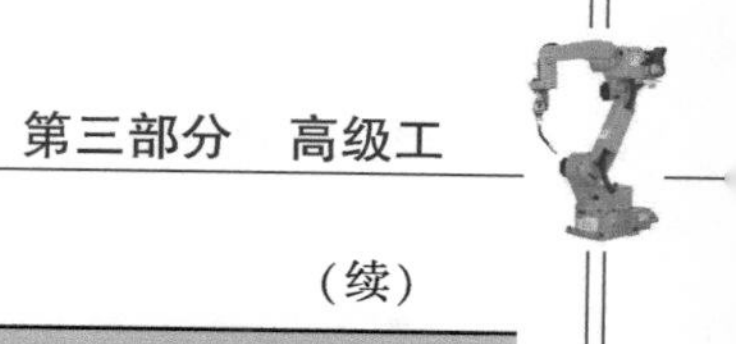

（续）

操作步骤	操作方法	操作图示	补充说明
仰角焊缝（第1段）焊接中间点	圆弧转弯处设为MOVEC（焊接）		焊枪绕 *TW* 轴逆时针旋转30°～40°
仰角焊缝（第1段）焊接中间点	圆弧转弯处设为MOVEC（焊接）	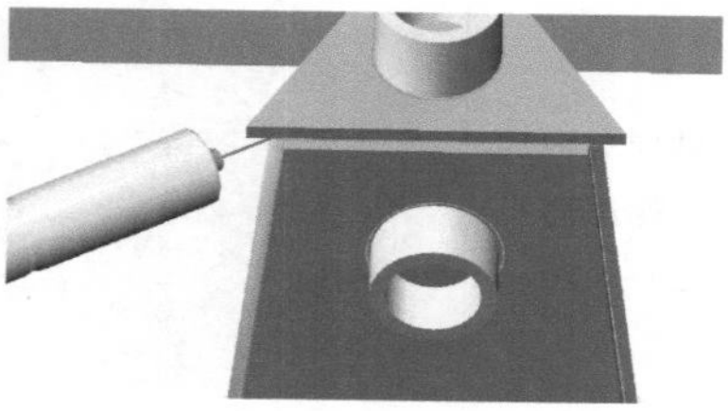	焊枪绕 *TW* 轴逆时针旋转30°～40°
角端接焊缝起始点	起始点设为MOVEL（焊接）	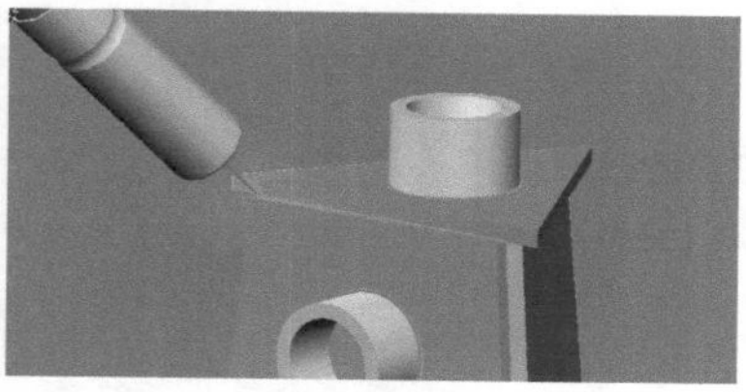	焊枪绕 *TW* 轴逆时针旋转30°～40°
角端接焊缝结束点	结束点同时又是圆弧点，由于焊接还在继续，设为MOVEC（焊接）		焊枪绕 *TW* 轴逆时针旋转30°～40°
仰角焊缝（第2段）焊接中间点	圆弧转弯处，变换枪姿，设为MOVEC（焊接）	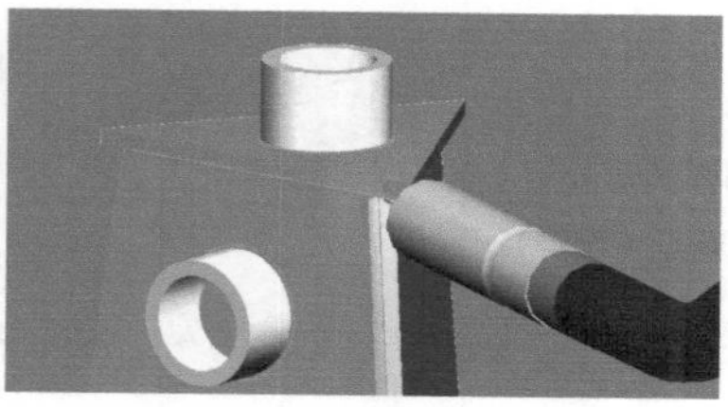	焊枪绕 *TW* 轴逆时针旋转30°～40°
仰角焊缝（第2段）焊接中间点	圆弧转弯处设为MOVEC（焊接）	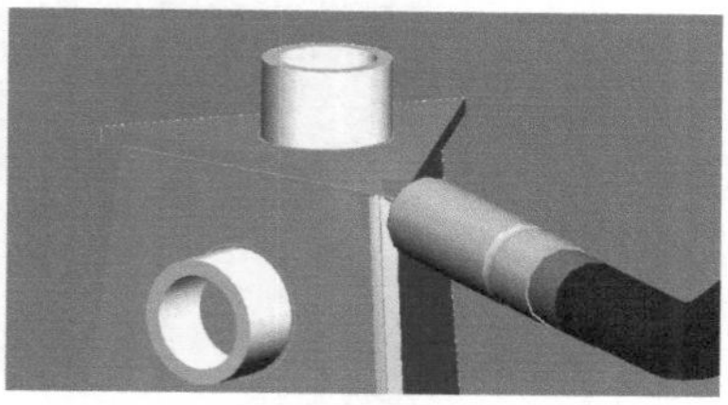	焊枪绕 *TW* 轴逆时针旋转30°～40°

（续）

操作步骤	操作方法	操作图示	补充说明
仰角焊缝（第2段）焊接结束点	焊接结束点设为 MOVEL（空走）	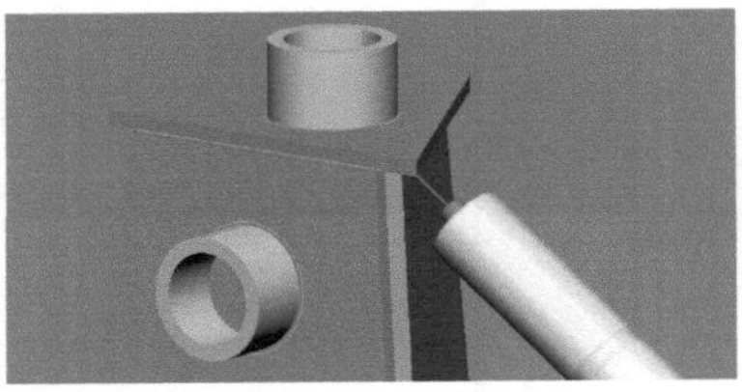	焊枪绕 *TW* 轴逆时针旋转 30°～40°
仰角焊缝（第2段）过渡点	收弧后沿轴向方向约 20mm 位置设置过渡点 MOVEL（空走）	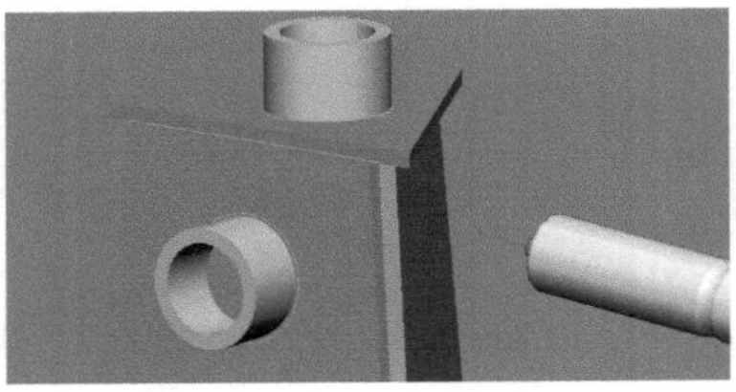	在工具坐标系中移动焊枪，设置过渡点
底板平角焊缝过渡点	底板平角焊缝过渡点设为 MOVEP（空走）	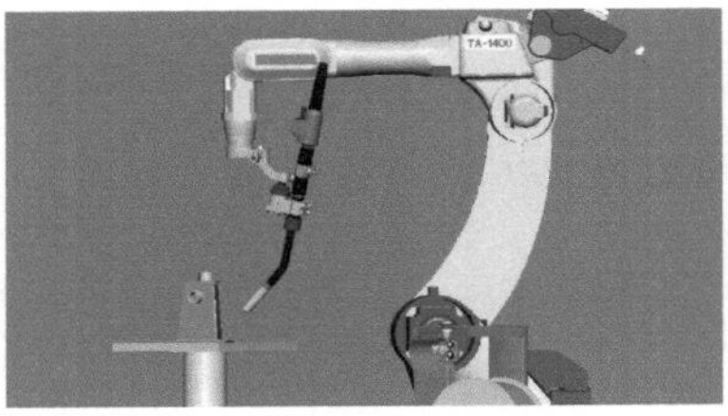	焊枪绕 *TW* 轴逆时针旋转 180°，在工具坐标系中移动焊枪，设置过渡点
底板平角焊缝焊接起始点	示教焊接起始点设为 MOVEL（焊接）采用前进法焊接，使焊枪工作角为 45°，行进角为 80°	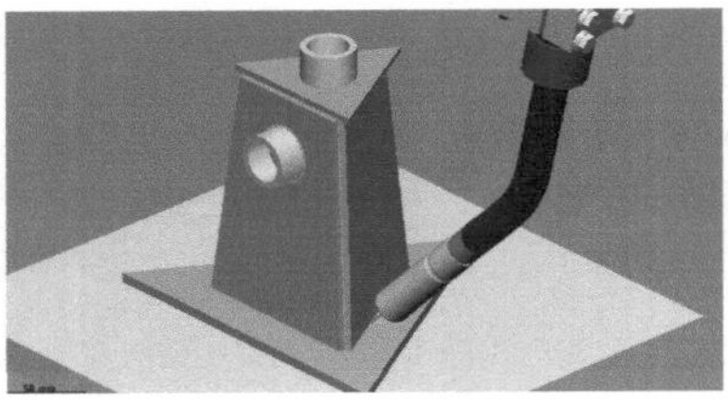	
底板平角焊缝焊接中间点	第1个圆弧转弯处第1点设为 MOVEC（焊接）	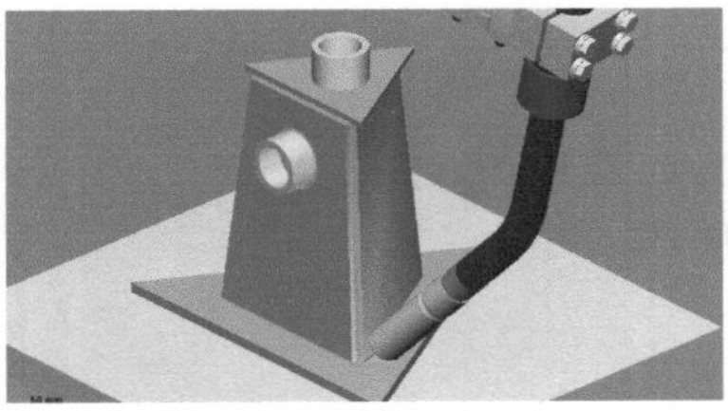	
底板平角焊缝焊接中间点	第1个圆弧转弯处第2点设为 MOVEC（焊接点）	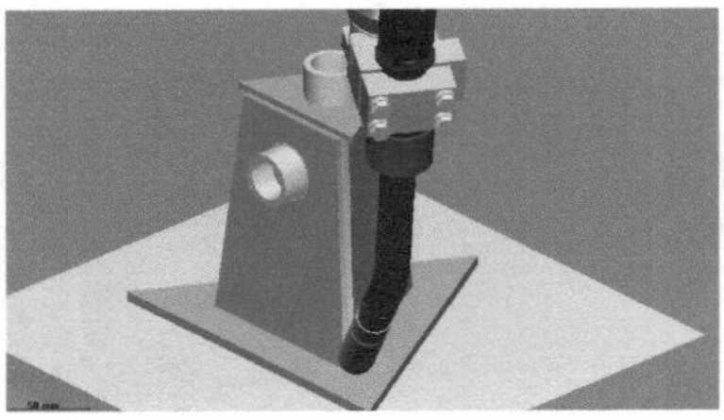	焊枪绕 *TW* 轴顺时针旋转 45°～60°

（续）

操作步骤	操作方法	操作图示	补充说明
底板平角焊缝焊接中间点	第1个圆弧转弯处第3点设为MOVEC（焊接）		焊枪绕*TW*轴顺时针旋转45°～60°
底板平角焊缝焊接中间点	第2个圆弧转弯处第1点设为MOVEC（焊接）	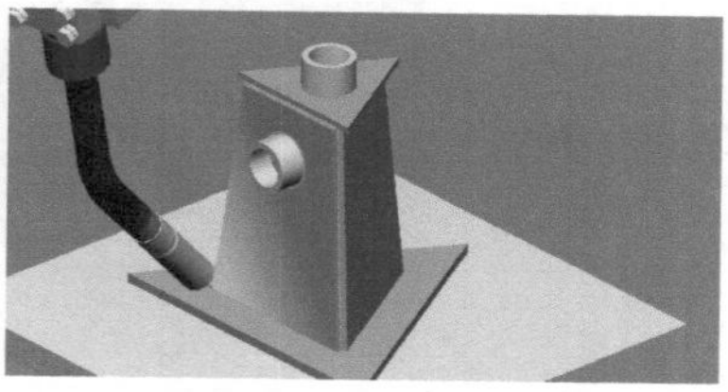	该点为直线接圆弧，应先登录一个MOVEL（焊接），之后再在同一点登录MOVEC（焊接）
底板平角焊缝焊接中间点	第2个圆弧转弯处第2点设为MOVEC（焊接）		焊枪绕*TW*轴顺时针旋转45°～60°
底板平角焊缝焊接中间点	第2个圆弧转弯处第3点设为MOVEC（焊接）	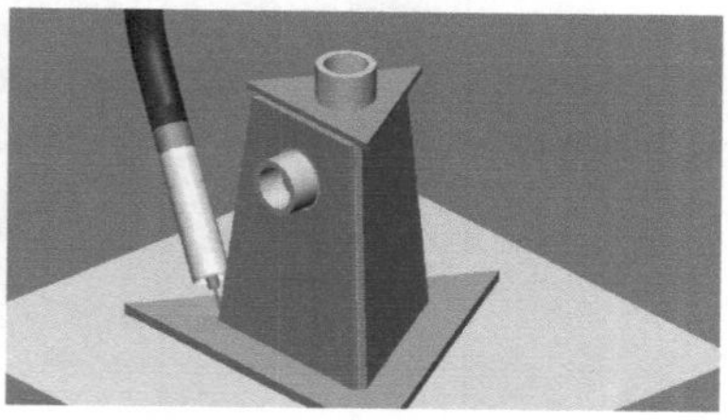	焊枪绕*TW*轴顺时针旋转45°～60°
底板平角焊缝焊接中间点	第3个圆弧转弯处第1点设为MOVEC（焊接）	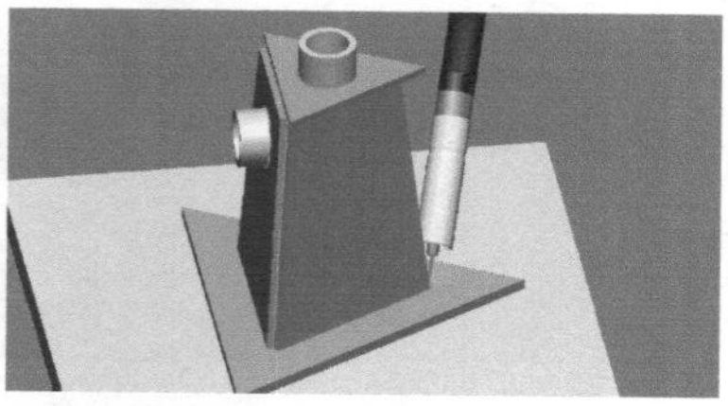	保持焊枪工作角45°，焊枪行进角80°不变
底板平角焊缝焊接中间点	第3个圆弧转弯处第2点设为MOVEC（焊接）	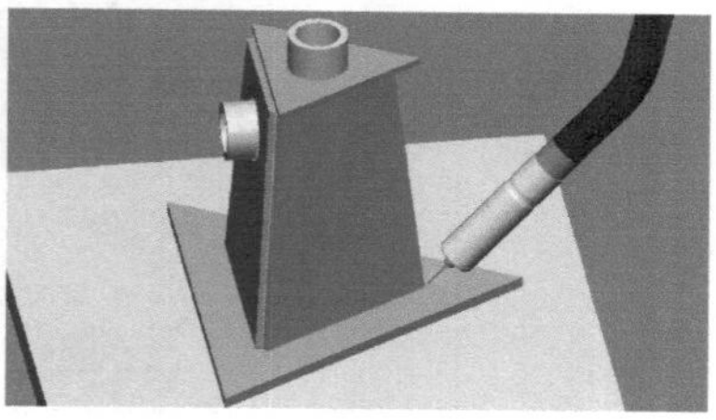	焊枪绕*TW*轴顺时针旋转45°～60°

（续）

操作步骤	操作方法	操作图示	补充说明
底板平角焊缝焊接中间点	第3个圆弧转弯处第3点设为MOVEC（焊接）	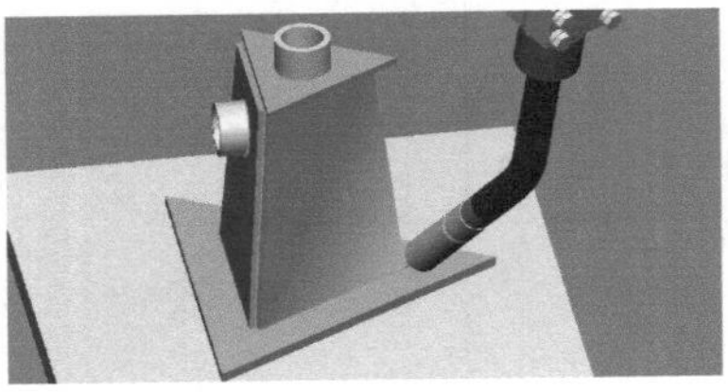	焊枪绕*TW*轴顺时针旋转45°～60°
底板平角焊缝焊接结束点	焊接结束点设为MOVEL（空走）	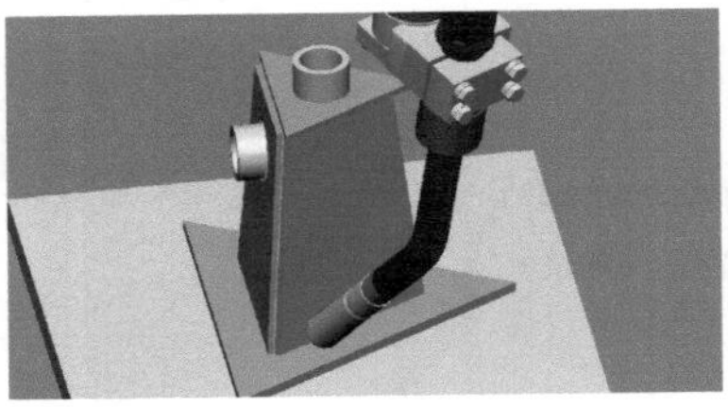	注意焊枪姿态和角度，干伸长始终保持不变
过渡点	收弧后沿轴向方向约20mm位置设置过渡点MOVEL	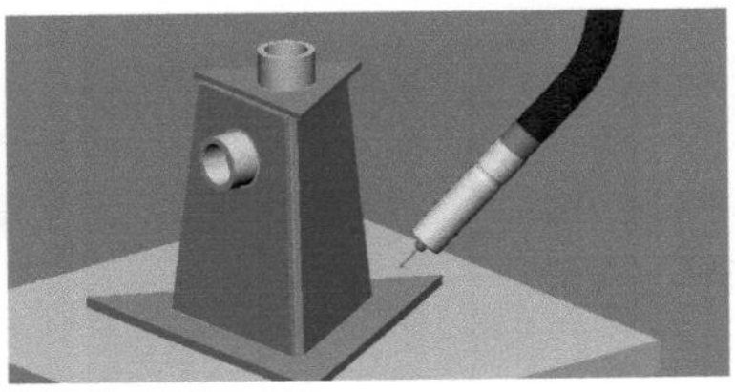	
回到原点	原点指令设为MOVEP	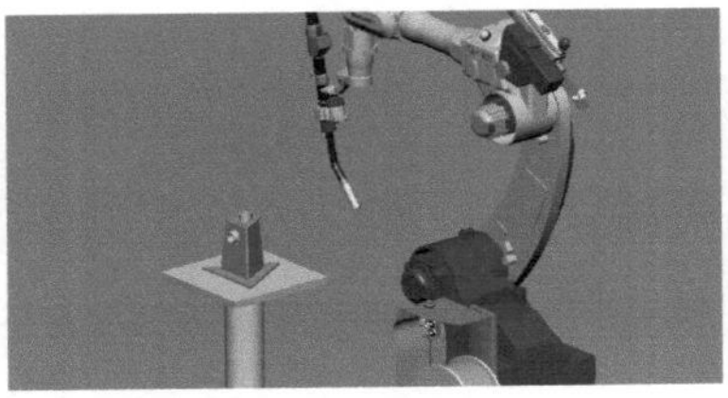	将该程序第一条机器人原点指令复制后粘贴到程序最后一行，使机器人回到原点位置
焊后工件			焊后将工件周围飞溅物清理干净

（续）

操作步骤	操作方法	操作图示	补充说明
管-板角端接焊缝程序		TOOL = 1:TOOL01 ● MOVEP P001 10.00m/min ● MOVEP P002 10.00m/min ● MOVEC P003 10.00m/min ARC-SET AMP=120 VOLT=18.0 S=0.50 ARC-ON ArcStart1 PROCESS=1 ● MOVEC P110 1.00m/min ARC-SET AMP=115 VOLT=17.8 S=0.50 ● MOVEC P111 1.00m/min ARC-SET AMP=130 VOLT=18.2 S=0.50 ● MOVEC P112 1.00m/min CRATER AMP=80 VOLT=17.0 T=0.30 ARC-OFF ArcEnd1 PROCESS=1 ● MOVEP P113 10.00m/min ● MOVEP P030 10.00m/min ● MOVEC P009 10.00m/min ARC-SET AMP=120 VOLT=18.0 S=0.50 ARC-ON ArcStart1 PROCESS=1 ● MOVEC P098 1.00m/min ARC-SET AMP=120 VOLT=18.0 S=0.50 ● MOVEC P099 1.00m/min ARC-SET AMP=130 VOLT=18.2 S=0.50 ● MOVEC P101 1.00m/min CRATER AMP=80 VOLT=17.0 T=0.30 ARC-OFF ArcEnd1 PROCESS=1	
立角端接焊缝焊接程序		● MOVEL P035 10.00m/min ARC-SET AMP=130 VOLT=18.5 S=0.50 ARC-ON ArcStart1 PROCESS=1 ● MOVEL P036 1.00m/min ● MOVEL P037 1.00m/min CRATER AMP=80 VOLT=17.0 T=0.30 ARC-OFF ArcEnd1 PROCESS=1 ● MOVEP P038 10.00m/min ● MOVEP P104 10.00m/min ● MOVEL P041 10.00m/min ARC-SET AMP=130 VOLT=18.5 S=0.50 ARC-ON ArcStart1 PROCESS=1 ● MOVEL P042 1.00m/min ● MOVEL P043 1.00m/min ● MOVEL P044 1.00m/min CRATER AMP=80 VOLT=17.0 T=0.30 ARC-OFF ArcEnd1 PROCESS=1 ● MOVEP P046 10.00m/min ● MOVEL P047 10.00m/min ARC-SET AMP=130 VOLT=18.5 S=0.50 ARC-ON ArcStart1 PROCESS=1 ● MOVEL P048 1.00m/min ● MOVEL P049 1.00m/min CRATER AMP=80 VOLT=17.0 T=0.30 ARC-OFF ArcEnd1 PROCESS=1	

（续）

操作步骤	操作方法	操作图示	补充说明
管-板平角焊缝焊接程序		MOVEC P051 10.00m/min ARC-SET AMP=130 VOLT=18.5 S=0.50 ARC-ON ArcStart1 PROCESS=1 MOVEC P052 1.00m/min MOVEC P053 1.00m/min MOVEC P054 1.00m/min MOVEC P055 1.00m/min CRATER AMP=80 VOLT=17.0 T=0.30 ARC-OFF ArcEnd1 PROCESS=1	
仰角焊缝和角端接焊缝焊接程序		MOVEL P017 10.00m/min ARC-SET AMP=130 VOLT=18.5 S=0.50 ARC-ON ArcStart1 PROCESS=1 MOVEC P018 1.00m/min MOVEC P096 1.00m/min MOVEC P019 1.00m/min MOVEL P020 1.00m/min MOVEC P020 1.00m/min MOVEC P021 1.00m/min MOVEC P022 1.00m/min MOVEC P023 1.00m/min ARC-SET AMP=125 VOLT=18.0 S=0.50 MOVEL P024 1.00m/min MOVEC P024 1.00m/min MOVEC P025 1.00m/min MOVEC P095 1.00m/min MOVEC P026 1.00m/min MOVEL P027 1.00m/min CRATER AMP=80 VOLT=17.0 T=0.30 ARC-OFF ArcEnd1 PROCESS=1	
底板平角焊缝焊接程序		MOVEL P066 10.00m/min ARC-SET AMP=150 VOLT=20.0 S=0.40 ARC-ON ArcStart1 PROCESS=1 MOVEC P082 1.00m/min MOVEC P083 1.00m/min MOVEC P084 1.00m/min MOVEL P085 1.00m/min MOVEC P085 1.00m/min MOVEC P086 1.00m/min MOVEC P087 1.00m/min MOVEL P088 1.00m/min MOVEC P088 1.00m/min MOVEC P089 1.00m/min MOVEC P090 1.00m/min MOVEL P091 1.00m/min CRATER AMP=100 VOLT=17.0 T=0.30 ARC-OFF ArcEnd1 PROCESS=1	

【任务评价】

三棱锥体密闭件焊缝任务评价见表3-48。

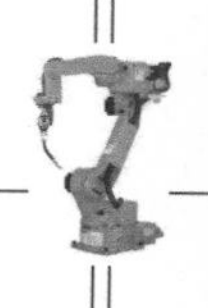

表 3-48　三棱锥体密闭件焊缝任务评价

检查项目		标准、分数	评价等级				实际得分
底板平角焊缝	焊脚尺寸	标准/mm	$4.8 \le K < 5.4$	$4.3 \le K < 5.9$	$3.8 \le K < 6.4$	$K < 3.8$ 或 $K \ge 6.4$	
		分数	6	4	2	0	
	焊脚差	标准/mm	≤0.5	>0.5～1	>1～2	>2	
		分数	6	4	2	0	
立角端接焊缝	焊缝宽度	标准/mm	>6.8～7.3	>6.3～7.8	>5.8～8.3	<5.8 或 ≥8.3	
		分数	6	4	2	0	
	焊缝饱满度	标准	优	良	一般	差	
		分数	6	4	2	0	
角端接焊缝	焊缝宽度	标准/mm	>5.6～5.9	>5.1～6.4	>4.6～6.9	<4.6 或 ≥6.9	
		分数	6	4	2	0	
	焊缝饱满度	标准	优	良	一般	差	
		分数	6	4	2	0	
仰角焊缝	焊脚尺寸 K	标准/mm	$4.2 \le K < 4.8$	$3.7 \le K < 5.3$	$3.2 \le K < 5.8$	$K < 3.2$ 或 $K \ge 5.8$	
		分数	6	4	2	0	
	焊脚差	标准/mm	≤0.5	>0.5～1	>1～2	>2	
		分数	6	4	2	0	
管-板平角焊缝	焊脚尺寸 K	标准/mm	$4.2 \le K < 4.8$	$3.7 \le K < 5.3$	$3.2 \le K < 5.8$	$K < 2.7$ 或 $K \ge 5.8$	
		分数	6	4	2	0	
	焊脚差	标准/mm	≤0.5	>0.5～1	>1～2	>2	
		分数	6	4	2	0	
管-板角端接焊缝	焊脚尺寸 K	标准/mm	$4.0 \le K < 5.0$	$3.5 \le K < 5.5$	$3.0 \le K < 6.0$	$K < 3.0$ 或 $K \ge 6.0$	
		分数	6	4	2	0	
	焊脚差	标准/mm	≤0.5	>0.5～1	>1～2	>2	
		分数	6	4	2	0	
咬边		标准/mm	深度≤0.5，长度≤10	深度≤0.5，长度>10～20	深度≤0.5，长度>20～30	深度>0.5，累计长度>30	
		分数	8	5	3	0	
气孔		标准	0	气孔≤ϕ1.5mm 或数目为1个	气孔≤ϕ1.5mm 或数目为2个	气孔>ϕ1.5mm 或数目>2个	
		分数	10	7	4	0	

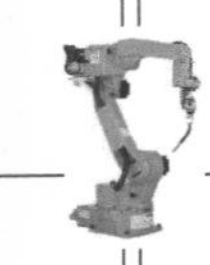

（续）

检查项目	标准、分数	评价等级				实际得分
		优	良	一般	差	
焊缝外观成形	标准	成形美观，焊纹均匀细密，高低宽窄一致，焊脚尺寸合格	成形较好，焊纹均匀，焊缝平整，焊脚尺寸合格	成形尚可，焊缝平直，焊脚尺寸合格	焊缝弯曲，高低宽窄明显，有表面焊接缺陷，焊脚尺寸不合格	
	分数	10	7	4	0	
总　　分						

注：1. 焊缝表面如有修补，该工件为0分。

2. 焊缝表面有裂纹、夹渣、未熔合、气孔、焊瘤等缺陷之一的，该工件为0分。

3. 气压密漏性试验评分标准。采用0.3MPa压缩空气充气试验，将充气工件侵入水槽中保持1min不泄露为25分，每漏一处减5分，减完为止。

4. 外观检查75分（占75%）+ 气压密漏性试验25分(占25%) = 总成绩（100分）。

项目六　机器人剪丝、清枪和喷油动作程序编制

【实操目的】

掌握机器人剪丝、清枪和喷油动作程序编制的方法。

【职业素养】

工匠精神就是对待工作要精雕细琢和精益求精。

【实操内容】

机器人剪丝、清枪和喷油动作程序编制的方法和步骤。

【参考教材】

焊接机器人系列教材第二册《中厚板焊接机器人系统及传感技术应用》；第五册《焊接机器人操作编程及应用》（ABB、KUKA、FANUC、安川、OTC 五品牌合编）。

【设备及工具准备】

设备及工具准备明细见表3-49。

表3-49　设备及工具准备明细

序号	名称	型号与规格	单位	数量	备注
1	弧焊机器人	臂伸长1400mm	台	1	
2	焊丝	ER50-6、ϕ1.2mm	盒	1	
3	纱手套	自定	副	1	
4	钢丝刷	自定	把	1	
5	尖嘴钳	自定	把	1	
6	扳手	自定	把	1	
7	钢直尺	自定	把	1	
8	十字螺钉旋具	自定	个	1	
9	机器人外部启动盒	自定	个	1	
10	压缩空气	0.25MPa			4′管道
11	剪丝、清枪和喷油装置	一体式，DC24V，能与机器人实施通信	套	1	

【实操建议】

将学员分为两人一小组，一人示教，另一人在不同角度进行观察与配合。

【必备知识】

由于焊接结束时在焊丝端部形成的熔球会影响到下一次的起弧效果，或示教时需要焊丝保持定长，这时，使用剪丝装置进行剪丝动作。同时，为清除焊枪喷嘴内黏附的飞溅物，采用旋转刀头清理，简称为清枪。为保证焊枪不易黏附飞溅，还有自动喷硅油装置。通常情况，将其中两种或三种功能组合在一个装置上。

剪丝、清枪、喷油装置总成如图 3-14 所示。

图 3-14　剪丝、清枪、喷油装置总成

为实现剪丝、清枪、喷油动作，需要编写一个程序，根据需求，每隔一段时间调用一次程序，使焊枪到达相应位置，输出一个信号给执行机构，完成剪丝、清枪和喷油动作。选择输出值界面，如图 3-15 所示。

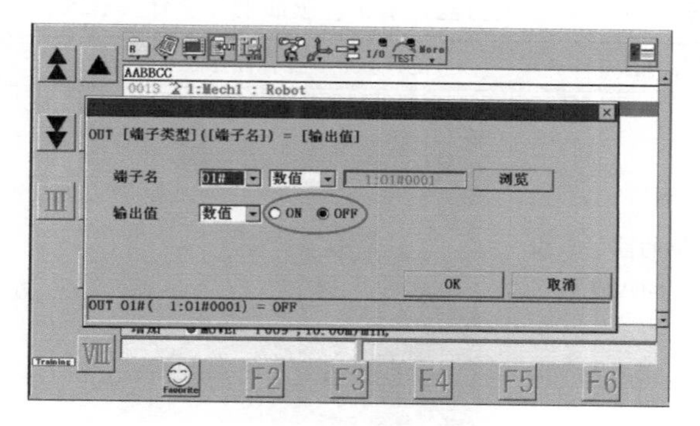

图 3-15　选择输出值界面

清枪站的喷硅油装置采用双喷嘴交叉喷射，使硅油能更好地到达焊枪喷嘴的内表面，确保焊渣与喷嘴不会发生死黏连。有些产品将清枪和喷硅油装置设计在同一位置，机器人只要一个动作就可以完成清枪和喷硅油的过程。在控制上，清枪和喷硅油装置仅需要一个启动信号，就可以按照规定好的动作顺序启动。注意剪丝、清枪和喷油动作示教一律设为空走点。

【实操步骤】

以松下机器人为例，剪丝、清枪和喷油动作示教及解读见表 3-50。

表 3-50　剪丝、清枪和喷油动作示教及解读

示教点	程　序	程序解读
P_1	MOVEL　6m/min	剪丝位前一点设过渡点
P_2	MOVEL　6m/min	焊枪移动至剪丝位
	AMP＝200	200A 电流值对应的送丝速度
	WIREFWD　ON	向前送丝
	DELAY　0.5s	延时 0.5s
	WIREFWD　OFF	停止送丝
	DELAY　0.5s	延时 0.5s
	OUT　O1#（4：CUT）＝ON	输出信号启动剪丝动作
	DELAY　0.5s	延时 0.5s
	OUT　O1#（4：CUT）＝OFF	输出信号关闭剪丝动作
P_3	MOVEL　6m/min	焊枪沿竖直方向上移
P_4	MOVEL　6m/min	焊枪移至清枪位
P_5	OUT　O1#（3：CLRAN）＝ON	启动旋转铰刀（清枪）
	DELAY　10s	延时 10s
	OUT　O1#（3：CLRAN）＝OFF	关闭旋转铰刀（清枪）
	DELAY　2.0s	喷油
P_6	MOVEL　6m/min	设退避点
P_7	MOVEL　6m/min	焊枪移动至清枪装置上方

机器人剪丝、清枪、喷油动作操作步骤及方法见表 3-51。

表 3-51　机器人剪丝、清枪、喷油动作操作步骤及方法

操作步骤	操作方法	操作图示	补充说明
P_1 过渡点	在剪丝位的前一点设直线过渡点 MOVEL		
P_2 剪丝位示教	进入剪丝位设直线示教点 MOVEL。剪丝程序如下。 AMP 200 WIREFWD ON DELAY 0.5s WIREFWD OFF OUT O1#（4：Cut）＝ON DELAY 0.5s OUT O1#（4：Cut）＝OFF	剪刀 运动方向	

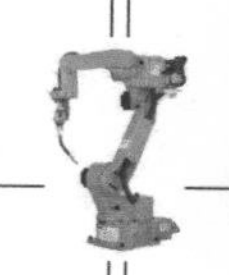

（续）

操作步骤	操作方法	操作图示	补充说明
P_3 过渡点	焊枪移至清枪装置上部，设过渡点 MOVEL	焊枪移至清枪装置上部 旋转铰刀位移方向	
P_4 过渡点	焊枪移至清枪位过渡点，设过渡点 MOVEL	移动至夹持位	
P_5 清枪位	清枪夹持位设示教点 MOVEL，夹持气缸得到信号顶出定位。清枪（喷油）程序如下。 OUT 01 #（3：CLEAN）=ON DELAY　10s OUT 01 #（3：CLEAN）=OFF DELAY　2s	夹持位	
P_6 退避点	移至退避点，设为直线移动	移至退避点	

（续）

操作步骤	操作方法	操作图示	补充说明
P_7 过渡点	沿轴向竖直向上设过渡点，设为直线移动		
程序		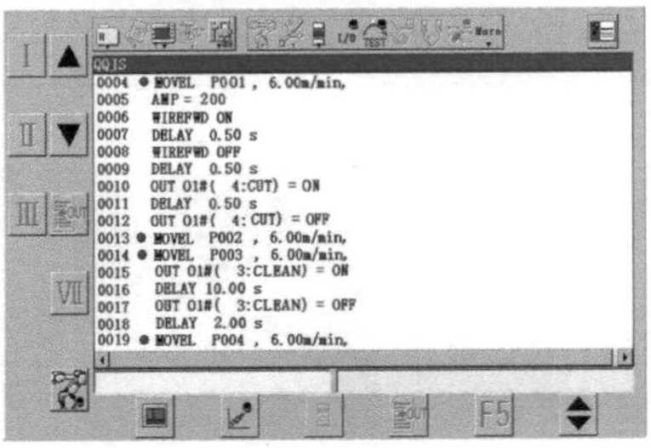	

【任务评价】

机器人剪丝、清枪、喷油动作任务评价见表 3-52。

表 3-52　机器人剪丝、清枪、喷油动作任务评价（100 分）

任务内容	标准、规范（分数）	实际操作（得分）	合格/不合格
工具准备	10		
过渡点设置	10		
剪丝效果	20		
清枪效果	10		
喷油效果	10		
输出信号 ON	10		
输出信号 OFF	10		
安全操作	10		
现场清理	10		
总成绩			

项目七　条件语句和机器人计数功能应用

【实操目的】

掌握条件语句和机器人计数功能应用。

【职业素养】

要善于在工作中发现问题，更要善于解决问题。

【实操内容】

条件语句和机器人计数功能应用的设置方法和步骤。

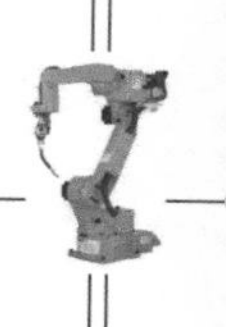

【参考教材】

焊接机器人系列教材第一册《焊接机器人基本操作及应用》（第 2 版）；第五册《焊接机器人操作编程及应用》（ABB、KUKA、FANUC、安川、OTC 五品牌合编）。

【设备及工具准备】

设备及工具准备明细见表 3-53。

表 3-53　设备及工具准备明细

序号	名称	型号与规格	单位	数量	备注
1	弧焊机器人	臂伸长 1400mm	台	1	
2	焊丝	ER50－6、ϕ1.2mm	盒	1	
3	纱手套	自定	副	1	
4	钢丝刷	自定	把	1	
5	尖嘴钳	自定	把	1	
6	扳手	自定	把	1	
7	钢直尺	自定	把	1	
8	十字螺钉旋具	自定	个	1	
9	机器人外部启动盒	自定	个	1	
10	计数器	自定	个	1	

【实操建议】

实操时，将学员分为两人一小组，一人设置，另一人配合计数。

【实操步骤】

机器人系统具有对焊接工件进行自动计数和计时的功能。例如：机器人系统若配有清枪装置时，利用计数功能编辑清枪程序，即可在一定作业间隔实现自动清除黏在喷嘴上的焊接飞溅。条件语句和机器人计数功能应用见表 3-54。

表 3-54　条件语句和机器人计数功能应用

程　序	程序解读	备　注
Prog0001 · prg	主程序	Prog0001 主程序名
CALL　Prog200	执行程序 Prog200	CALL 到主程序里运行 Prog200
ADD　GB0001	GB0001 全局变量，ADD 加法指令，程序运行一次，全局变量 GB0001 加 1	全局变量初始值为 0
IF GB0001≥10 THEN　JUMP LABEL0001 ELSE　LABL0002	IF 是条件语句，当全局变量大于等于 10 时，跳转到 LABEL0001，否则跳转到标签 LABEL0002	IF（如果），THEN（那么），JUMP（跳转），ELSE（否则）
■：LABEL0001	LABEL0001 标签 1	LABEL0001 标签 1，可重新命名
SET GB0010	全局变量设置	SET 代入变量值
CALL　QQJS	清枪	CALL 指令调用程序 QQJS
■：LABEL0002	LABEL0002 标签 2	LABEL0002 标签 2，可重新命名
STOP	一个循环结束	

利用计数器执行作业程序应用案例操作步骤及方法见表3-55。

表3-55 利用计数器执行作业程序应用案例操作步骤及方法

操作步骤	操作方法	操作图示	补充说明
清零操作	通过设定图标选择GB变量，然后进行清零操作	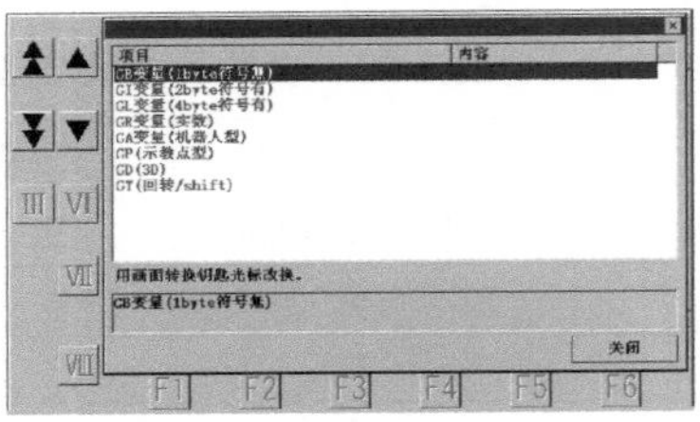	由上至下点击功能图标操作 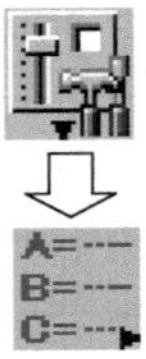
将当前值改为零	变量名为GB0001，将当前值改为零	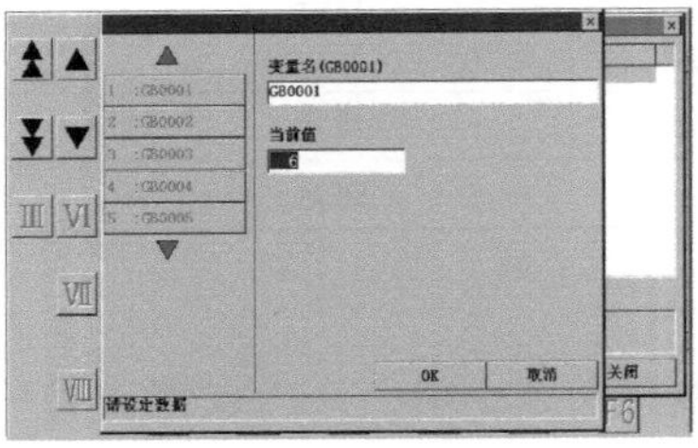	
添加计数指令INC	通过添加指令图标进入“数值运算”选项，添加计数指令INC	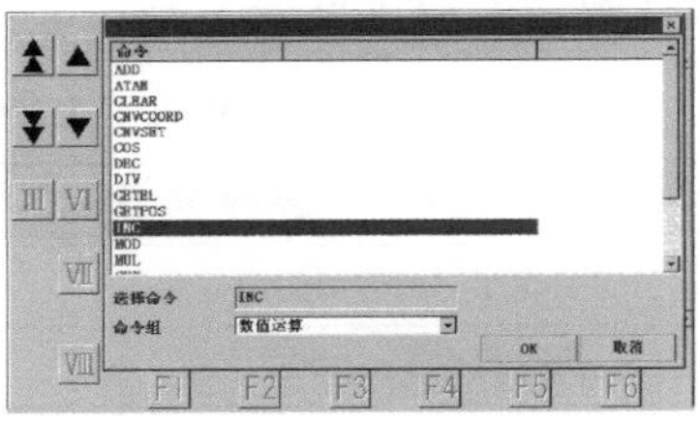	由上至下点击功能图标操作 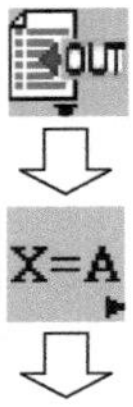 INC指令
计数函数	INC指令计数函数选择界面	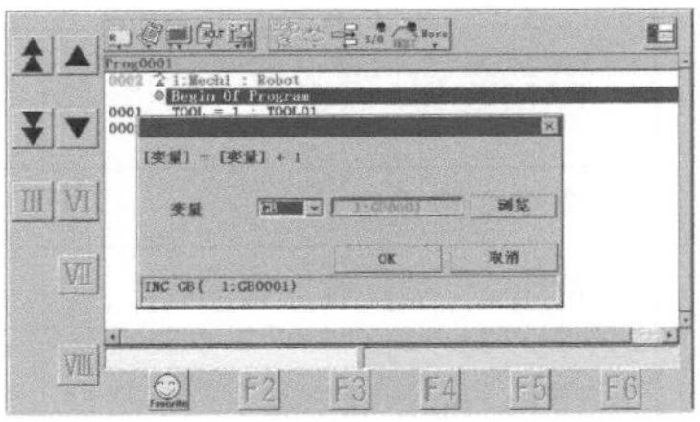	【变量】+1作为计数函数

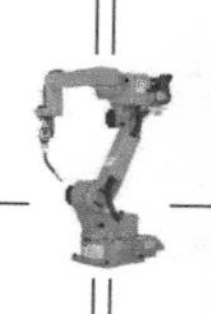

（续）

操作步骤	操作方法	操作图示	补充说明
计数查看	INC 计数指令添加后，通过计数查看，所记数量即表示生产量	Prog0001 0003 1:Mech1 : Robot Begin Of Program 0001 TOOL = 1 : TOOL01 0002 CALL L01 0003 INC GB(1:GB0001) End Of Program GB变量 1:GB0001 : 6 2:GB0002 : 0 3:GB0003 : 0 4:GB0004 : 0 5:GB0005 : 0 6:GB0006 : 0 7:GB0007 : 0 8:GB0008 : 0 9:GB0009 : 0 10:GB0010 : 0	从上至下操作 0101..
计数指令添加完毕	计数指令 INC 添加完毕后，计数程序根据运转次数自动进行生产工件的数量累计	LSZ5 0121 1:Mech1 : Robot Begin Of Program 0001 TOOL = 1 : TOOL01 0002 MOVEP P001 , 10.00m/min. 0003 MOVEP P002 , 10.00m/min. 0004 : LABEL0001 —— 标签 0005 OUT O1#(1:O1#0001) = ON 0006 MOVEL P003 , 10.00m/min. 0007 ARC-SET AMP = 120 VOLT= 19.8 S = 0.50 0008 ARC-ON ArcStart1 PROCESS = 0 0009 MOVEL P004 , 10.00m/min. 0010 OUT O1#(1:O1#0001) = OFF 0011 CRATER AMP = 100 VOLT= 19.0 T = 0.00 0012 ARC-OFF ArcEnd1 PROCESS = 0 0013 MOVEL P005 , 10.00m/min. 0014 MOVEL P006 , 10.00m/min.	开始生产 计数程序应用

【任务评价】

条件语句和机器人计数功能应用见表 3-56。

表 3-56　条件语句和机器人计数功能应用（100 分）

任务内容	标准、规范（分数）	实际操作（得分）	合格/不合格
工具准备	10		
清零操作	10		
LABEL 指令	10		
CALL 指令	10		
IF 条件语句	20		
INC 指令	10		
ADD 指令	10		
安全操作	10		
现场清理	10		
总成绩			

机器人焊接资格认证理论考试题

第一部分　机器人焊接（松下）理论考试题

一、判断题（下列判断题中，正确的请打“√”，错误的请打“×”）

1. 机器人专指焊接机器人。（　　）
2. 焊接机器人的六个轴分别是 *RT* 轴、*UA* 轴、*EA* 轴、*RW* 轴、*DW* 轴、*TW* 轴。（　　）
3. TM1400 机器人的最大承载质量是 8kg。（　　）
4. TM1400 机器人“*P*”点的最大臂伸长是 1437mm。（　　）
5. TM1400 机器人记忆存储容量是 60000 点。（　　）
6. 编码器的作用是驱动机器人关节动作。（　　）
7. TM1400 机器人关节电动机是直流伺服电动机。（　　）
8. 示教器不用时要放在工作台上。（　　）
9. 示教器的屏幕要经常用酒精擦洗。（　　）
10. 示教时，要将示教器的挂带套在左手上。（　　）
11. 机器人的本体包括手臂、控制箱、示教器。（　　）
12. 外部轴的作用主要是变位和移位，使机器人的作业处于最佳焊接位置。（　　）
13. 外部轴是由伺服电动机和减速机构组成。（　　）
14. 机器人的示教再现方法不用移动机器人即可实现示教。（　　）
15. 插补方式一般只用于修改程序。（　　）
16. 示教点的插补 PTP（MOVEP），表示点到点的运动。（　　）
17. 紧急停止按钮通过切断伺服电源立刻停止机器人和外部轴操作。（　　）
18. 机器人运动中，工作区域内如有人员进入，应按下紧急停止按钮。（　　）
19. 伺服启动按钮的位置在示教器上面一排左边数第 1 个。（　　）
20. 窗口转换键的位置在示教器右侧拨动按钮下面的第 1 个。（　　）
21. 拨动按钮只能进行上下拨动操作。（　　）
22. 修改数据时，使用 L－左切换键或 R－右切换键切换数值。（　　）
23. 手持示教器的正确姿势是：左手跨进挂带，两手握住示教器，两手拇指在上面，切换正面的按钮，两手食指在背面左、右切换键的位置上，中指轻轻压在示教器背面安全开关的位置上。（　　）
24. 直线插补的指令是（MOVEL）、圆弧插补的指令是（MOVEC）。（　　）
25. 直线摆动的插补指令是（MOVEDW），表示机器人运行一条直线摆动轨迹。（　　）
26. 圆弧摆动的插补指令是（MOVECW），表示机器人运行一条圆弧摆动轨迹。（　　）
27. 编程操作中一般以三点确定一条直线为原则。（　　）
28. 焊接结束点应设为空走点。（　　）
29. 焊接开始点应设为空走点。（　　）
30. 焊接中间点应设为焊接点。（　　）
31. 次序指令专指移动指令。（　　）

32. ARC－ON 意为叙述焊接开始条件。(　　)
33. ARC－OFF 意为叙述焊接结束条件。(　　)
34. ARC－SET 意为叙述焊接收弧条件。(　　)
35. AMP 意为叙述焊接时间。(　　)
36. VOLT 意为叙述焊接电压。(　　)
37. CRATER 意为叙述收弧焊接条件。(　　)
38. 摆动时间是指焊枪的焊丝末端在摆幅点的周期。(　　)
39. 表示机器人工具位置在示教点上。(　　)
40. 表示机器人工具位置不在示教点上。(　　)
41. 当模式选择开关处于自动模式位置（Auto），用于示教、编辑程序和焊接。(　　)
42. 自动模式下可以设定速度限制，但不能锁定机器人。(　　)
43. 不能对一个正在运转的程序或正在焊接时调整焊接条件。(　　)
44. 按下紧急停止按钮把机器人紧急停止，再按下启动按钮，机器人就继续运行。(　　)
45. 在启动盒上启动运转程序，无须打开伺服电源。(　　)
46. 前进法焊接是电弧推着熔池走，焊道平而宽，气体保护效果不好，飞溅较大。(　　)
47. 后退法焊接是电弧躲着熔池走，焊道较窄，余高较高，熔深较深。(　　)
48. CO_2 气体保护焊的熔滴过渡形式有短路过渡、滴状过渡、细颗粒过渡、喷射过渡。(　　)
49. 混合气体的特点：一方面，它具有氩弧的特性，电弧燃烧稳定、飞溅小、喷射过渡；另一方面具有氧化性，降低熔池的表面张力，而且克服纯氩保护时的熔池液体金属沾稠，易咬边和斑点漂移等问题，改善焊缝成形，具有深圆弧状熔深。(　　)
50. 影响焊接的主要因素有材料因素、工艺因素、结构因素、条件因素和保护气体。(　　)
51. 焊接结束时，在焊丝端部会形成一个熔球，该熔球有助于下一次的起弧效果。(　　)
52. 控制熔球直径为焊丝直径的 1.2 倍。一般采用消熔球电路解决，当焊接停止后，在极短的时间内，仍然输出部分电压，来消除焊丝端部形成的熔球。(　　)
53. 删除多余的示教点和提高焊接速度或增大电流都可有效缩短焊接机器人节拍。(　　)
54. 合理的焊接工艺及参数是提高机器人焊接品质的唯一方法。(　　)
55. 焊丝伸出长度过短时，喷嘴易被飞溅物堵塞，飞溅大，熔深变深，焊丝易与导电嘴黏连。(　　)
56. 导致机器人焊接缺陷的原因主要是焊接电流不当。(　　)
57. 机器人系统的水平回转装置可进行 180°自动变位，工件装卸所需时间与焊接时间重合，可实现连续作业，实现高效率生产。(　　)
58. 机器人工作一个周期所需的时间为机器人的焊接节拍。(　　)

59. 机器人系统的八字形两工位布局，是广泛采用的系统形式，其可以最大限度满足机器人的作业空间，使机器人达到最大的作业范围。(　　)

60. 双机器人系统可以有效地提高机器人的作业效率，减少作业节拍。对称焊接可减少工件单边受热产生变形。另外，它具有设备的综合成本低，减少占地空间等特点。(　　)

61. 双机器人系统每台机器人达到协调动作，必要时采用双协调软件。使用中注意相互干涉（碰撞）现象，可不必设定监测区。(　　)

62. 机器人替代人工焊接的现实意义包括减小劳动强度、提高劳动效率、减少作业成本、改善劳动条件、提升产品质量等。(　　)

63. 水平回转系统的电动机一般只做变换工位之用，通常采用伺服电动机，停止位置一般为两个。(　　)

64. 三轴垂直方向翻转系统，可进行各类复杂工件焊缝的焊接。工件和机器人的协调作业可采用普通电动机配合减速系统实现。(　　)

65. 机器人属于高科技的机电一体化产品，在工厂生产环境下，受磁、电、光、振动、粉尘等影响，同时，机器人处于长时间、连续工作，会产生发热、磨损等变化，因此一些小问题可能会酿成大事故，影响整个生产。(　　)

66. 机器人为高科技产品，一般情况无须对机器人进行日常检查和保养。(　　)

67. 机器人处于长时间、连续工作，会产生发热、磨损等变化，因此一些小问题可能会酿成大事故，影响整个生产。故要及时发现问题、及时解决。(　　)

68. 机器人系统长期动作，由于振动等原因，造成各部件的螺钉松动，由此可能会引起部件脱落、接触不良等后果，故需要通知专业人员来紧固松动的螺钉。(　　)

69. 未经正式培训的人员，不能随意打开机器人控制柜拆卸零部件，以免造成损坏。(　　)

70. 机器人发生的任何故障都需要马上通知专业服务人员前来处理。(　　)

71. 指令 CALL 是调用程序的指令。(　　)

72. 指令 WAIT 是延时的指令。(　　)

73. 指令 LABEL 是标签指令。(　　)

74. 指令 DELAY 是延时指令。(　　)

75. 指令 IN 是输入指令。(　　)

76. 指令 OUT 是输出指令。(　　)

77. 指令 TOOL 是工具指令。(　　)

78. 指令 JUMP 是跳转指令。(　　)

79. 指令 AMP 是电流指令。(　　)

80. 指令 CRATER 是弧坑焊接条件设定指令。(　　)

81. 指令 BBKTIME 是回烧时间微调指令。(　　)

82. 图标用于打开一个文件。(　　)

83. 图标用于创建一个新的文件。(　　)

84. 图标用于控制器和 TP 间发送文件。(　　)

85. 图标用于保存数据。( )

86. 图标用于给打开的文件命名，并保存它。( )

87. 图标是工具。( )

88. 图标是跳转。( )

89. 图标是复制。( )

90. 图标是弧坑焊接条件设定。( )

91. 图标是删除文件。( )

92. 图标是延时。( )

93. 图标是标签。( )

94. 图标是延时。( )

95. 图标是输入。( )

96. 图标是输出。( )

97. 图标是工具。( )

98. 图标是跳转。( )

99. 图标是电流。( )

100. 图标是弧坑焊接条件设定。( )

二、单项选择题（下列每题的选项中只有 1 个是正确的，请将其代号填在横线处）

1. 当前生产企业大部分使用的焊接机器人一般为____轴（关节）。

A. 四　　B. 五　　C. 六　　D. 七

2. TA1400 机器人各关节所采用的电动机是____。

A. 直流电动机　　B. 交流伺服电动机　　C. 交流电动机　　D. 变频电动机

3. TA1400 机器人“*P*”点的最大伸长距离是____。

A. 1400mm　　B. 1305mm　　C. 1374mm　　D. 1405mm

4. TA1400 机器人的重复定位精度是____。

A. ±0.15mm　　B. ±0.1mm　　C. ±0.05mm　　D. ±0.01mm

5. TA1400 机器人的最大承载质量是____。

A. 4kg　　B. 6kg　　C. 8kg　　D. 10kg

6. TA1400 记忆存储容量是____点。

A. 30000　　B. 40000　　C. 60000　　D. 4000

7. TA1400 机器人关节所在位置所采用的反馈方式是____。

A. 运算电路　　B. 反馈电路　　C. 绝对编码器　　D. 增益编码器

8. 机器人示教工件时，示教器的挂带要套在左手上，应该时刻保持____操作。

A. 双手　　B. 单手　　C. 左手　　D. 右手

9. 清洗示教器的表面通常采用软布蘸少量____轻轻地进行擦拭。

A. 香蕉水　　B. 水　　C. 酒精　　D. 水或中性清洁剂

10. 外部轴的作用是____。

A. 夹紧工件　　B. 翻转　　C. 变位和移位　　D. 装夹方便

11. 机器人本体是指____。

A. 手臂部分　　B. 整个系统　　C. 控制部分　　D. 手臂和控制部分

12. 插补就是示教点之间的移动方式，“MOVELW”移动指令表示____。

A. 直线　　B. 直线摆动　　C. 圆弧　　D. 圆弧摆动

13. 机器人行走轨迹是由示教点决定的，一段圆弧至少需要示教____点。

A. 2　　B. 5　　C. 4　　D. 3

14. 机器人运动中，工作区域内有工作人员进入时、应按下____。

A. 安全开关　　B. 紧急停止按钮　　C. 暂停按钮　　D. 电源开关

15. 叙述焊接开始条件的指令是____。

A. ARC－SET　　B. ARC－OFF　　C. ARC－ON　　D. CRATER

16. 摆动时间是指焊枪的焊丝末端在摆幅点的____。

A. 摆动周期　　B. 摆动频率　　C. 焊接时间　　D. 停留时间

17. 机器人工具位置图标为　时表示____。

A. 在示教点上　　B. 不在示教路径　　C. 在示教路径　　D. 不在示教点上

18. 实现手动（Teach）和自动（Auto）模式切换是通过____实现。

A. 示教器指令　　B. 设定动作方式

C. 旋动模式选择开关　　D. 进入设定程序

19. 前进法焊接是电弧推着熔池走，不直接作用在工件上，其焊道____。

A. 较窄　　B. 余高较高　　C. 平而宽　　D. 熔深较深

20. 采用 CO_2 作为保护气体时，电流在 100A 以下时，其熔滴过渡形式为____。

A. 细颗粒过渡　　B. 滴状过渡　　C. 短路过渡　　D. 喷射过渡

21. 通常情况下，采用混合气体焊接（富氩焊接）时，Ar 和 CO_2 的比例是____。

A. 80∶20　　B. 20∶80　　C. 50∶50　　D. 30∶70

22. 影响焊接的主要因素有很多，其中焊接方法、坡口形式和加工质量等因素属于____。

A. 材料因素　　B. 结构因素　　C. 条件因素　　D. 工艺因素

23. 焊接结束时，在焊丝端部会形成一个熔球，如果熔球太大会影响下一次的起弧效果，通常情况下，控制熔球直径为焊丝直径的____。

A. 1 倍　B. 2 倍　C. 1.2 倍　D. 0.5 倍

24. 缩短焊接机器人节拍的途径有____。

A. 提高电压　B. 删除多余的示教点　C. 减小速度　D. 减小电流

25. 焊丝伸长长度对机器人焊接会产生影响，它是指从____的距离。

A. 导电嘴端部到工件　B. 喷嘴端部到工件

C. 焊丝端部到工件　D. 距工件 5mm

26. 使机器人连续工作情况下，实现在一个工位进行装卸的系统形式是____。

A. 八字形工位　B. 固定三工位　C. 自动水平回转　D. 固定扇形工位

27. 进行机器人日常检查的主要目的是____。

A. 发现问题点　B. 通知维修人员　C. 保持外观整洁　D. 及时发现问题、解决问题

28. 机器人的 TCP 点是____。

A. 工具坐标原点 B. 直角坐标原点　C. 用户坐标原点　D. 关节坐标原点

29. TA1400 机器人本体的供电电压是交流____。

A. 三相 220V　B. 三相 200V　C. 三相 380V　D. 单相 220V

30. TA1400 机器人示教器为使画面清晰，采用____显示。

A. 7 英寸彩色液晶　B. 单色背光

C. 8 英寸彩色液晶　D. 双色背光

31. TA1400 机器人控制系统采用____位 CPU 处理器。

A. 32　B. 16　C. 64　D. 108

32. TA1400 机器人采用____系统的控制器。

A. Windows　B. Windows CE　C. VAL　D. DOS

33. 新的示教器显示语言可根据需要设定为____。

A. 英文或日文　B. 中文或英文

C. 英文、日文或德文　D. 中文、英文或日文

三、多项选择题（下列每题的选项中至少有 2 个是正确的，请将其代号填在横线处）

1. 工业机器人类型有____。

A. 操作型机器人　B. 程控型机器人　C. 示教再现型机器人

D. 数控型机器人　E. 感觉型机器人　F. 自主移动型机器人

2. 属于 TA1400 机器人腕关节的轴是____。

A. *RT* 轴　B. *UA* 轴　C. *FA* 轴

D. *AW* 轴　E. *BW* 轴　F. *TW* 轴

3. TA1400 机器人坐标方式有____。

A. 直角坐标　B. 关节坐标　C. 工具坐标

D. 圆柱坐标　E. 用户坐标　F. 极坐标

4. 机器人系统为保证被焊工件一致性，所采用的工装夹具的作用是____。

A. 保证焊接尺寸　B. 提高焊接效率　C. 提高装配效率

D. 防止焊接变形　E. 防止焊接应力　F. 防止产生缺陷

5. TA1400 机器人的编辑功能有____。

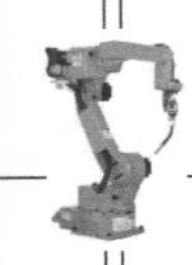

A. 复制　　B. 剪切　　C. 删除
D. 增加　　E. 修改　　F. 粘贴

6. 焊接机器人包括以下____几部分。
A. 机器人本体　　B. 机器人控制箱　　C. 机器人示教器
D. 机器人焊接电源　　E. 排烟系统　　F. 送丝装置

7. 属于起收弧程序的是____。
A. ArcStart1　　B. MOVEP　　C. ArcStart5
D. ARC - SET　　E. ArcEnd1　　F. ARC - ON

8. 直线摆动插补形态需要使用以下____指令。
A. MOVELW　　B. MOVEP　　C. WEAVEP
D. MOVECW　　E. MOVEL　　F. MOVEC

9. 圆弧摆动插补形态需要使用以下____指令。
A. MOVELW　　B. MOVEP　　C. WEAVEP
D. MOVECW　　E. MOVEL　　F. MOVEC

10. 焊接参数的代表符号有____。
A. ARC - OFF　　B. ARC - ON　　C. ARC - SET
D. VOLT　　E. AMP　　F. CRATER

11. 下列属于机器人次序指令的是____。
A. 输入/输出　　B. 流程　　C. 焊接
D. 工作温度　　E. 逻辑操作　　F. 工艺等级

12. 增加、替换和删除时使用____。
A.　　B.　　C.
D.　　E.　　F.

13. 进行跟踪操作时使用____。
A.　　B.　　C.
D.　　E.　　F.

14. 外部启动按钮能够实现的控制功能有____。
A. 启动　　B. 暂停　　C. 紧急停止
D. 选择程序　　E. 调用指令

15. 机器人焊接的主要参数有____。
A. 焊接电流　　B. 焊接电压　　C. 焊丝伸出长度
D. 焊接速度　　E. 焊缝尺寸　　F. 焊接材料

16. 焊接速度快时____。
A. 熔深变浅　　B. 熔深变深　　C. 焊道变窄
D. 焊道变宽　　E. 余高变高　　F. 不易形成焊瘤

17. 焊丝伸出长度变长时____。

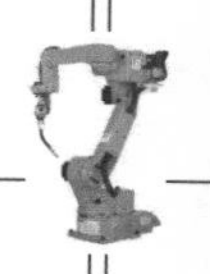

A. 熔深变浅　B. 易产生气孔　C. 电弧稳定性变差
D. 电流增大　E. 气体保护效果好

18. 从表观上分类，成形缺陷包括____。
A. 咬边　B. 焊瘤　C. 余高
D. 未焊透　E. 错边　F. 裂纹

19. 从主要成因上分类，工艺缺陷包括____。
A. 裂纹　B. 咬边　C. 焊瘤
D. 未焊透　E. 气孔　F. 未熔合

20. CO_2/MAG 焊接中，氮气孔产生的原因有____。
A. 工件表面有油污　B. 焊丝含碳量高　C. 工件表面有锈
D. 气体保护不良　E. 气管漏气　F. 焊接作业区有风

21. 机器人焊接节拍包括____。
A. 起弧时间　B. 收弧时间　C. 编程时间
D. 机器人移动时间　E. 机器人焊接时间

22. 焊接机器人系统包括____。
A. 安全门　B. 防护栏　C. 机器人底座
D. 机器人工装夹具　E. 机器人控制柜　F. 工件

第二部分　机器人焊接（ABB）理论考试题

一、判断题（下列判断题中，正确的请打“√”，错误的请打“×”）

1. 绝大多数工业机器人属于示教再现方式的机器人。(　　)

2. 示教时，机器人的计算机控制系统自动逐条取出示教指令及其他有关数据，进行解读、计算。(　　)

3. 通常每个任务包含了一个 RAPID 程序和系统模块，并实现一种特定的功能。(　　)

4. 每个程序通常都包含具有不同作用的 RAPID 代码的程序模块，每个程序模块都必须包含有一个录入例行程序。(　　)

5. 程序模块与系统模块通常都是由用户编写的。(　　)

6. 每个程序必须含有名为“main”的录入例行程序，否则程序将无法执行。(　　)

7. 备份、程序和配置等信息都以应用程序的形式保存在机器人系统中。(　　)

8. 程序是以目录的形式保存，目录名可带工件编号或日期以便识别 mod 文件中保存了某个模块内所有例行程序和数据。(　　)

9. 加载程序要选择 mod 文件进行。(　　)

10. 修改点位置时，程序中的工具与活动中的工具可以不相同。(　　)

11. 指针在编辑程序过程中是不会出现的，只有在调试过程中才回显示出来。(　　)

12. 程序指针（PP）指的指令只有按下示教器上的“启动”才可运行。(　　)

13. 动作指针（MP）是机器人当前正在执行的指令，通常比程序指针超前一个或几个指令。(　　)

14. 步进入指的是执行当前例行程序的其余部分，然后在例行程序中的下一指令处停止。(　　)

15. 在所有的操作模式中，程序都可以步进或步退执行。(　　)

16. 调试焊接程序时，单步运行程序是不会执行焊接功能。(　　)

17. 连续运行程序时，只要执行动作到焊接指令就会执行焊接功能。(　　)

18. 服务例行程序可以在手动模式与自动模式启动。(　　)

19. 检修完成后，如果机器人各个部分都运行正常，检修程序又进行为期一年的倒计时。(　　)

20. 运行电池关闭服务例行程序，可关闭串行测量电路板的后备电池以节省电池电量，系统重新开启时可以立即使用机器人。(　　)

21. 只有在手动模式的情况下才能进行编程、测试和维修工作。(　　)

22. 焊接机器人发生火灾时可以使用泡沫灭火器进行灭火。(　　)

23. 只有在发生意外情况下才能按下紧急停止按钮。(　　)

24. 机器人本体必须与地面有良好的连接。(　　)

25. 工作件应可靠接地，使用保护良好的接地线，严禁使用接地线焊接。(　　)

26. 所谓组织措施，就是要有一个完整的质量管理机构，并在各控制、环节和点上配备符合要求的质控人员。(　　)

27. 焊接生产质量管理实质就是对焊接结构制作与安装工程中的各个环节和因素所进行的有效控制。(　　)

28. 设置质量控制点就是要在产品生产过程中的每一个环节设置观察点。(　　)

29. 质量控制责任人，只对本岗位、本环节和本系统工作质量负责，不需向上一级质量控制责任人保证工作。(　　)

30. 建立健全质量信息系统由专职的质量管理人员、技术人员来执行，生产工人在其中不发挥作用。(　　)

31. 机器人本体每隔三年必须更换润滑油。(　　)

32. 机器人使用的润滑油必须是机器人专用润滑油。(　　)

33. 当剩余的备用电量不足两个月时，可通过电池关闭服务例行程序继续运行。(　　)

34. 机器人关机时间越长，机器人的电池使用寿命越长。(　　)

35. 机器人 TCP 在程序编程之前就已经确定好所以不需要检查。(　　)

36. 焊机水箱冷却水水位必须每三个月进行检查，并且每日还要检查水循环是否正常。(　　)

37. 每月清理清枪装置并加注气动马达润滑油，润滑油必须使用机器人专用润滑油。(　　)

38. 机器人电池电压的正常值为 3.6V。(　　)

39. 1～3 轴减速机加机器人专用油并且要早于 4～6 轴。(　　)

40. 移除法兰盖，所有连接均可断开。(　　)

41. 一个只包含 RobotWare 部分和默认配置的系统被称为空系统。(　　)

42. 荷载系统指启动后将在控制器上运行的系统。(　　)

43. 工业机器人是目前技术上最成熟的机器人，它实质上是根据预先编制的操作程序自动重复工作的自动化机器，所以这种机器人也称为智能型机器人。(　　)

44. 机器人本体用于搬运工作和夹持焊枪，执行主要工作任务。(　　)

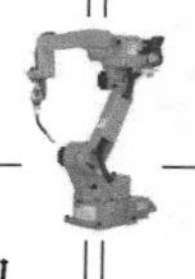

45. 一个 IRC5 系统最多包含 36 个驱动单元（最多 4 台机器人），一个驱动模块最多包含 9 个驱动单元。(　　)

46. 只有在手动或手动全速模式的情况下才可以使用紧急停止按钮，自动模式下不可以使用。(　　)

47. 紧急停止按钮被按下后释放，这时还不能马上控制机器人运动，需要按下电动机上电/失电开关激活电动机。(　　)

48. 在手动全速模式中，机器人将以减速模式运行，速度通常为 250mm/s。(　　)

49. 我国自 20 世纪 70 年代末开始进行工业机器人的研究，经过二十多年的发展，目前已经达到国际水平。(　　)

50. 由于焊接机器人各个轴可以联动，因此动作灵活，所以焊接机器人在应用中不需要外部轴进行配合工作。(　　)

51. 焊接机器人在安装过程中需要考虑抗干扰措施。(　　)

52. 机器人设备在发生火灾时，必须使用干粉灭火器或二氧化碳灭火器。(　　)

53. 机器人只有在发生意外或运行不正常等情况下，才可以使用急停按钮，停止运行。(　　)

二、单项选择题（下列每题的选项中只有 1 个是正确的，请将其代号填在横线处）

1. 世界上第一台工业机器人在____诞生。

A. 日本　　B. 美国　　C. 中国　　D. 德国

2. 被誉为“机器人王国”的是____。

A. 日本　　B. 美国　　C. 中国　　D. 德国

3. 全世界在役的工业机器人中，应用于____领域的机器人比例最高。

A. 搬运　　B. 喷涂　　C. 焊接　　D. 切割

4. 常用焊接机器人结构总共有____个轴。

A. 二　　B. 四　　C. 六　　D. 八

5. 下列选项中不属于选择焊接机器人类型依据的是____。

A. 工件结构　　B. 焊缝位置　　C. 工件重量　　D. 焊接方法

6. 下列情况中，____不可以进行手动控制机器人。

A. 编写程序过程中　　B. 程序运行过程中

C. 修改位置点　　D. 查看系统信息

7. 工具中心点（TCP）在空间中从 A 点到 B 点，最快最理想的运动模式为____。

A. 1－3 轴模式　　B. 4－6 轴模式　　C. 线性模式　　D. 重定位模式

8. 一次只能移动一根机器人轴并且运动与机器人工具姿态有密切关系的运动模式为____。

A. 1－3 轴模式　　B. 4－6 轴模式　　C. 线性模式　　D. 重定位模式

9. 需要改变工具姿态时，最好选择____。

A. 1－3 轴模式　　B. 4－6 轴模式　　C. 线性模式　　D. 重定位模式

10. 线性模式能将工具中心点快速地从一个位置移动到另一个位置，与其配合运动的坐标系最好选择____。

A. 基坐标系　　B. 工具坐标系　　C. 工件坐标系　　D. 大地坐标系

11. 重定位模式的默认坐标系为____。
A. 基坐标系　B. 工具坐标系　C. 工件坐标系　D. 大地坐标系
12. 线性模式的默认坐标系为____。
A. 基坐标系　B. 工具坐标系　C. 工件坐标系　D. 大地坐标系
13. 在使用增量模式中，每步移动 1mm 或 0.02°的是____。
A. 小增量　B. 大增量　C. 中等增量　D. 用户自定义增量
14. 设定工具数据时不需要设置的是____。
A. 重心位置　B. 重量　C. 工具中心点位置　D. 默认工具中心点位置
15. 下列选项中不属于机器人工具的是____。
A. 焊枪　B. 吸盘　C. 夹具　D. 喷头
16. 每台机器人都有一个默认的工具（Tool0），它的中点位于____。
A. 基座中心点　B. 喷嘴中心点　C. 六轴法兰盘中心点　D. 用户自己设定
17. 下列选项中表示工具重量的是____。
A. Tool　B. Mass　C. Well　D. Main
18. 在设定工具中心点（TCP）位置时，用工具的参考点与固定点垂直的方法为____。
A. 四点法　B. 五点法　C. 六点法　D. 无此方法
19. MoveAbsJ jpos10，v100，z10，tool1；指令中的 jpos10 数据内容是____。
A. x、y、z、q1、q2、q3
B. rax－1，rax－2，rax－3，rax－4，rax－5，rax－6
20. 下列指令中，运行过程中可能会出现死点（奇异点）的是____。
A. MoveJ　B. MoveL　C. MoveAbsj
21. 下列指令中，不能用于大范围移动的是____。
A. MoveJ　B. MoveL　C. MoveAbsj
22. MoveC p30，p40，v100，z10，tool1；指令中的 p30 指的是圆弧的____点。
A. 中　B. 起　C. 末
23. 用于定义焊接引弧、加热和收弧段的是____。
A. Weld 参数　B. Seam 参数　C. Weave 参数

第三部分　机器人焊接（安川、FANUC、OTC、神钢）理论考试题

一、判断题（下列判断题中，正确的请打“√”，错误的请打“×”）
1. 神钢机器人可搬质量 NL 规格腕部 12kg，HL 规格腕部 14kg。（　　）
2. 神钢机器人第一轴的旋转角度 ±165°，壁挂设置的场合为 ±35°。（　　）
3. 神钢机器人的原点是 S_1 轴轴线与 S_2 轴的水平面的交点。（　　）
4. 神钢机器人 XL 型电弧点动作范围为 2141mm。（　　）
5. 神钢机器人控制箱电源初级侧为 3 相 AC200～220V，＋10、－15%，50/60Hz ±3Hz。（　　）
6. 神钢机器人控制的轴数为 11 轴。（　　）
7. 传感功能包括接触传感和电弧传感。（　　）
8. 神钢机器人的插补方式有直线，圆弧和各轴。（　　）

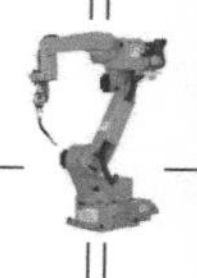

9. 神钢机器人遥控坐标有直交、工具、便利、各轴、工件。(　　)

10. 神钢机器人可示教和编辑的程序数为 499 个。(　　)

11. 将机器人控制箱存储器内的数据（程序、参数、数据库等）保存到 CF 卡，需进行 CF 卡现行文件夹的指定（新建文件夹或指定现行文件夹）。(　　)

12. 校枪时，进行一点动作验证，观察焊枪前端偏差是否在允许范围之内。(　　)

13. 自动恢复功能是在再生过程中的焊接区间内（电弧 ON 以后），发生轻/重警报或者暂时停止时，记忆电弧停止位置，去除异常产生原因后，通过再生再启动，自动移动到距离电弧停止位置一个焊缝接头长度的位置，再启动焊接作业的功能。(　　)

14. 变位机是为了将工件回转到容易焊接的位置和方向的装置。(　　)

15. 再生是将编写成的程序让机器人自动运行。(　　)

16. 神钢机器人“直 2”模式的优点是为保持焊枪角度，即使在示教点间，也保持相同的姿势；缺点是有特异点和近路。(　　)

17. 两轴变位机的原点是倾斜轴和回转轴的交点。(　　)

18. 神钢机器人的便利坐标系集中了遥控操作时最经常使用的直交操作的模式。(　　)

19. 各轴插入能在空走区间使用，焊接区间也能使用各轴插入。(　　)

20. 必须由经过培训的人员进行机器人系统的保养、操作和编程，从而避免不正确的操作过程。(　　)

21. 当程序开始运行时，确保没有人在机器人工作区域内。(　　)

22. 为了使作业者在机器人异常动作时能够及时应对，不要背向机器人，而且要站在能够安全避让的位置上进行作业。(　　)

23. 为了使装置正常运转，有必要对其进行日常以及定期的保养和检修。(　　)

24. 神钢机器人的使能开关是示教器里侧的开关，按下时才能动作机器人。(　　)

25. 当必须在有电情况下进行检修工作时，必须有第二个人在现场进行监护，随时准备在主电源开关处，并且在检修现场设立必要的安全警示信号。(　　)

二、单项选择题（下列每题的选项中只有 1 个是正确的，请将其代号填在横线处）

1. 神钢机器人生产管理菜单中的错误报警历史可以显示过去发生的____个错误报警历史。

A. 300　　B. 350　　C. 500　　D. 700

2. 神钢机器人再生暂时停止中的遥控平移量，仅____后续焊接线的平移。

A. 平行纠正　　B. 回转纠正　　C. 平行计算　　D. 回转计算

3. 示教器连接控制箱，可以由人进行实际的机器人动作操作，还可以显示____的状态。

A. 焊接　　B. 示教　　C. 机器人　　D. 再生

4. 机器人移动装置是移动____，扩大其动作范围的装置。

A. 机器人本体　　B. 变位机　　C. 工件　　D. 工装夹具

5. 周边装置控制箱控制移动装置和____。

A. 机器人　　B. 变位机　　C. 焊机　　D. 水箱

6. ____是通过示教器动作机器人，并在程序中记录机器人位置，设定焊接参数，以及对已存程序进行编辑和变更。

A. 示教　　B. 再生　　C. 焊接　　D. 自动运行

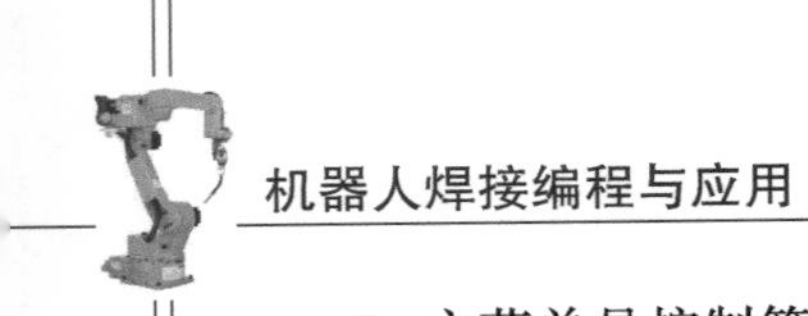

7. 主菜单是控制箱电源启动后示教器默认最先进入的界面，是机器人各种____的总入口界面。

A. 操作　　B. 命令　　C. 参数　　D. 程序

8. 电弧跟踪是焊接中计量并测定摆动时两端的电流值，由此进行目标位置的____。

A. 计算　　B. 自动纠正　　C. 传感　　D. 补偿

9. 接触传感是用____接触工件，检测出工件的位置，自动纠正偏移量。

A. 焊丝　　B. 焊枪　　C. 传感器　　D. TCP 点

10. 神钢机器人摆动焊接是焊丝在与焊接方向成直角的方向上进行____的摆动。不摆动的话，不能使用电弧跟踪功能。

A. 回转动作　　B. 交替动作　　C. 平行动作　　D. 上下动作

11. ____选择是通过示教器操作机器人的动作时使用。

A. 坐标　　B. 示教　　C. 速度　　D. 装置

12. 神钢机器人的位置记忆按钮是通过示教器在示教模式中使用，按下位置记忆按钮，机器人的现在位置（也包含周边装置）将作为____被记忆。

A. 再生状态　　B. 示教点　　C. 速度　　D. 装置

13. ____在机器人控制中将必要的情报向控制器装置传导。

A. 编码器　　B. 示教器　　C. 伺服电动机　　D. 控制箱

14. 神钢机器人的____插入是机器人以各轴动作至目标位置。

A. 各轴　　B. 直线　　C. 圆弧　　D. 直 1

15. 神钢机器人的“直 1”模式，在目标步骤之前，进行关于____的动作控制。

A. 焊枪姿势　　B. 腕部姿势　　C. 各轴角度　　D. 焊枪方向

16. 平滑命令是指定机器人通过示教点时____的平滑程度。

A. 动作　　B. 机器人　　C. 轨迹　　D. 焊枪

17. 多层循环方式____是以程序为单位的循环。

A. 0　　B. 1　　C. 2　　D. 3

18. 神钢机器人使用的标准焊丝伸出长度为____。

A. 15mm　　B. 22mm　　C. 25mm　　D. 30mm.

19. 神钢机器人和移动装置并行安装时，____坐标系是与机器人平行的坐标系。

A. 移动装置　　B. 变位机　　C. 工件　　D. 便利

20. 神钢机器人电弧点的最大合成速度为____。

A. 150cm/min　　B. 150m/min　　C. 350m/min　　D. 350cm/min

三、多项选择题（下列每题的选项中，至少有 2 个是正确的，请将其代号填在横线处）

1. 电压检测线连接在焊接电源的焊枪侧和母材侧上，作用是为了得到稳定的焊接状态，断线时不能进行正常的____。

A. 传感　　B. 焊接　　C. 纠正

D. 检测　　E. 显示

2. 神钢机器人再生中通过表示键可以更改____。

A. 电流　　B. 电压　　C. 速度

D. 摆动宽度　　E. 摆频

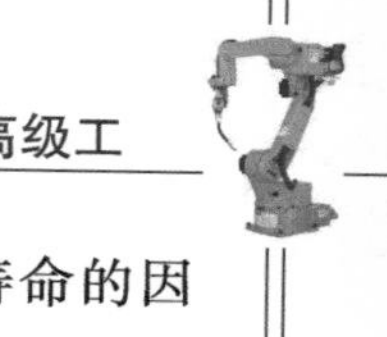

3. 神钢送丝机电刷的寿命一般为4000h（一天运转6h约2年时间），影响寿命的因素有____。

A. 环境湿度　B. 负荷条件　C. 周围温度　D. 焊接电流

4. 神钢机器人常用的焊丝直径有____。

A. ϕ1.0mm　B. ϕ1.2mm　C. ϕ1.4mm

D. ϕ1.6mm　E. ϕ2.0mm

5. 神钢机器人操作坐标系的种类包括____。

A. 直1　B. 直2　C. 各轴　D. 圆弧

E. 工具　F. 工件　G. 便利

6. 神钢机器人能够同时控制的有____。

A. 机器人6个轴　B. 移动装置3个轴　C. 变位机2个轴

D. 2工位的变位机倾斜和回转轴

7. 神钢机器人常用的焊丝伸出长度为____。

A. 15mm　B. 20mm　C. 22mm

D. 25mm　E. 30mm

8. 神钢机器人常用的型号有____。

A. ARCMAN－SR　B. ARCMAN－MP　C. ARCMAN－XL　D. ARCMAN－GS

9. 电弧跟踪包括焊接线的____。

A. 上下跟踪　B. 左右跟踪　C. 上下左右跟踪

D. 坡口宽度的跟踪E. 焊枪角度跟踪

10. 焊丝接触传感包括____。

A. 三方向传感　B. 圆弧传感　C. 焊接长传感　D. 接触探测传感

E. 间隙检测　F. 多点传感　G. 开始点传感

11. 神钢机器人示教编程时添加的焊接条件命令有____。

A. 手动输入焊接条件　B. 调用自动条件

C. 调用数据库　D. 电弧ON　E. 电弧OFF

12. 遥控操作是用示教器动作____等。

A. 机器人本体　B. 移动装置　C. 变位机　D. 清枪剪丝

参 考 文 献

[1] 林尚扬，等. 焊接机器人及其应用 [M]. 北京：机械工业出版社，2000.
[2] 吴林，等. 智能化焊接技术 [M]. 北京：国防工业出版社，2000.
[3] 陈善本，等. 智能化焊接机器人技术 [M]. 北京：机械工业出版社，2006.
[4] 刘伟，等. 焊接机器人基本操作及应用 [M]. 2 版. 北京：电子工业出版社，2015.
[5] 刘伟，等. 中厚板焊接机器人系统及传感技术应用 [M]. 北京：机械工业出版社，2013.
[6] 刘伟，等. 焊接机器人操作编程及应用 [M]. 北京：机械工业出版社，2017.
[7] 吴九澎，等. 焊接机器人实用手册 [M]. 北京：机械工业出版社，2014.